U0628572

畜牧兽医职业技能训练研究

杨国琴 丁伟进 雷蕾 著

吉林科学技术出版社

图书在版编目（CIP）数据

畜牧兽医职业技能训练研究 / 杨国琴，丁伟进，雷
蕾著. -- 长春：吉林科学技术出版社，2019.8
　　ISBN 978-7-5578-5717-2

　　Ⅰ. ①畜… Ⅱ. ①杨… ②丁… ③雷… Ⅲ. ①畜牧学
－职业培训－研究②兽医学－职业培训－研究 Ⅳ.
①S8

中国版本图书馆 CIP 数据核字 (2019) 第 159689 号

畜牧兽医职业技能训练研究

著　杨国琴　丁伟进　雷　蕾
出 版 人　李　梁
责任编辑　孙　默
装帧设计　陈　雷
开　　本　787mm×1092mm　1/16
字　　数　240千字
印　　张　15.5
版　　次　2020年4月第1版
印　　次　2020年4月第1次印刷

出　　版　吉林科学技术出版社
发　　行　吉林科学技术出版社
地　　址　长春市龙腾国际出版大厦
邮　　编　130021
发行部电话/传真　0431-85635177　85651759　85651628
　　　　　　　　　85677817　85600611　85670016
储运部电话　0431-84612872
编辑部电话　0431-85635186
网　　址　www.jlstp.net
印　　刷　三河市元兴印务有限公司

书　　号　ISBN 978-7-5578-5717-2
定　　价　85.00元

前言

本书以"培养实际操作能力、自我学习能力和良好的职业道德，强调做中学、学中做"为编写原则，突出职业岗位能力的培养。本书设置了四个综合能力训练项目，具体内容如下：

1 猪场职业技能训练设置了猪的繁殖职业技能训练、种猪选育职业能力训练和猪病诊断与治疗职业技能训练三个子项目；2 鸡场职业技能训练设置了种鸡的外貌鉴定、鸡的孵化职业技能训练、鸡的饲养管理职业技能训练和鸡病的诊断与治疗职业技能训练四个子项目。3 动物医院职业技能训练设置了动物临床诊断能力训练和宠物疾病诊治职业技能训练二个子项目。4 屠宰检疫职业技能训练主要就生猪屠宰检疫、家禽屠宰检疫和牛羊屠宰检疫三个方面就检疫的项目、检疫合格标准以及检疫结果处理三个方面进行训练。

本书主要特色如下：

1.注重实训内容的综合性：本书在内容的选取上充分体现本省养殖行业的特点，在内容选取上以猪、鸡为主，针对浙江省地处沿海发达地区，宠物养殖日趋流行，从而增加了动物医院职业技能训练这一项目。根据猪、鸡养殖企业以及屠宰企业实际的工作岗位设置训练项目，依据生产过程中的实际要求设置训练内容，使学生通过训练，掌握生产过程中的综合技能，提升学生的职业素养和职业岗位能力。

2.注重实训项目的操作性：实训项目的选择与工作过程相统一，具有操作性强，除了可以作为高职畜牧兽医专业及相关专业的职业技能训练指导书外，也可以作为养殖企业、畜禽屠宰企业专业技术人员的参考书使用。

本书由杨国琴、丁伟进、雷蕾共同编写，由于编者水平有限，编写时间仓促，书中难免不当之处，真诚希望广大读者批评指正。

目录

第1章　猪场职业技能训练

1.1　猪的繁殖职业技能训练

1.1.1　猪场繁殖计划的制订

(一)母猪配种计划的制订

按母猪发情规律制订计划，本地母猪一般是发情非常明显，随时可以鉴定出来。国外猪种应配备试情公猪。后备母猪的初配年龄应在体成熟后进行。母猪配种次数一般是一个情期内配 2~3 次，实施早上发情下午配一次，第二天早晨再配 1 次。

(二)公猪配种计划的制订

配种开始前 15d 给予优饲，配种之前检查精液品质，配种次数，每天早、晚各 1 次，连续配 3~4d 休息 1d，幼龄公猪要控制初次配种时间和次数，隔天 1 次或每 3d 配 1 次。

(三)实施配种计划

1.血缘选配有很近的血缘关系时，除了固定某些遗传性状而必须采取外，一般不进行选配。

2.体质外形选配公猪与母猪都是结实的可以相配，结实的同较细致的或者较粗糙的可以相配。细致与细致之间、较粗糙与较粗糙之间一般不宜相配。

3.生理特征选配将公、母猪之间生产性能配合力较高的进行相配，可提高母猪的繁殖力、泌乳力、后代的早熟性和适应性等。

4.年龄选配壮年公、母猪所生仔猪比年轻的或年老的公、母猪所生仔猪生活力强，老龄公、母猪相配产仔最少，幼龄公、母猪相配产仔较多，壮龄公、母猪相配产仔最多，生活力最强。

1.1.2 采取公猪的精液

(一)采精前的准备

1.采精室应宽敞、平坦、安静、清洁，室内设有假台畜并有防滑护蹄措施。

2.采精时用发情母畜做台畜，效果最好。应选择健康、体壮、大小适中、性情温顺或已习惯作台畜的母猪，做采精用的台畜。采精前，母畜的后躯，特别是尾根部、外阴部、肛门部应彻底洗涤清洁，再用干净的抹布擦干。

3.假台畜用木料或钢板做成，一般长130cm，高50cm，背宽25 cm。如做成两端式，加上高低自动调节的装置，使用起来就更方便了。

4.将保温杯的保温套及消毒过的集精杯、玻璃棒、温度计、纱布(2~4层)、乳胶管等旋转于40℃的恒温箱中预热(夏天可以例外)。

5.显微镜要先调好焦距，镜检箱温度保持在35~37℃，载玻片与盖玻片应放在镜检箱内预热，镜检箱旁边应放置擦镜纸备用。

6.准备好pH5.5~9的试纸2~3张放在比色板上备用。

7.把消毒好的稀释液放进水浴锅或恒温箱中预热，稀释液的pH以6.5~6.8为宜。

8.将有效的青霉素、链霉素金属瓶盖及瓶口周围的封蜡除尽备用。

9.把分装精液的瓶子和瓶塞洗净消毒好，在采精前放在恒温箱中预热。

10.采精员、检验员进行自身消毒，戴上乳胶手套。

(二)采精方法

1.用具的准备与消毒

①准备高压蒸汽灭菌器、超声波洗净器、双蒸水器、冰箱、精液保存箱、恒温培养箱、干燥箱、集精瓶、各种玻璃器皿、洗洁精、洗衣粉、电子天平、常用

消毒药等。②所有器皿应以洗洁精或洗衣粉清洗干净，再以蒸馏水漂洗，60℃干燥(玻璃用品干燥温度可高于100℃)后，以锡纸包扎器皿开口，玻璃器皿180℃1h进行干热灭菌，非耐干热性器皿、用具以高压灭菌器121℃20min湿热灭菌；显微镜、干燥箱、水浴锅、17℃精液保存箱、冰箱、37℃恒温板、电子天平等，必须保持清洁卫生，显微镜镜头(目镜和物镜)应每两周用二甲苯浸泡一次，保持清洁。

2.采精过程

①采精员一手带双层乳胶手套，另一手持37℃集精杯用于收集精液。②饲养员将待采精的公猪赶至采精栏，用0.1%高锰酸钾溶液清洗其腹部和包皮，再用温水(夏天用自来水)清洗干净，避免药物残留对精子的伤害。③采精员挤出公猪包皮积尿，按摩公猪包皮部，刺激其爬跨假台畜。④公猪爬跨假台畜并逐步伸出阴茎，采精员脱去外层手套，将公猪阴茎龟头导入空拳。⑤用手抓住阴茎，拳握漏斗状(大拇指与龟头方向相反)，小指与无名指紧握伸出的公猪阴茎龟头螺旋状部，其余三指握住上部，可稍松一点，龟头应在拳心外0.5~1cm，顺其向前冲力将阴茎"S"状弯曲拉直，握紧阴茎龟头防止旋转，公猪即可射精。采精员以蹲立的姿势便于采精为宜，一般右手采精右脚在前，左手采精左脚在前，与公猪体向后呈30°角。⑥用三层纱布过滤收集浓精液与集精杯内，最初射出的少量精液含精子很少，可以弃掉，有些公猪分2~3个阶段将浓精液射出，直到公猪射精完毕，以公猪阴茎自动缩回为采精结束标志，射精过程历时5~7min。采精结束后，立即去掉过滤纱布及胶状物，送检验室。

3.注意事项

(1)采精员应注意安全。一旦公猪出现攻击行为，采精员要立即逃至安全处。

(2)下班之前彻底清洗采精栏。

(3)采精期间不准殴打公猪，防止出现性抑制。

4.采精频率成年公猪每周2次，青年公猪(1岁左右)每周一次。最好固定公猪的采精频率。

5.公猪采精调教

(1)后备公猪7月龄开始采精调教。

(2)每次调教时间不超过15min。

(3)一旦采精成功，分别在第 2 天、第 3 天再采精一次，进行巩固掌握该技术。

(4)采精调教可采用发情母猪诱导、观摩有经验的公猪采精、以发情母猪分泌物刺激等方法。

(5)调教公猪要有耐心，不准殴打公猪。

(6)注意公猪和调教人员的安全。

1.1.3 公猪精液的一般检查

(一)射精量

将采得的精液倒入有刻度试管或集精杯中，测其容量。各种家畜的射精量请参考教材。

如果精液量过多或过少时，分析其原因。

(二)色泽和气味

家畜的精液通常乳白色或灰白色，因畜种的不同而有浓淡的区别。马、猪的精液稀薄，呈灰白色；牛、羊的精液浓密，呈乳白色。家畜精液无味或略有腥味。

(三)云雾状的观察

取原精液一滴于载玻片上不加盖玻片，用低倍镜观察精液滴的边缘部分。牛羊的精液可见翻腾滚动的云雾状态，猪马的精液无此现象。

1.1.4 公猪精液的精子密度检查

精子密度也称为精子浓度，指每毫升精液中所含的精子数。精子密度的大小直接关系到精液稀释倍数和输精量的有效精子数，也是评定精液品质的重要指标之一。评定方法一般有目测法和计数法。

(一)目测法

与检查活率的方法相同，往往与观察活率同时进行，只是精液不作稀释。具体操作是取 1 小滴原精液在清洁载玻片上，加上盖玻片，使精液均匀分散成一薄层，无气泡存留，精液也不外流或不溢于盖玻片上，置于 400~600 倍显微镜下观察。根据精子密度的大小粗略分为密、中、稀三个等级。

"密"指整个视野内充满精子，几乎看不到精子间的空隙和单个精子的运动。

"中"指视野内精子之间相当于一个精子长度的明显空隙，可见到单个精子的活动。

"稀"指视野内精子之间的空隙很大，能容纳 2 个或 2 个以上精子。

这种评定方法带有一定的主观性，误差较大。另外，由于各种家畜精子密度相异较大，很难统一制订标准。此法只在基层人工授精站常用。

(二)计数法

1.血吸管计算

(1)清洗

器械吸管　自来水→蒸馏水→95%酒精→乙醚

计数室　自来水→蒸馏水→白℉布擦干净备用

(2)精液稀释

①用 1mL 移液枪吸 3%NaCl 0.2mL 或 2mL，放入小试管中，用血吸管吸出 10μL 或 20μL NaCl 溶液(根据稀释倍数确定)抛掉。

②用血吸管将精液吸至刻度 10μL 或 20μL 处。

③用纱布擦去吸管尖端所附的精液。

④用拇指按住试管口，振荡 2~3min 使其均匀混合。

(3)精子的计数

①将擦洗干净的血细胞计数室放于显微镜的载物台上，盖上盖玻片。

②将试管中稀释好的精液滴一滴于计数室上面的盖玻片的边缘，使精液自动渗进计数室内。注意不要使精液溢出于盖玻片之外，并不可使精液不够而计数室内有现气泡或干燥之处，如有这些现象应重做。

③静置 2min 便可在 400~600 倍的显微镜下检查。

④计算计数室的四角及中央共五个中方格即 80 个小方格内的精子数。

⑤计算每小格内的精子，只数格内及压在左线和上线者。

⑥由五个中方格(80 个小方格)所数到的精子数代入下式即得出每毫升的精子数。

每毫升内所含精子数=5 个中方格内的精子数×400×10×1000×稀释倍数确定精液稀释倍数时可按表 1-1 计算。

表 1-1 血吸管或红白血球吸管稀释精液的倍数

精液	稀释管种类	吸取时所达到的刻度		稀释倍数
		精液	3% NaCl	
猪	白血球吸管	0.5	11	20
		1	11	10
	血吸管	10μL	190μL	20
		20μL	180μL	10

为了减少误差，必须进行两次计数，如果前后两次误差大于 10%，应做第三次检查。最后在三次检查中取两次误差不超过 10%，求出平均数，即为所确定的精子数。

2.血球吸管计算

(1)清洗器械

吸管　自来水→蒸馏水→95%酒精→乙醚

计数室　自来水→蒸馏水→白干布擦干净备用

(2)精液稀释

①牛、羊、鸡的精液(密度高)用红血球吸管若将精液吸至"0.5"刻度处，然后再吸 3%NaCl 至"101"刻度，为稀释 200 倍。如将精液吸至"1.0"刻度处，再吸 3%NaCl 至"101"刻度，则为稀释 100 倍。

②猪、马、兔的精液(密度低)用白血球吸管若将精液吸至"0.5"刻度处，然后再吸 3%NaCl 至"11"刻度，为稀释 20 倍。如将精液吸至"1.0"刻度处，再吸 3%NaCl 至"11"刻度，则为稀释 10 倍。

(3)精子的计数

①将计数室推上盖玻片。要求盖玻片被推上后以立起计数室不掉下来为原则，并且盖玻片在折光时可见到清晰的彩色条纹。

②将盖好盖玻片的计数室置于低倍镜下观察，首先要求找到清晰的计数室。

③用血球吸管吸精液，用药棉擦去吸管尖端外围附着的精液，并用 3%NaCl 稀释，因不同的家畜用不同的吸管稀释。

④吸管吸好精液和3%NaCl以后，用拇指及食指堵住吸管两端进行来回的充分摇动混匀。然后弃去吸管中的前2滴，再将吸管尖端置于血球计数室和盖玻片交界处的边缘上，吸管内的精液自动渗入计数室内，使之自然、均匀地分充满计数室。注意不要使精液溢出盖玻片，也不可因精液不足而使计数室内有气泡或干燥处，否则，应重新操作。静放2min，开始计数。

⑤移到高倍镜下镜检和计数。首先数出四角和正中间的五个中方格中的精子数，也就是80个小方格中的精子数。载物台要平置，不能斜放，光线不必过强。计数时先数出四个角及中央的五个中方格中的精子数，然后用下列公式计算。重复次数同前。

每毫升原精液内的精子数=5个中方格内的精子数×5×10×1000×稀释倍数×X(如果是原精液不要×"X")

式中，"X"为检查精液的稀释倍数。

1.1.5 公猪精液的精子活率检查

采精后立刻在25℃左右的实验室内进行评定精子的活率，最好在37℃保温箱内或加热的载物台上进行。在评定精子活率的同时也可以测定精子的密度。用玻璃棒蘸取一滴原精液或经稀释的精液(其温度须与精液密度相近)滴在洁净的载玻片上，盖上洁净的盖玻片，其间充满精液，不存留气泡。也可滴在盖玻片上翻放于凹玻片的凹窝上。置于显微镜下，放大250~400倍检查。注意显微镜的载物台须放平，最好是在暗视野中观察。

精子活动有三种类型直线前进运动、旋转运动和原地摆动。评价精子活率是根据直线前进运动精子数的多少而定。

目前评定精子活率等级的方法有两种：十级制——在显微镜视野中估算直线前进运动精子所占全部精子的百分数。直线前进运动的精子为100%者评为1.0级，90%为0.9级，以此类推。

五级制——全部精子都呈直线前进运动，属于"5"级；绝大多数呈直线前进运动(约80%)为"4"级；前进运动精子略多于半数者(约60%)为"3"级；不及半数者为"2"级；呈直线前进运动的精子数目极少者属"1"级。

精子活率是精液品质评定的重要指标。受精能力与直线前进运动精子数的多少密切相关。新鲜精液的活率大于70%时，方可用于人工授精。

1.1.6 精子形态和畸形率的测定

畸形精子形态可分为头部畸形、尾部畸形和中段畸形三类。头部畸形的精子包括窄头、头基部狭窄、梨形头、圆头、巨头、小头、头基部过宽、双头、顶部脱落等；尾部畸形精子包括带原生质滴的精子(近端、远端)、无头的尾(它和无尾的头往往是一个精子的两部分，在分析时一般算作尾部的畸形)、单卷尾、多重卷尾、环形卷尾、双尾等；中段畸形的精子包括颈部肿胀、中段纤丝裸露、中段呈螺旋状、双中段等。

(一)精子头部形态的观察(采用威廉氏染色法)

1.染料的制备复红原液的配制：10g 复红溶于 100mL 95%的酒精中

复红染色液：复红原液 10mL+100mL 5%的石炭酸(苯酚)

饱和伊红酒精溶液：1g 伊红溶于 95%的酒精

美蓝溶液：10g 美蓝+1000mL 96%的酒精美蓝染色液：30mL

美蓝溶液+100mL 0.01%KOH 过滤后再加入 3 倍量的蒸馏水混合后即可使用。

2.染色程序

①先制作精液抹片，要求薄而均匀。然后风干或用酒精灯火焰固定。

②浸入无水酒精中固定 2~3min，取出风干。

③浸入 0.5%氯胺 T 中 1~2min。

④用清水洗 1~2min。

⑤迅速通过 96%的酒精，风干。

⑥放入石炭酸复红染色液中 10~15min，然后清水中蘸 2 次。

⑦迅速通过美蓝染色液。

⑧水洗后风干。

经此方法染色后，精子头部呈淡红色，中段及尾部为暗红色，头部轮廓清晰。

可在高倍镜或油镜下观察 200 个精子计算出各类头部畸形精子的比例。

$$畸形精子百分率=畸形精子数/总精子数\times100\%$$

(二)精子尾部形态的观察

1.福尔马林缓冲液的制备将 21.82g $Na_2HPO_4\cdot2H_2O$ 和 22.25g KH_2PO_4 分别溶于 500mL 蒸馏水中，然后取 200mL Na_2HPO_4 加 80mL KH_2PO_4 配成缓冲液。再取该缓冲液 100mL 加入 62.5mL 40%(v/v)福尔马林溶液，最后加蒸馏水至 500mL。

2.观察程序

①1mL 玻璃管中装入一些福尔马林缓冲液，置于 37℃恒温箱中备用。

②根据原精液的浓度，向装有福尔马林缓冲液的小玻璃管中滴 2~5 滴精液并混匀。

③取一滴上述混合液置于载玻片上，加盖玻片静止数分钟后在 400 倍的相差显微镜下观察精子尾部形态。随机观察 200 个精子计算各种尾部畸形精子所占的比例。

$$畸形精子百分率=畸形精子数/总精子数\times100\%$$

1.1.7 公猪精液稀释液的配制

(一)用量筒量取双蒸水 100mL，加入烧杯中，用磁力搅拌器或玻璃棒搅拌使其溶解。

(二)用一层定性滤纸过滤溶液至三角瓶中。

(三)在三角瓶上加牛皮纸盖并橡皮筋固定，放在盖有石棉网的电炉上加热至沸腾，迅速将其取下，放凉，制成基础液。基础液如果不马上使用可放入在 2~5℃冰箱中备用，保存时间不宜超过 12h。

(四)新鲜鸡蛋用 75%的酒精棉球消毒外壳，待其完全挥发后，将鸡蛋磕开，分离蛋清、蛋黄和系带，将蛋黄盛于鸡蛋壳小头的半个蛋壳内，并小心地将蛋黄倒在用 4 层对折(8 层)的消毒纸巾上。小心地使蛋黄在纸巾上滚动，使其表面的稀蛋清被纸巾吸附。先用针头小心将卵黄膜挑一个小口，再用去掉针头的 10mL 的一次性注射器，从小口慢慢吸取卵黄，尽量避免将气泡吸入，同时应避免吸入卵黄膜。吸取 10mL 后，再用同样的方法吸取另一个鸡蛋的卵黄。也可将卵黄移至纸巾的边缘，用针头挑一个小口，将卵黄液缓缓倒入量筒中，注意避免将卵黄膜倒入量筒中。

(五)卵黄液与基础液的混合取 80mL 放凉的基础液，加入三角瓶中，然后将卵黄液注入或将卵黄液从量筒中倒入三角瓶中，将量取的 80mL 基础液反复冲洗量筒中的卵黄，使其全部溶解入基础液中，然后将全部的基础液倒入三角瓶中摇匀。

(六)加入抗生素分别用 1mL 注射器吸取基础液 1mL，分别注入 80 万单位和 100 万单位的青霉素和链霉素瓶中，使其彻底溶解。分别从青霉素瓶中吸取 0.1~0.12mL 和链霉素瓶中吸取 0.1mL，将其注入三角瓶中并摇匀。还可称取 0.1g 的青霉素和 0.1g 的链霉素加入三角瓶中摇匀。用基础液、卵黄液和抗生素混合制成稀释液。

1.1.8 公猪精液的稀释

(一)稀释液数量计算

每剂量为 100mL，含精子量 50 亿。操作中，对于活力分级为"密"的精液。

$$稀释液数量=(精液量×2.3)×100/50-精液量。$$

(二)等温稀释

在对精液进行稀释的过程中，要求精液与稀释液温度相等。稀释前先测量精液温度，并置于等温水浴锅中；稀释液也放在同一水浴锅内，待温度与精液温度完全一致后才能进行稀释操作。

(三)精液稀释操作

在精液、稀释液温度达到一致后，应将稀释液通过玻璃棒缓缓加入精液中，使二者混合，并轻轻搅匀。

(四)检查与分装

在分装前必须检查精液质量，在确定稀释过程中没有造成对精子的伤害后，将混合好的精液分装于 100mL 的精液瓶中，密封加盖，备用。

1.1.9 公猪精液的保存

目前猪精液大都采用常温液态保存，最佳保存温度为16~18℃，为维持这一温度，夏天应将精液保存于常温冰箱中，冬天则应保存于恒温箱中。虽然，常温保存可将保存7d，但在实践中，保存不应超过3d。在存放阶段，精子多沉淀在容器的底部，因此，一般每天要将容器倒置1~2次，以保证精子平均地分布在稀释液中。

常温保存的原理是利用酸抑制精子的代谢运动，而不是经过温度达到这一目标。因为在中性和弱酸性的环境中，精子代谢正常，当降落到一定的酸度后，精子的运动受到抑制，在一定pH范围内，这种抑制是可逆的，当pH恢复到7左右时，精子能够复苏，如pH持续降落，越过此范围，则出现不可逆抑制。研究结果表明，不同的酸类对精子发生抑制的pH区是不相同的。一般认为，有机酸较无机酸为好，容易产生克服，而且可逆性抑制区较宽。

1.1.10 母猪的输精

(一)输精前的准备

1.输精器械的清洗消毒金属开张器，先以火焰消毒，再以75%的酒精棉球消毒；塑料或有机玻璃的可直接用75%的酒精消毒；输精器用蒸煮消毒或75%的酒精消毒，再以生理盐水冲洗2~3次。

2.发情鉴定做好母猪的发情鉴定，检查有无生殖器官疾病。

3.检查精液品质鲜精活率必须在0.6~0.7。

(二)输精操作

发情母猪输精可在圈内自由站立，用橡胶输精管轻轻从阴门插入阴道，左右螺旋前后移动直至子宫颈深部，这时将装有精液的注射器接上橡胶输精管，将精液徐徐注入子宫内，母猪输精量一般为25~40mL，轻轻抽出输精管，用力压一压母猪背部，以减少精液倒流。

(三)适时输精

为了确保受胎率和母猪的产仔数，适时输精是一个重要环节。生产上通常根据母猪发情状况确定配种时间，本地母猪发情明显，如果是上午发现发情，可以下午输精，第二天上午再输精一次，如果是下午发现发情，则可在第二天早上输精一次，下午再输精一次，这样可以确保输精效果。对于外来品种母猪或者瘦肉型品种母猪，可用试情法判断母猪是否发情，在母猪接受公猪爬跨后，如果上午发情，下午就可以进行首次输精，第二天早上再输精一次，如果是下午发情，则在第二天早上首次输精，第二天下午再重复输精一次。

1.1.11 母猪的发情鉴定

猪的发情鉴定可根据猪场的条件不同，而选用不同的方法。

(一)外部观察及压背试验查情法

对没有种公猪的小型猪场主要是通过外部观察及压背试验法来查情。

1.精神状态与行为母猪在发情前会出现食欲减退甚至废绝，鸣叫，外阴部肿胀，精神兴奋。进入前情期后期及发情情期的母猪会出现爬跨同圈的其他母猪的行为。

发情初期的母猪有爬圈行为，同时对周围环境的变化及声音十分敏感，一有动静马上抬头，竖耳静听。或向声音的方向张望。在圈内来回走动或常站在圈门口。

但这些行为只能代表母猪可能进入发情期，真正确定母猪进入发情期标志仍然是压背时发生静立反射。

2.外阴部变化非发情期母猪，阴户不肿胀，阴唇紧闭，中缝像一条直线。进入发情期前1~2天或更早，母猪阴门开始微红，以后肿胀增强，外阴呈鲜红色，有时会排出一些黏液。

若阴唇松弛，闭合不全，中缝弯曲，甚至外翻，阴唇颜色由鲜红色变为深红或暗红，黏液量变少，且黏干，阴道黏膜略呈暗红色且能在食指与大拇指间拉成细丝，即可判断为母猪已进入发情盛期。

3.压背试验及敏感部位刺激通常未发情或处在前情期前期和后情期的母猪会躲避人的接近。如果母猪不躲避人的接近，甚至主动接近人，如用手按压母猪后背或骑背，表现静立不动并用力支撑，或有向后坐的姿势，同时伴有竖耳、弓背、颤抖等动作，说明母猪已经进入发情期，这一系列反应称为静立反应。这时一般母猪会允许人接触其外阴部，用手触摸其阴部，发情母猪会表现肌肉紧张、阴门收缩。触摸侧腹部母猪会表现紧张和颤抖。

应该提醒的是，人工查情法往往不能及时发现刚进入发情期的母猪，因为在没有公猪气味、声音、视觉刺激的情况下，仅凭压背试验，母猪出现静立反射的时间要晚得多。如果每天进行一次查情，当发现发情母猪时，可能已经错过了第一次配种或输精的最佳时间。所以当母猪进入前情期时，就应用一种颜色标记，以便及时进一步观察和压背试验。在配种时机掌握上，应考虑发现发情母猪的滞后性。

母猪外部观察、压背试验及敏感部位刺激法查情可证实母猪确实进入发情期的特征是黏液能在食指与大拇指间拉成细丝；压背时出现静立反应。

(二)试情公猪查情法

这是最有效的发情鉴定方法，因为是否发情是以母猪是否接受公猪爬跨为准的。

1.试情公猪的选择试情公猪应具备以下条件最好是年龄较大，行动稳重，气味重；口腔泡沫丰富，善于利用叫声吸引发情母猪，并容易靠气味引起发情母猪反应；性情温和，有忍让性，任何情况下不会攻击配种员；听从指挥，能够配合配种员按次序逐栏进行检查，既能发现发情母猪，又不会不愿离开这头发情母猪，而无法继续试情。

2.用试情公猪查情的方法如果每天进行一次试情，应安排在清早，清早试情能及时地发现发情母猪。如果人力许可，可分早晚两次试情。我国大多数猪场采用早晚两次试情。

试情时，让公猪与母猪头对头试情，以使母猪能嗅到公猪的气味，并能看到公猪。因为前情期的母猪也可能会接近公猪，所以在试情中，应由另一查情员对主动接近公猪的母猪进行压背试验。如果在压背时出现静立反射则认为母猪已经进入发情期，应对这头母猪作发情开始时间登记和对母猪进行标记。如果母猪在压背时不安稳为尚未进入发情期或已过了发情期。国外一些猪场采用在试情公猪前进行骑背试验，对检查发情应该说更合理。

3.为了有效地进行试情公猪的查情，如果有条件，建议每 8~10 个限位栏(每侧各 4~5 个栏)，在走道这几个栏的两侧安一个栅门，以便将公猪隔在这几个栏内，也可将由两个人分别用赶猪板将公猪隔在这个区域内，让其在这个小区域内寻找发情母猪。群养的空怀母猪，可以将公猪隔走道两侧的两个栏间，试情完后，再试情另两个栏。

采用试情公猪查情是养猪场最佳的查情方法。确定母猪是否发情的特征性表现是母猪在试情公猪前出现静立反射。但结合母猪外阴部肿胀及松弛状况、黏液量及粘稠度、阴道黏膜充血状态，会使对母猪发情阶段判断会更准确。

1.1.12 母猪的妊娠诊断

(一)早期妊娠诊断

在一切正常情况下，母猪配种后 20 多天不再出现发情，即认为已基本配准；等到第二个发情期仍不发情，就可认为已经妊娠。个别母猪妊娠后，有时会表现发情症状，此种发情称为假发情。一般在早期通过以下方法诊断母猪是否妊娠：

①看行动。凡配种后表现安静，贪睡，吃得很香，食量增加，容易上膘，皮毛日益光亮并紧贴身驱，性情变得温顺，行动稳重，阴户收缩，阴户下联合向上方弯曲，腹部逐步膨大，即为妊娠的象征。②验尿液。早晨采母猪尿 10mL，放试管内。猪尿的比重在 1.010~1.025 之间，如果尿液过浓，应加水稀释。一般母猪的尿呈碱性，应加点醋酸，使它变成酸性，然后滴入碘酒，在酒精灯上慢慢加热。当尿液快烧开时，就出现颜色的变化；如果是妊娠母猪，尿液由上而下出现红色，由玫瑰红变为杨梅红，放在太阳光下看更明显；如果未妊娠，尿液呈淡黄色或褐绿色，尿液冷却后，颜色很快就消失。早期诊断还可采取以下方法：

①观察母猪外形的变化，如毛色有光泽、眼睛有神、发亮，阴户下联合的裂缝向上收缩形成一条线，则表示受孕。②经产母猪配种后 3~4 天，用手轻捏母猪

最后第二对乳头，发现有一根较硬的乳管，即表示已受孕。③指压法，用拇指与食指用力压捏母猪第 9 胸椎到第 12 胸椎背中线处，如背中部指压处母猪表现凹陷反应，即表示未受孕；如指压时表现不凹陷反应，甚至稍凸起或不动，则为妊娠。

(二)中期妊娠诊断

母猪配种后 18~24 天不再发情，食欲剧增，槽内不剩料，腹部逐渐增大，表示已受孕。

用妊娠测定仪测定配种后 25~30 天的母猪，准确率高达 98%~100%。母猪配种后 30 天乳头发黑，乳头的附着部位呈黑紫色晕乾表示已受孕。从后侧观察母猪乳头的排列状态时乳头向外开放，乳腺隆起，可作为妊娠的辅助鉴定。

(三)后期妊娠诊断

妊娠 70 天后能触摸到胎动，80 天后母猪侧卧时即可看到触打母猪腹壁的胎动，腹围显著增大，乳头变粗，乳房隆起则为母猪已受胎。

1.1.13 猪的分娩、接产与初生仔猪的护理

(一)猪分娩的准备工作

分娩与接产工作是猪场重要生产环节，除应作好产前预告，使分娩母猪提前一周进产房，还应在产前作好以下工作：

1.事先作好产房或猪栏的防寒保暖或防暑降温工作，修缮好仔猪的补料栏或暖窝，备足垫料(草)。

2.备好有关物品和用具，如照明灯、护仔箱、称猪篮、耳号钳、记录本、毛巾、消毒药品(碘酒、高锰酸钾)。

3.产前 3~5 天做好产房或猪栏，猪体的清洁，消毒工作。

4.临产前 5~7 天，调整母猪日粮。母猪过肥要逐步减料 10%~30%，停喂多汁料。防乳汁过多或过浓引起乳房炎或仔猪下痢。母猪过瘦或膨胀不足，则应适当富加蛋白质饲料催奶。

(二)观察母猪临产症状

1.母猪临产前腹部大而下垂，阴户红肿、松弛，成年母猪尾根两侧下陷；2.

乳房膨大下垂，红肿发亮，产前 2~3 天，奶头变硬外张，用手可挤出乳汁。待临产 4~6h 前乳汁可成股挤出；3.衔草作窝，行动不安，时起时卧，尿频，排粪量少次数多且分散(拉小尿)。一般在 6~12h 可分娩；4.阵缩待产，即母猪由闹圈到安静躺卧，并开始有努责现象，从阴户流出黏性羊水时(即破水)，1h 内可分娩。

(三)人工接产

1.当母猪出现阵缩待产症状时，接产人员应将接产用具，药品备齐，在旁安静守候。母猪腹部肌肉间歇性的强烈收缩(阵缩像颤抖)，阴户阵阵涌出胎水。当母猪屏气，腹部上抬，尾部高举，尾帚扫动，胎儿即可娩出。产式有头位，臀位属正常。

2.仔猪产出后，接生员应立即用左手抓住仔猪躯干。右手掏出口鼻黏液，并用清洁抹布或垫草，擦净全身黏液。

3.用左手抓住脐带，右手把脐带内的血向仔猪腹部积压几次，然后左手抓住仔猪躯干。

用中指和无名指夹住脐带，右手在离腹部 4cm 处把脐带捏断，断处用碘酒消毒，若断脐流血不止，可用手指捏住断头片刻。

4.仔猪正常分娩间歇时间为 15min 一头。也有两头连产的。分娩持续时间 1~4h，一般胎衣开始流出(全部仔猪产出后 10~30min)说明仔猪已产完。约 1~4h 可排尽。但有时产出几头小猪后，即下部分胎衣，再产仔几头，再下胎衣，甚至随着胎衣娩出产仔。胎衣包着的仔猪易窒息而死，应立即撕开胎衣抢救。

5.以上工作做完后，应打扫产房，擦干母猪后躯污物，再一次给母猪乳房消毒后，换上新垫草，安抚母猪卧下。清点胎衣数与仔猪数是否相符，产程即告结束。

6.难产处理与仔猪假死急救

(1)母猪一般难产较少，有时因母猪衰弱，阵缩无力或个别仔猪胎衣异常，堵住产道，导致难产，应及早人工助产。先注射人工合成催产素，注射后 20~30min 可产出仔猪。如仍无效，可采用手术掏出。术前应剪磨指甲，用肥皂、来苏儿洗净，消毒手臂，涂润滑剂。术后并拢成圆锥状沿着母猪努责间歇时慢慢伸入产道，摸到仔猪后，可抓住不放，随着母猪慢慢努责将仔猪拉出，掏出一头后，如转为正常分娩，不再继续掏，术后，母猪应注射抗菌素或其他抗炎症药物。

(2)仔猪的急救。对虽停止呼吸而心跳仍在的仔猪应进行急救，方法如下：

①实行人工呼吸：仔猪仰卧，一手托着肩部，另一手托着臀部，作一曲一伸运动，直到仔猪叫出声为止。或先吸出仔猪喉部羊水，再往鼻孔吹气，促使仔猪呼吸。②提起仔猪后腿，用手轻轻拍打仔猪臀部。③用酒精涂在仔猪的鼻部，刺激仔猪恢复呼吸。

(四)初生护理

1.早吃初乳对性情较好或已进入生产过程的母猪可以随产随给仔猪哺乳。采用护仔箱接产仔猪，吃初乳最晚不得超过生后 1~2h。吃初乳前应用手挤压各乳头，弃去最初挤出的乳汁。检查乳量及浓度，和各乳头的乳空数目以便确定有效乳头数和适当的带仔数，并用 0.1%高锰酸钾水清洗乳房，然后给仔猪吮吸。对弱仔可用人工辅助吃 1~2 次的初乳。

2.匀窝寄养对多产或无乳仔猪采取匀窝寄养应做到以下几点：

(1)乳母要选择性情温顺，泌乳量多，母性好的母猪；

(2)养仔应吃足半天以上初乳，以增强抗病力；(3)两头母猪分娩日期相近(2~3天内)。两窝仔猪体重大小相似；(4)隔离母仔使生仔与养仔气味混淆。使乳母胀奶，养仔饥饿，促使母仔亲和；(5)避免病猪寄养，殃及全窝。

3.剪齿仔猪出生时已有末端尖锐的上下第三门齿与犬齿 3 枚。在仔猪相互争抢固定乳头过程会伤及面颊及母猪乳头，使母猪不让仔猪吸乳。剪齿可与称重、打耳号同时进行。方法是左手抓住仔猪头部后方，以拇指及食指捏住口角将口腔打开，用剪齿钳从根部剪平即可。

4.保育间培育训练为保温、防压，可于仔猪补饲栏一角设保育间，留有仔猪出入孔，内铺软干草。用 150~250W 红外灯，吊在距仔猪躺卧处 40~50cm 处，可保持猪床温度 30℃左右。仔猪出生后即放入取暖、休息，完时放出哺乳，经 2~3天训练，即可养成自由出入的习惯。

5.母猪初产护理为保温与防便秘，产后母猪第一次可喂给加盐小麦麸汤。分娩后 2~3 天喂料不能过多，应喂一些易消化的稀粥状饲料，经 5~7 天后才按哺乳母猪标准喂给，并随时注意母猪的呼吸、体温、排泄和乳房的状况。

小结

猪场繁殖综合技能主要包括猪场繁殖计划的制订、猪的人工授精技术、母猪的发情鉴定、妊娠诊断技术、分娩助产技术以及新生仔猪的护理等。

在猪场繁殖计划的制订过程中，要考虑到母猪的发情鉴定，尤其是对外来品种猪要配备试情公猪，在制订公猪繁殖计划时要考虑到公猪的短期优饲和公猪的配种频率，在具体实施过程中，要考虑到血缘、外形、体质和年龄因素，按照选配原则进行配种。

猪的人工授精技术包括采精、精液的品质检查、精液的处理和输精等环节。采精常用拳握法，可以用发情母猪为台畜采精，最好是训练公猪利用假台畜进行采精，这样可以避免公母猪间的直接接触，防止疾病传播，同时也能保证人畜安全等。

精液品质检查主要包括精子活力检查、精子密度检查和畸形精子率检查等，对输精用的精液要求精子活率在 0.7 以上，畸形精子率在 20% 以下，按 100mL 剂量，要求有效精子数在 50 亿以上。

精液的处理主要包括精液的稀释与精液的保存技术，精液的稀释过程中要根据原精液的有效精子密度计算出相应的稀释倍数，在等温的条件下将稀释液沿玻璃杯壁缓缓加入原精液中，切忌将稀释液倒入稀释液中稀释。公猪的精液保存一般采用常温保存的方法，保存时间以 1~3d 为宜。

在对母猪进行输精前，要做好母猪的发情鉴定工作，对发情明显的本地母猪可以采用外部观察法进行鉴定，而对发情不明显的外来品种母猪及瘦肉型品种母猪，宜用试情法进行鉴定。对发情母猪的输精宜采用重复配种的方法，一般在上午发情的母猪，下午配种一次，第二天早上重复配种一次，而对下午发情的母猪，应在第二天早上配种一次，下午再复配一次即可。

母猪配种后要密切注意母猪的生理变化，在母猪下一个情期到来时母猪不再表现发情，且表现嗜睡、食欲加强、被毛光亮和膘情改善等现象，可以初步判定母猪已经妊娠，在妊娠后期可以触摸到或者看到胎动，随着妊娠时间的延长，妊娠诊断的结果更加准确。

在母猪预产期到来时，要密切母猪的表现，及时做好接产前的准备工作，母猪分娩一般不会发生难产，但有时因母猪衰弱，阵缩无力或个别仔猪胎衣异常，堵住产道，导致难产，这种情况下应及早人工助产。在分娩过程中，如果出现假死仔猪，应及时求助。

新生仔猪应早吃初乳，对产仔过多或产后无乳的可以进行匀窝寄养，及时剪去仔猪乳齿，做好保温、防压以及早期补饲等工作，争取全活全壮。

1.2 种猪选育职业技能训练

1.2.1 家畜耳缺号的识别与编号

猪的编号时间一般是在仔猪出生后 12h 内进行称重和编号，编号顺序一般是按每年窝号顺序进行，公猪采用单号 1、3、5、7…，母猪采用双号 2、4、6、8…，养猪场对猪编号通常采用在猪耳上剪耳号方法。

剪耳号法即利用耳号钳(剪)在猪耳上打出缺口，每个缺口代表一个不同的数字，把几个数字相加，即得出猪的耳号。

编号方法：用棉球上碘酒(或酒精)涂擦仔猪的耳背，然后，用消过毒的耳号剪，在耳缘剪下不同的缺口，以此来代表不同的数字。耳尖处每个缺口分别为 1、10、100、1000；耳根处每个缺口分别为 3、30、300、3000；没有缺口为 0；数字之和就是耳号数。

规则：左小右大，上大下小，尖 1 根 3，公单母双。

编制要求：

(1)要求缺口深浅一致，不过深过浅，清晰易认，缺口间距基本一致，稀疏均匀，排列整齐，不致残，不损伤耳廓边缘，不影响整个耳廓外形。

(2)空距要大于间距，耳根部与耳尖部间的缺口空距要适当大一些，至少要大于耳根处或耳尖处缺口的间距，以易于识别缺口属耳根或耳尖。

1.2.2 种猪外形体质的评定

(一)种猪外形的评定

种猪外形评定的方法有肉眼鉴定和测量鉴定。测量鉴定是对测得体尺进行整理、充分分析，而对种猪的外形进行客观评定。

1.肉眼鉴定肉眼评定时评定者位于三倍于畜体长的地方，从种猪的正面、侧面、后面查看体形是否与选育方向相符，体质是否结实，整体发育是否协调，品种特征是否典型，肢蹄是否健壮，有何重要失格以及一般精神表现。评定完静态后，再评定动态，即令其走动看其动作、步态以及有无跛行或其他疾患。取得一个概括认识后，再走近畜体，对各部位进行细致审查，最后根据印象进行分析评定优劣。

为了避免遗忘，应在鉴定时将所得印象用文字简要记载下来，以集中考虑。此外也可采用图示法，即在种猪轮廓图上，用规定符号将各部位优缺点加以标记。

为了减少主观成分，可用评定法鉴定。即根据评分表来评定种猪。即根据各部位如头、颈、躯干、四肢、乳房的相对重要性规定最高分或系数，同时给每个部位规定了理想标准，评定可根据既定的评分表对种猪进行全面而系统的外形评定。

记分方法有两种。一种是五分制，即根据各部位的实际情况评定的分数，然后乘上该部位规定的系数，得出该部位的评分，把各部位评分先后累加，可得出该种猪的外形评定分。

另一种是直接评分，即按各部位的相对重要性分别规定最高分，评定人员将被评定牲畜的部位与理想标准对照，直接给该部位以评分累加，得该种猪的外形评分。

若有评分等级者，可按分数之多少，定出该种猪的相应等级。

2.体尺测量与体重估测

(1)体尺测量即对猪的各个部位进行测量，以具体了解各部位的发育情况，在育种上，一般可以在6月龄，10月龄和成龄时各测量一次即可。

①注意事项校正测量工具；测量场地要求平坦；猪体站立保持自然平直姿势；

测量需在早晨喂前或喂后 2h 进行；测量时要从左前侧接近猪体，保持安静平稳，切忌追打，以免使猪紧张而影响测量效果。

②测量方法及部位体长：从两耳根中点连线的中部起，用卷尺沿背脊量到尾根的第一自然轮纹为止。

站立姿势正常(四肢直立，领下线与胸下线同一水线)，用左手把皮尺端点固定在枕寰关节上，右手拉开卷尺固定在背中线的任何一点，然后左手替换右手所定的位置，而右手再拉紧皮尺直至尾根处，即量出体长。

胸围在肩胛骨后缘用皮尺测量胸部的垂直周径，松紧度以皮尺自然贴紧毛皮为宜。

体高自鬐甲处至地面的垂直距离。用杖尺的主尺放在猪左侧前肢附近，然后移动横尺紧贴鬐甲最高点，读杖尺数即体高。

半臀围自左侧膝关节前缘，经肛门绕至右侧膝关节前缘的距离，用皮尺紧贴体表量取。

3.体重估测体重估测是在大猪无称重条件时，用以上测量数式通过公式计算重量。

$$体重(kg)=胸围(cm)×体长(cm)/系数$$

注：猪测量营养状况良好的系数用 142，营养状况中等的系数用 156，营养状况不良的系数用 162。

(二)体质评定

体质的分类方法很多，在实践中多用的是库列硕夫分类法。库列硕夫根据骨骼皮肤、皮下结缔组织、肌肉及内脏的发育情况，把种猪体质分为两对相对类型一细致与粗糙、紧凑与疏松。

细致与粗糙的主要区别是皮肤的厚薄和骨骼的粗细。皮肤的厚薄可以从颈部耳壳和乳房等部位观察和触摸。而骨骼的粗细则可从头部、前管部和尾根等部位去观察和触摸。细致型的典型代表是皮薄而有弹性，血管筋腱和关节外露明显，颈与乳房上有许多细致皱纹，耳壳较薄，头清秀，管骨和尾根较细，角和蹄致密而有光泽，被毛细而柔软。粗糙型则正好与上述相反。

紧凑与疏松型主要的区别表现为皮下结缔组织的多少，以及骨骼肌肉的坚实程度。疏松型的典型表现是，皮下组织极为发达，皮下、内脏及肌肉间容易沉积大量脂肪，骨质较松，角蹄易出现裂纹，皮肤松弛，外形轮廓不清晰，毛稀而长，紧凑型正好相反。

在生产实践中将体质分为四种混合类型，加上伊凡诺夫的结实型，使这种体质类型的分类能适用于各种种猪和各种品种。

1.细致紧凑型骨骼细致而结实，头清秀，蹄致密有光泽，肌肉结实有力。皮薄有弹性，结缔组织少，不易沉积脂肪，外形清瘦，轮廓清晰，新陈代谢旺盛，反而敏感灵活，动作迅速敏捷。

2.细致疏松型结缔组织发达，全身丰满，皮下肌肉内易沉积大量脂肪，肌肉肥嫩松软，同时骨细皮薄，体躯宽广低矮。四肢比例小。代谢水平低，早熟易肥，神经反应迟钝，性情安静。

3.粗糙紧密型骨骼虽粗，但很结实，体躯魁梧，头粗重，四肢粗大，骨骼间相互靠得较紧，中躯显得较短而紧凑，肌肉筋腱有力，皮厚毛粗，皮下结缔组织和脂肪较多，它们的适应性和抗病力较强，神经敏感程度中等。

4.粗糙疏松型骨骼粗大，结构疏松，肌肉松软无力，易疲劳，皮厚毛粗，神经反应迟钝，繁殖力和适应性差，是一种不理想的体质。

5.结实型各部位协调、匀称、皮、肉、骨和内脏发育适度，骨骼坚强不粗，皮紧而有弹性，厚薄适中，皮下脂肪不过多，肌肉发达，外形健壮结实，性情温驯，对疾病抵抗力强，生产性能也好。这是一种理想的体质。

(三)种猪的体质外貌评定

体型外貌不仅反映出猪的经济类型和品种特征，而且还在一定程度上反映猪的生长发育、生产性能、健康状况和对外界环境的适应能力，在外貌鉴定时常采用评分鉴定法(表1－2)。

1.应注意事项

(1)首先应明确鉴定目标，熟悉该品种应具有的外貌特征，使头脑中有一个理想的标准。

(2)鉴定人应离猪有个适当的距离，以便于先观察猪的整体外貌，看其体形各个部分结构是否协调匀称，体格是否健壮，然后才有重点地观察鉴定的各部位。

(3)有比较才有鉴别。鉴定时要对照同一品种不同种猪的个体进行比较鉴别。

(4)要求鉴定时，猪只体况适中，站立在平坦的地面上，猪头颈和四肢保持自然平直的站立姿势。

2.鉴定的方法和程序

(1)按品种特征、体质、外貌进行总体鉴定。

品种特征：该品种的基本特征如体型、头型、耳型和毛色等特征是否明显，尤其是看是否符合该品种生产方向要求的体型和生长发育的基本要求。

体质：是否结实，肢蹄是否健壮，动作是否灵活，各部位结构是否匀称、紧凑，发育是否良好。

性别特征：主要看种猪的性别特征是否表现明显，公猪的雄性特征如睾丸发育及包皮的形状和大小等，母猪的乳头数，乳头及阴户的发育有无母猪公相，有无其他遗传疾病等。

表1－2 长白种猪的外貌评分表

类　别	说　明	标准评分
一般外貌	头颈轻，身体伸长，后躯很发达，体高，背线稍呈弓壮，腹线大致平直，各部位匀称，身体紧凑，被毛光泽无斑点，滑无破折，性情温顺有精神，性征表现明显，体质强健，合乎标准	25
头、颈	头轻，鼻端宽，下巴正，面颊紧凑，目光温顺有神，两耳间距不狭窄，头颈肩转移平顺	5
前　驱	要轻、紧凑，肩的附着良好，向前肢和中躯转移良好，腰深、充实，前胸宽	15
中　躯	背腰长，向后躯转移良好，背大体平直强壮，背的宽度不狭窄，肋部开张，腹部深、充实，前胸宽	20
后　躯	臀部宽、长，尾根附着高，腿厚、宽，飞节充实、紧凑，整个后躯丰满，尾的长度、粗细适中	20
乳房、生殖器	乳房形质良好，正常的乳头有12个以上，排列整齐，乳房无过多脂肪，生殖器发育正常，形质良好	5
肢、蹄	四肢稍长，站立端正，肢间要宽，飞节健壮，管骨不太粗，很紧凑，系部要短有弹性，蹄质好，左右一致，步态轻盈准确	10
合　计		100

(2)各部位的鉴定

经总体鉴定基本合格后，再作各部位鉴定。从侧面观察头长、体长，背腹线是否平直或背线稍拱，前、中、后躯比例及其结合是否良好，腿臀发育状况，体侧是否平整，乳头的数目、形状及排列，前后肢的姿势和行动时是否自如等。从前面观察：耳型、额宽及体躯的宽度(包括胸宽、肋骨开张度、背腰宽等)，前肢站立姿势及距离的宽度等。从后面观察：腿臀发育(宽深度)背腰宽度，后肢姿势和宽度，公猪睾丸发育，母猪外生殖器的发育等。然后转到侧面复查一下，再根据综合总体和各部位的鉴定情况，给予外貌评分，评定等级(表1-3)。

表1-3 理想瘦肉型种猪的体型与一般肉猪的体形比较

项目	理想瘦肉型体形	一般肉猪体形
头颈	头颈轻秀，下颌整齐	颈过短或过长，下颌过垂
肩	平整	粗糙
背腹部	背平或稍拱，腹线整齐	背腹线不整齐
四肢	中等长	卧系，腿过短或过长
臀腿	肌肉丰满，尾根高	薄的大腿，尾根低，斜尻
躯体	长、宽、深都适中	

1.2.3 根据育种记录选择种猪

1.根据母猪繁殖成绩记录确定育种核心群母猪生产力指数

$$SPI = 100 + 6.5(L - \overline{L}) + 1.0(W - \overline{W})$$

L=产仔数；W=断奶重

举例如下，见表1-4。

表 1-4 按母猪繁殖成绩确定选留顺序

母猪编号	活产仔数(头)	21 日龄断奶窝重(kg)	*SPI*
15	13	64.5	136.585(1)
47	12	59.5	125.085(2)
36	11	58.0	117.085(3)
82	11	56.9	115.985(4)
10	10	57.7	110.285(5)
81	10	55.3	107.885(6)
43	9	58.6	104.685(7)
77	9	49.5	95.585
69	7	45.8	78.885
76	8	37.4	76.985
25	7	39.0	72.085
34	5	39.0	59.085
平均	9.33	51.77	100

2.根据繁殖与生长测定数据选留后备猪

公猪以父系指数 TI 选留

$$TI=100-1.7×D-66.14×H$$

母猪以母系指数 MI 选留

$$MI=100+6×(L-珚 L)+0.4×(W-珨 W)-1.6×D-31.89×H$$

D—校正达 100kg 体重日龄与同期校正均值之差

H—校正达 100kg 体重背膘厚与同期校正均值之差

其中

校正达 100kg 体重日龄=实际日龄-(实测体重-100)/CD

$$CD=1.826×实测体重/实测日龄(公猪)$$

$$CD=1.7146×实测体重/实测日龄(母猪)$$

校正达 100kg 体重背膘厚=实测背膘厚×CB

$$CB=A/(A+B×(实测体重-100))$$

$$A=12.40(公猪)、13.71(母猪)$$

$$B=0.1065(公猪)、0.1196(母猪)$$

1.2.4 猪的体尺测量及体重估测

(一)体尺测量

即对猪的各个部位进行测量，以具体了解各部位的发育情况，在育种上，一般可以在 6 月龄、10 月龄和成龄时各测量一次即可。

1.注意事项

(1)校正测量工具；

(2)测量场地要求平坦；

(3)猪体站立保持自然平直姿势；

(4)测量需在早晨喂前或喂后 2h 进行；

(5)从左前侧接近猪体、保持安静平稳、切忌追打，使猪紧张而影响测量效果。

2.测量方法及部位

(1)体长从两耳根中点连线的中部起，用卷尺沿背脊量到尾根的第一自然轮纹为止。

站立姿势正常(四肢直立，颌下线与胸下线同一水平线)，用左手把皮尺端点固定在枕寰关节上，右手拉开卷尺固定在背中线的任何一点，然后左手替换右手所定的位置，而右手再拉紧皮尺直至尾根处，即量出体长。

(2)胸围在肩胛骨后缘用皮尺测量胸部的垂直周径，松紧度以皮尺自然贴紧毛皮为宜。

(3)体高自鬐甲处至地面的垂直距离。用仗尺的主尺放在猪左侧前肢附近，然后移动横尺紧贴甲最高点，读主尺数即体高。

(4)半臀围自左侧膝关节前缘，经肛门绕至右侧膝关节前缘的距离，用皮尺紧贴体表量取。

(二)体重测量

体重估侧是在大猪无称重条件时，用以上测量数式进行公式计算重量。

$$体重(kg)=胸围(cm)×体长(cm)/系数$$

注：猪测量营养状况良好的系数用 142，营养状况中等的系数用 156，营养状况不良的系数用 162。

1.2.5 猪的屠宰测定

(一)屠宰测定的条件

1.屠宰测定的猪应空腹 24h，次日早晨空腹称重，作为宰前活重。

空体重为宰前活重减去宰后胃肠道和膀胱的内容物重量(采用空体重无需停食)。烫毛水温应控制在 62~65℃，烫毛时间一般为 5~7min。

2.烫毛前不宜吹气，以免组织变形；刮毛速度要快，以免冷后难以褪毛。

(二)胴体重

肉猪经放血、退毛、开膛除去板油和肾脏以外的全部内脏，去头(沿耳根后缘及下颌第一条自然横褶切离寰、枕关节)，去蹄(前肢断离腕掌关节，后肢在跗关节内侧断离第一间褶关节)和尾(紧贴肛门切断尾根)，开片成左右对称的胴体(背线切面要整齐)，左右两片胴体之和(包括板油和肾)即胴体重。

(三)屠宰率

$$屠宰率=胴体重÷宰前活重×100$$

或 $$屠宰率=胴体重÷空体重×100$$

胴体长：用钢卷尺测量吊挂右胴。

胴体斜长：耻骨联合前缘至第一肋骨与胸骨结合处内缘的长度。

胴体直长：耻骨联合前缘至第一颈椎的凹陷处的长度。

(四)膘厚与皮厚

膘厚是指皮下脂肪的厚度。一般在第 6~7 胸椎相接处用游标卡尺测定皮肤厚度及皮下脂肪厚度。多点测膘以肩部最厚处，胸腰椎结合处和腰荐椎结合处三点的膘厚平均值为平均膘厚(采用时须加说明)。

(五)眼肌面积

即倒数第一和第二胸椎间背最长肌的横断面面积。先用硫酸纸描下横断面图形，用求积仪测量其面积，若无求积仪，可量出眼肌的高度和宽度，用下列公式估测：

$$眼肌面积(cm2)=眼肌高度(cm)×眼肌宽度(cm)×0.7$$

(六)花板油比例

分别称量花油、板油的重量，并计算其各占胴体的比例。

$$花(板)油比例(\%)=花(板)油重量÷胴体重×100$$

(七)瘦肉率

将去掉的板油和肾脏的新鲜左胴体剖分为瘦肉、脂肪、骨、皮等四部分，肌肉间的零星脂肪随瘦肉不剔除，皮肌随脂肪也不另剔除。作业损耗控制在2%以下，并计算百分比，瘦肉占这四种成分之和的比例即为瘦肉率。

$$瘦肉率(\%)=瘦肉重量÷(骨重+瘦肉重+脂肪重+皮重)×100$$

肉脂比=瘦肉重量÷脂肪重量(以脂肪为基准所得的瘦肉对脂肪的比)

表1-5 猪屠宰测定记录表　　　　单位 kg；cm

序号	项　目		数　据	序号	项　目		数　据
1	耳　号			26	平均膘厚	肩部最厚处	
2	宰杀时间			27		胸腰椎结合处	
3	宰前活重			28		腰荐椎结合处	
4	胃、肠、花油、膀胱毛重			29		三点平均值	
5	胃、肠、膀胱的净重			30	后腿比例		
6	2-3内容物重			31	前后腿瘦肉重		
7	空体重			32	腿瘦肉率		
8	左胴体重			33	左前躯重		
9	右胴体重			34	前躯组分重	骨	
10	胴体总重			35		皮	
11	屠宰率	宰前活重		36		肉	
12		空体重		37		脂	
13	花油重			38	左中躯重		
14	板油重	左		39	前躯组分重	骨	
15		右		40		皮	
16	肾重	左		41		肉	
17		右		42		脂	
18	胴体长	斜长		43	左后躯重		
19		直长		44	后躯组分重	骨	
20	肋骨数			45		皮	
21	6-7胸椎间背膘厚			46		肉	
22	6-7胸椎间皮厚			47		脂	
23	眼肌	宽		48	胴体瘦肉率		
24		高		49	作业损耗		
25		面积		50			

(八)腿臀比例

沿倒数第一和第二腰椎间(吊挂冷冻的胴体在腰荐椎结合处)的垂直线切下的左右腿重量(包括腰大肌)占胴体重量的比例。

$$腿臀比例(\%)=左后腿重÷左胴体重×100$$

(九)腿瘦肉率

是指前、后腿瘦肉重占宰前活重的百分数。计算公式如下

$$腿瘦肉率(\%)=2×(左胸前、后腿瘦肉重)÷宰前活重×100$$

(十)胴体分割与剥离

用左胴体除去板油、肾脏以及腰肌后，将其分为前、中、后三躯。前躯与中躯以 6-7 肋间为界垂直切下，前腿前端即屠宰测定去头部位，并将腕关节上方切去 1~2cm，后躯从倒数第一、第二腰椎处垂直切下，切前先将腰大肌(即柳梅肉)分离加入后腿，并将跗关节上方切去 2~3cm。然后将各躯的骨、肉、皮、脂肪剥离并称重，分离时肌间脂肪算作瘦肉不另剔除，皮肌算作肥肉不剔出。

1.2.6 种猪的选择

(一)自繁后备猪的选择

后备猪的选择过程，一般经过 4 个阶段：

1.断奶阶段选择第一次挑选(初选)，可在仔猪断奶时进行。挑选的标准为仔猪必须来自母猪产仔数较高的窝中，符合本品种的外形标准，生长发育好，体重较大，皮毛光亮，背部宽长，四肢结实有力，乳头数在 7 对以上(瘦肉型猪种 6 对以上)，没有明显遗传缺陷。

从大窝中选留后备小母猪，主要是根据母亲的产仔数，断奶时应尽量多留。一般来说,初选数量为最终预定留种数量公猪的 10~20 倍以上,母猪 5~10 倍以上,以便后面能有较高的选留机会，使选择强度加大，有利于取得较理想的选择进展。

2.保育结束阶段选择保育猪要经过断奶、换环境、换料等几关的考验，保育结束一般仔猪达 70 日龄，断奶初选的仔猪经过保育阶段后，有的适用力不强，生长发育受阻，有的遗传缺陷逐步表现，因此，在保育结束拟进行第二次选择，将

体格健壮、体重较大、没有瞎乳头、公猪睾丸良好的初选仔猪转入下阶段测定。

3.测定结束阶段选择性能测定一般在5~6月龄结束，这时个体的重要生产性状(除繁殖性能外)都已基本表现出来。因此，这一阶段是选种的关键时期，应作为主选阶段。应该做到：①凡体质衰弱、肢蹄存在明显疾患、有内翻乳头、体型有严重损征、外阴部特别小、同窝出现遗传缺陷者，可先行淘汰。要对公母猪的乳头缺陷和肢蹄结实度进行普查。②其余个体均应按照生长速度和活体背膘厚等生产性状构成的综合育种值指数进行选留或淘汰。

必须严格按综合育种值指数的高低进行个体选择，该阶段的选留数量可比最终留种数量多15%~20%。

4.母猪配种和繁殖阶段选择这时后备种猪已经过了三次选择，对其祖先、生长发育和外形等方面已有了较全面的评定。所以，该时期的主要依据是个体本身的繁殖性能。对下列情况的母猪可考虑淘汰：

①至7月龄后毫无发情征兆者；②在一个发情期内连续配种3次未受胎者；③断奶后2~3月龄无发情征兆者；④母性太差者；⑤产仔数过少者。公猪性欲低、精液品质差，所配母猪产仔均较少者淘汰。

(二)引种选择

1.品种的确定

根据办场定位或场内猪群血缘更新的需求进行确定。

一般现代瘦肉型猪场：

原种猪场——必须引进同品种多血缘纯种公、母猪。

扩繁场——可引进不同品种纯种公、母猪。

商品场——可引进纯种公猪及二元母猪。

长大二元母猪综合了长白与大约克的优点，具有繁殖力高、抗病力强、母性好、哺育率高的特点，是瘦肉型商品猪生产的优良母本。

2.引种源猪场的确定主要从以下几方面考查：

(1)猪群的健康状况是确定能否引种的前提。

(2)种猪的性价比是否合适确定引种的关键。

(3)该场的生产规模是确定能否引种的条件。规模过小势必选择范围窄、血统数少，近亲程度高。

(4)是否开展种猪选育(性能测定)，技术资料(含三代系谱)是否齐全。

(5)服务是否完善。

(6)信誉度好坏。

3.种公猪的选择

(1)体型外貌要求头和颈较轻细，占身体的比例小，胸宽深，背宽平，体躯要长，腹部平直，肩部和臀部发达，肌肉丰满，骨骼粗壮，四肢有力，体质强健，符合本品种的特征。

(2)繁殖性能要求生殖器官发育正常，有缺陷的公猪要淘汰；对公猪精液的品质进行检查，精液质量优良，性欲良好，配种能力强。

(3)生长肥育性能要求生长快，一般瘦肉型公猪体重达 100kg 的日龄在 170 天以下；耗料省，生长育肥期每 kg 增重的耗料量在 2.8kg 以下；背膘薄，100kg 体重测量时，倒数第三到第四肋骨离背中线 6cm 处的超声波背膘厚在 15mm 以下。

4.种母猪的选择

(1)体型外貌外貌与毛色符合本品种要求。乳房和乳头是母猪的重要特征表现，除要求具有该品种所应有的奶头数外，还要求乳头排列整齐，有一定间距，分布均匀，无瞎、内翻乳头。外生殖器正常，四肢强健，体躯有一定深度。

(2)繁殖性能后备种猪在 6~8 月龄时配种，要求发情明显，易受孕。淘汰那些发情迟缓、久配不孕或有繁殖障碍的母猪。当母猪有繁殖成绩后，要重点选留那些产仔数高、泌乳力强、母性好、仔猪育成多的种母猪。根据实际情况，淘汰繁殖性能表现不良的母猪。

(3)生长肥育性能可参照公猪的方法，但指标要求可适当降低，可以不测定饲料转化率，只测定生长速度和背膘厚。

小结

种猪选育是种猪场和自繁自养商品猪场的一项基本工作，选育工作的好坏直接关系到种猪的品质和商品猪场的生产力，最终影响猪场的经济效益。为了对种猪进行标识，种猪场及商品猪场通常用耳缺号对种猪进行编号，耳缺号的编号一般都遵循左小右大，上大下小，尖 1 根 3，公单母双这一原则。在编制过程中，要求缺口深浅一致，不过深过浅，清晰易认，缺口间距基本一致，稀疏均匀，排列整齐，不致残、损伤耳廓边缘，不影响整个耳廓外形。为了识别缺口属耳根或耳尖，耳根部与耳尖部间的缺口空距要适当大一些，至少要大于耳根处或耳尖处缺口的间距。

种猪的选择依据主要包括种猪的外形体质评定和种猪的生产性能以及繁殖性能等。种猪的外形评定可以分为肉眼评定和体尺测量两种，肉眼评定是从种猪的正面、侧面、后面查看体形是否与选育方向相符，体质是否结实，整体发育是否协调，品种特征是否典型，肢蹄是否健壮，有何重要失格以及一般精神表现。评定完静态后，再评定动态，即令其走动看其动作、步态，以及有无跛行或其他疾患。取得一个概括认识后，再走近畜体，对各部位进行细致审查，最后根据印象进行分析，评定优劣；体尺测量是对测得体尺进行整理、充分分析后，对种猪的外形进行客观评定。体型外貌不仅反映出猪的经济类型和品种特征，而且还在一定程度上反映猪的生长发育、生产性能、健康状况和对外界环境的适应能力，在外貌鉴定时常采用评分鉴定法。

体质的分类方法很多，在实践中多用的是库列硕夫分类法。库列硕夫根据骨骼皮肤、皮下结缔组织、肌肉及内脏的发育情况，把种猪体质分为两种相对类型——细致与粗糙、紧凑与疏松。

在育种场通常根据母猪繁殖成绩记录确定育种核心群，也根据繁殖与生长测定数据选留后备猪。

在对猪的胴体品质和肉质指标的选育上，通常通过对同胞或半同胞的屠宰测定进行估计，屠宰测定的猪应在宰前 24h 停止喂食，次日早晨空腹称重，作为宰前活重，主要测定屠宰率、瘦肉率、眼肌面积、后腿比例等胴体品质指标以及肉的肉色、大理石纹和系水力等肉质指标。

在对种猪选择的具体操作上，对自繁后备母猪的选择通常在断乳时进行初选，在保育结束阶段进行第二次选择，在测定结束阶段再进行第三次选择，最后在有繁殖成绩后进行选择；在引种选择时，首先要确定引进的品种并确定引种的源猪场，然后根据体形外貌、繁殖性能和生长肥育性能来选择公母猪。

1.3 猪病的诊断与治疗职业技能训练

1.3.1 猪场流行病学调查与流行病学分析

(一)设计调查方案

猪场流行病学调查是指用流行病学的方法针对猪的疫病、健康状况和疫情分布及其决定因素开展调查研究。通过调查研究可提出合理的猪病预防和控制对策，并对采取的对策和措施进行评价。通过流行病学调查，可以寻找发病原因，有针对性地提出预防和控制的技术措施。猪场流行病学调查有观察性调查、实验性调查和数学模型研究等几种。本实训项目中所指调查研究是以观察性调查为主，在必要的情况下，可采用实验性调查，收集数据进行数理统计甚至建立数学模型。因此在开始调查之前，应设计科学完整、确实可行的调查方案，参考有关文献设计相应的调查表格。

(二)调查方法

1.询问调查询问饲养员、管理人员、兽医等知情人员。力求查明传染源、传播媒介等问题，将收集到的材料记入预先设计好的调查表中。

2.现场观察在询问调查的基础上，对养殖现场实地观察，进一步验证和补充所获得的资料。

3.查验资料查阅免疫接种、药物预防、诊疗记录、免疫检测、养殖档案等资料。

4.实验室检查为了确诊，需要对病猪、可疑感染猪及假定健康猪进行病原学、血清学、变态反应、病理学等各种诊断方法的检查，这些检查有利于发现隐性感染，证实传播途径，监测猪群免疫水平和查明发病原因。

5.数理统计对场内猪的发病数、死亡数、扑杀头数以及预防接种头数等加以统计和整理分析。

(三)调查内容

对猪病发生频率、分布、发展过程、原因以及自然和社会条件等相关因素进行系统调查，以查明其发生、发展趋势和规律，评价预防控制和治疗效果，称为流行病学调查。

1.基本情况调查

(1)一般情况调查包括猪场名称、地址、猪场内技术人员的数量、文化程度、技术水平、责任性，猪的饲养数量、品种、用途。

(2)发病动态调查包括最初发病时间，发病猪最早出现死亡的时间，死亡高峰出现时间以及高峰持续时间。

(3)发病空间分布调查包括最初发病猪所在猪舍，向其他猪舍蔓延速度、范围，目前疫病分布及蔓延趋势。

2.针对传染源的调查

(1)病史调查猪场以前是否发生过类似疫病，发病时间、流行方式，发病时间间隔，是否有周期性，是否有明确的诊断结论，曾经采用的预防和治疗措施及其效果，周边地区猪病疫情现状。本次发病是否建立诊断，诊断方法，有无鉴别诊断。最近有无引进种猪及其产品或饲料，种猪输出地有无类似疫病。

(2)致病因子调查调查本场可能存在的生物、物理和化学等各种致病因子，可能长期存在病原微生物的地点；检查死亡猪只的无害化处置条件是否符合要求，是否安全。

3.针对传播途径和传播方式的调查

(1)饲养管理猪群饲养管理现状；饲养产地卫生状况；饲料品质、来源、保存条件及饲喂方法；水源状况和饮水卫生条件；种猪的引进和流动情况。

(2)自然环境猪场的地理、地形、河流、交通、气候、植被等。

(3)传播媒介生物性传播媒介、鼠类及野生动物的分布和活动情况。

4.针对易感猪群的调查

(1)易感猪群背景及现状资料猪场内各类猪群的数量分布、发病数量、隔离数量、受威胁数量。

(2)防疫状况预防消毒，平时预防措施和防疫检疫计划的实施；已经采取的防疫措施与效果；细菌学、血清学、变态反应等检查情况及资料。

(3)频率统计指标感染率、发病率、病死率等。

(四)流行病学分析

1.分析方法流行病学分析是用流行病学调查材料来解释疫病流行过程的本质和相关因素。先将猪场本次流行病学的全部资料汇总,对原来提出的假设作直观分析(如果需要还可作统计学分析)。然后采用逐次逼近法,即当一个假设被否定后,必须提出另一个假设,周期性地形成假设和检验假设,最后得出结论,提出预防和消灭疫病的计划和建议。

2.流行病学分析中常用频率指标及计算方法

(1)发病率动物在一定时期内某病的新病例发生的频率。发病率能较完全的反映疫病的流行情况,但许多动物隐性感染,不计算在内。

发病率=某时期内发生某病新病例数/同期内该畜禽动物的总平均数×100%

(2)患病率在某一指定时间内动物中存在某病病例数的比率。患病病例数包括新老病例数,但不包括死亡和痊愈病例数。

患病率=感染某病的病例头数/检查总头数×100%

(3)感染率所有感染畜禽头数(包括隐性患畜)占被调查动物总头数的百分比。特别在发生某些慢性传染病时,能较深入地反映流行过程。

感染率=感染某病的动物头数/检查总头数×100%

(4)死亡率不能说明病情发展特性,仅在发生死亡数很多的急性传染病中,才能反映出流行的动态。

死亡率=因某病死亡的头数/同时期某种动物总头数×100%

(5)致死率(病死率)能表示某病临床上的严重程度,比死亡率更为精确地反映出疫病的流行过程。

致死率=因某病死亡头数/同时期该病患病动物总头数×100%

1.3.2 猪病现场诊断与治疗

(一)群体检查

群体检查的主要内容是观察病猪的整体状态,着重观察其精神状态、营养状况、体态、运动、行为、食欲和饮欲等变化和异常表现。

1.精神状态的观察 病猪精神状态表现异常，临床上主要表现为兴奋和抑制。轻度兴奋为意识紊乱，对轻刺激反应强烈。有的猪作转圈运动，有的有咬斗等攻击行为。多见于脑及脑膜炎、狂犬病、破伤风、中毒病的初期。猪精神抑制，主要表现为沉郁、委顿、昏睡和昏迷。沉郁和委顿是意识最轻度的抑制现象，猪对刺激的反应迟钝，躺在角落，不愿行动，对刺激尚有反应。昏睡是意识深度抑制的表现，往往用强烈刺激才能引起迟缓而短暂的觉醒。

昏迷则为病猪意识完全消失，有刺激也不能引起反应，仅有轻微的呼吸、心跳等活动。昏迷或昏睡常见于脑炎、脑充血、日射病、热射病、中毒及某些严重传染病的后期。

2.营养状况的检查 营养不良的猪骨骼显露，皮肤缺乏弹性，被毛粗糙无光。慢性消化系统病、寄生虫病及其他慢性消耗性疾病，常导致营养不良而消瘦。迅速消瘦多见于急性传染病如猪瘟、圆环病毒感染等。

3.运动及姿态的观察 当猪患某些疾病时，常表现异常的姿势与体态，如仔猪患伪狂犬病时，可呈现头颈歪斜的姿势；犬坐姿势见于猪肺疫；强直站立多见于破伤风；步态失调常见于高热疾病、脑炎等；跛行见于口蹄疫、水疱病等。

4.食欲及饮欲观察 食欲减退是病猪首先表现出来的症状之一。食欲不定，多为慢性消化器官疾病。食欲废绝，见于各种严重的疾病。如有异嗜，可能是缺乏某些矿物质或维生素。大量失水的疾病如呕吐、下痢等，病猪常饮水增加。病猪体温升高，饮水量少。一直不饮水，则一般预后不良。如在疾病过程中饮水逐渐恢复，则为疾病好转的现象。

(二)个体检查

1.体表检查 检查猪的表被状态，主要注意其被毛、皮肤、皮下组织的变化及表在的病变等。

2.口腔及眼结膜的检查 检查有无水疱、溃疡等。猪患口蹄疫时，常于唇及口腔内发现水疱。眼结膜是可视黏膜的一部分，结膜颜色的变化除可反映局部的变化外，还可据以推断全身血液循环状态及血液成分的改变，在诊断和判定预后上都有一定的意义。

3.体温、脉搏及呼吸次数的测定 正常情况下，除受外界气候及运动等影响外，一般变动在一个较为恒定的范围之内。但在病理过程中，却发生不同程度的偏离。健康猪的体温一般在 38~39.5℃，每分钟的脉搏次数是 60~80 次，每分钟呼吸次数是 18~30 次/min。

4.排泄物的感观检查 主要检查是否有便秘、腹泻、排粪失禁。粪便的数量、形状和硬度、粪便的颜色和气味以及异常混有物等。

(三)常见猪病的诊断与治疗

以猪场现有的病例为研究对象，对其实施现场诊断和治疗。治疗的疾病种类不能局限于猪的疫病(传染病和寄生虫病)，还应考虑常见普通疾病的防治。训练的重点是诊断方法、治疗技术和用药方案。在训练中培养规范的诊疗技术，形成良好的诊疗习惯。

1.3.3 猪场消毒

猪场消毒一般分为预防性消毒、随时消毒和终末消毒，分别适用于平时的消毒以及发生疫病及疫病扑灭后的消毒。任何一种消毒，均需选择合适的消毒剂，按照一定的程序规范操作，才能达到消毒的效果。消毒不应流于形式，它是猪场生产过程中不可或缺的一项重要工作。

(一)消毒的方法

1.机械性清除 运用清洗(清扫)机械设备对要消毒的猪舍进行清扫，定期清除杂物、堆积物等。

2.物理消毒法 物理消毒法有火焰灼烧和烘烤、煮沸消毒、蒸汽消毒、紫外线消毒等多种。应根据需要选择合适的物理消毒方法。

3.化学消毒法 在猪场常用化学药品的溶液来进行消毒。消毒剂指对病原体的消毒力强，对人畜毒性小，不损害被消毒的物体，易溶于水，在消毒的环境中比较稳定，不易失效，价廉易得和使用方便等。一般每周对全场大小环境定期消毒1~2 次，消毒池要经常更换药物，保持有效的消毒浓度。

4.生物热消毒 主要用于污染的粪便的无害化处理。在粪便的堆沤过程中，利用粪便中的微生物发酵产热来达到消毒的目的。

(二)消毒药物的选择

1.醛类消毒剂 甲醛溶液(福尔马林)。主要用于熏蒸消毒。舍内每立方米空间需要30mL福尔马林和15g高锰酸钾，放于同一盆(桶)中，可生成刺激性气体，熏蒸2~4h，杀灭细菌和病毒。熏蒸时应紧闭门窗，熏蒸后通风换气。仅适用于空舍消毒。

2.酸类制剂 过氧乙酸，配成0.4%~1%水溶液喷雾，作用1~2h即可。熏蒸时按1~3g/m3，加热1~2h。可杀灭除虫卵以外的病原，也可带猪消毒。

3.双季胺盐类消毒剂 双季胺盐、双季胺盐络合碘。这类产品安全性好，无色、无味、无毒，应用范围广，对各种病原均有强大杀灭作用。

4.卤素类消毒剂 漂白粉、碘制剂。漂白粉可配成10%~20%的水溶液喷洒，作用1~2h，可杀灭除虫卵以外的病原。漂白粉中的氯易挥发，效果不稳定，不能用于金属物体消毒；碘制剂对各种病原均有强大杀灭作用，但单纯碘制剂由于碘不稳定，而影响消毒效果，效果较好的是双季胺盐络合碘。

5.碱类制剂 烧碱、生石灰等。烧碱(氢氧化钠)是高效消毒药，不能带猪消毒，3%~5%水溶液作用0.5h以上，对各种病原均有杀灭作用；生石灰(1kg生石灰加水350mL)涂于被消毒的猪床、围栏、墙壁，可杀灭病毒、虫卵，对芽胞无效。

(三)消毒的组织与实施

1.环境净化消毒

(1)车辆消毒 在猪场门口应设消毒池，池内放入2%~4%的氢氧化钠溶液，并保持有效的浓度，2~3d更换1次。池内药液的深度以车轮轮胎可浸入1/2为宜，并能使车轮通过两周的长度为佳。运猪、送料车辆每次可用3%~5%来苏儿或0.3%~0.5%过氧乙酸溶液喷洒消毒。

(2)道路消毒 场区周围的道路每周要打扫1次；场内净道每2周用烧碱等药液喷洒消毒1次；污道每月喷洒消毒1次；猪舍周围的道路每天清扫1次，并用消毒液喷洒消毒。

(3)场地消毒 场内的垃圾、杂草、猪粪等应及时清除，在场外无害处理。堆放过的场地，可用0.5%过氧乙酸或0.3%的防消散或烧碱等药液喷洒消毒。

2.工作人员消毒

除猪场门口设置消毒池外，在每栋猪舍门口也应设消毒池，池内盛有 2%~4% 烧碱或 3%~5% 来苏尔消毒液，工作人员进出猪舍时必须脚踩消毒池消毒。进入生产区的工作人员应先洗澡，更换消毒好的防疫服、鞋、帽，然后沿净道到达猪舍。防疫服、鞋、帽每周清洗、消毒一次。防疫服仅限在生产区内使用，不得穿出生产区。进入猪舍操作间，先用 1% 来苏儿或 0.05%~0.1% 百毒杀洗手 3~5min，再用清水冲洗干净。所有设备、用具都要定期进行冲洗、擦拭、消毒，然后方可使用。非生产性器具一律不准进入生产区。

3.猪舍消毒

(1)清理冲洗猪群全部转出(淘汰)后，应将猪粪垫料、杂物等彻底清除干净，舍内外地面、墙壁、房顶、屋架及猪笼、隔网、料盘等设备喷水浸泡，随后用高压水冲洗干净，必要时可在水中加上去污剂进行刷洗。不能用水冲洗的设备、用具应擦拭干净。

(2)消毒待猪舍干燥后用 0.5% 过氧乙酸溶液等消毒药液喷洒地面、墙壁、设备、用具等；地面垫料平养的猪舍进垫料后，可用 0.2%~2% 的碘制剂喷洒消毒 1 次，以防垫料霉变和杀灭细菌、原虫等。准备齐全后，用福尔马林 28mL/m3(也可再加入 14g 高锰酸钾)加热熏蒸消毒 24h 以上，然后通风 24h，空闲 10~14d 后方可使用。

4.带猪消毒

选择对猪呼吸道刺激性较小的消毒药。如过氧乙酸、次氯酸钠、百胜等。

按照浓度要求稀释后喷雾消毒。一般每周带猪消毒 1 次，连续使用几周后要更换另一种消毒剂，以便取得更好的预防效果。

5.饮水消毒

在饮水中每周 1 次加入漂白粉(3~10mg/g)或 0.025% 百毒杀或次氯酸钠，杀灭水中病原微生物；饮水器(水槽)可用抗毒威、百毒杀等消毒，仔猪每天 1 次，成年猪每周 1~2 次。能耐腐蚀的设备，尽量用火碱或其他杀菌效果较强的消毒药进行消毒。

6.死猪和猪粪的无害化处理

死猪和猪粪是各种疾病的主要传染源。死猪特别是死于传染病的猪，要按照《病害动物和病害动物产品生物安全处理规程》(GB16548-2006)的要求，远离猪场深埋或焚烧。死于非烈性传染病的猪，可经过高温加工成饲料等再利用。猪粪要堆积发酵经生物热处理后用作农肥，有条件的地方可将猪粪集中烘干处理，加工成复合肥。

1.3.4 猪场年度防疫计划的制订、免疫程序的制订与调整

(一)制订猪场年度防疫计划

编写猪场防疫计划的依据，一是猪场月度猪群周转表，该表可以清楚地显示本年度每月的配种、出生、断奶、保育、转群育肥以及出栏等计划数据，二是猪场的免疫程序，包括疫苗的种类、接种时间的安排等(表 1－6)，在此基础上制订年度防疫计划较为真实可行。

年度防疫计划的内容包括预防接种、生物制品和抗生素储备、耗损及补充计划、普通药械补充计划、经费预算等内容。

表1-6 猪场免疫程序

一、育肥猪（凡是越冬猪群必须预防传染性胃肠炎，应于每年的11月底12月初接种）

时间	建议使用疫苗	免疫方式
初乳前2h	猪瘟（肌注），传胃二联冻干苗（口服）	
1～3日龄	伪狂犬双基因缺失活疫苗0.5mL（0.5头份）	滴鼻
15～17日龄	猪链球菌灭活菌苗2mL	肌注
20日龄	副嗜血杆菌苗2mL	肌注
25日龄	猪瘟细胞苗4头份	肌注
30日龄	繁殖-呼吸综合征疫苗	肌注
38日龄	猪链球菌灭活菌苗3mL	肌注
6周龄	副嗜血杆菌苗2mL	肌注
7周龄	伪狂犬双基因缺失活疫苗1头份	肌注
2月龄	猪瘟脾淋苗2头份	肌注

二、后备猪

时间	建议使用疫苗	免疫方式
配种前50天	乙脑疫苗（约190日龄）	肌注
配种前45天	伪狂犬双基因缺失活疫苗2头份	肌注
配种前35天	猪细小病毒灭活苗2头份	肌注
配种前30天	繁殖-呼吸综合征疫苗	肌注
配种前20天	猪细小病毒灭活苗2头份	肌注
配种前15天	猪瘟脾淋苗2头份	肌注

三、母猪

时间	建议使用疫苗	免疫方式
配种后74天	副嗜血杆菌苗2mL（产前40天）	肌注
配种后84天	伪狂犬疫苗2头份（产前30天）	肌注
配种后99天	黄白痢苗（产前15天）	肌注
产后15天	繁殖-呼吸综合征疫苗	肌注
产后25天	猪瘟脾淋苗2头份	肌注
产后30天	猪喘气病苗（口蹄疫苗）	肌注

口蹄疫苗 可结合春秋两季集中防疫。伪狂犬苗 建议种猪每隔4个月免疫1次，每次每头肌注2头份。

四、种公猪

主要疫苗	建议接种时间	免疫方式
猪瘟	3月5日和9月5日（脾淋苗2头份）	肌注
细小病毒	3月12日和9月12日（灭活苗2头份）	肌注
伪狂犬苗	3月19日和9月19日（双基因缺失活疫苗2头份）	肌注
口蹄疫苗	10月15日和3月15日	肌注
繁殖-呼吸综合征	3月26日和9月26日	肌注

猪乙型脑炎弱毒疫苗 种猪和成年猪必须于每年4月初免疫1次，每头肌注2头份。

(二)制订与调整猪场免疫程序

猪场免疫程序是根据猪群的免疫状态和传染病的流行季节、结合当地、本场的具体疫情而制订的预防接种的疫病种类、疫苗种类、接种时间、次数及时间间隔等方面的安排。

制订猪场的免疫程序，需要根据猪场所在地及周边的猪疫病流行状况、猪场的流行病学诊断和实验室监测(抗原、抗体监测)的结果进行设计和调整，因此，每个地区、每个猪场的免疫程序是不可能完全相同的，不能照搬套用其他猪场的免疫程序。

猪场免疫程序的制订和调整不应有随意性，需要技术场长的批准。

1.3.5 猪用疫苗的贮存和免疫操作

(一)常用猪用疫苗的保存与使用技术

1.猪瘟兔化弱毒冻干疫苗及猪瘟兔化弱毒细胞培养冻干疫苗。

(1)保存方法按批号、生产日期，在-15℃保存以下，不超过 18 个月，在 0~8℃保存，不超过 3 个月，一般禁止 0℃以上温度保存。

(2)使用方法这两种疫苗为淡红色、海绵状疏松物。按瓶标签说明的头份加无菌生理盐水稀释，各种猪只根据大小肌肉或皮下注射 2~4 头份，注射后 4 天产生抗体；根据免疫抗体监测结果，适当调整疫苗的免疫剂量。稀释后的疫苗在两 h 内用完。种猪一年接种 2~3，4 头份/次，仔猪 20 日龄和 60 日龄左右时各注射一次，3~4 头份/次。

2.猪口蹄疫灭活疫苗—Ⅱ(高效苗进口佐剂)

(1)保存方法按批号、生产日期，在 2~8℃保存 12 个月，不宜冻结。避免日光直接照射。

(2)使用方法本品为乳白色或淡红色均匀乳状液，久置后，上层可有少量(不超过 1/20)油析出，摇之即成均匀乳状液。各种大小猪只均于耳根后肌肉注射，体重 10~20kg1mL，20~50kg 2mL，后备猪 3mL，种猪 4mL，注射后 15 天产生免疫抗体。开封后的疫苗 24h 内用完，剩余苗不得再用。

3.猪伪狂犬病双基因缺失病毒弱毒苗和多基因缺失灭活疫苗

(1)保存方法弱毒冻干苗在-20℃冷冻保存，油乳剂灭活苗 2~8℃避光保存。

(2)使用方法弱毒苗：本品为微黄色海绵状疏松团块，加 PBS 液后迅速溶解，呈均匀的悬液。用 PBS 稀释液为每 2mL 含 1 头份。灭活苗：乳白色，分油剂和水剂两种，大小猪均肌肉注射，成年猪 2mL；断奶仔猪 1mL。注射后 6 天产生免疫力。稀释后或开封后的疫苗在两 h 内用完。

4.猪细小病毒弱毒疫苗和猪细小病毒灭活疫苗

(1)保存方法弱毒冻干苗在-15℃冷冻保存，油乳剂灭活苗 2~8℃避光，保存一年。

(2)使用方法种公、母猪均于配种前颈部肌肉注射 2mL，后备公、母猪均于配种前颈部肌肉注射两次，2mL/次，间隔 2 周。注射后 4~7 天产生免疫力，免疫期半年。稀释后或开封后的疫苗在 4h 内用完。

5.猪大肠杆菌灭活疫苗和猪大肠杆菌双价基因工程活疫苗

(1)保存方法灭活苗 2~8℃避光保存一年。活疫苗在-15℃避光保存一年半。

(2)使用方法大肠杆菌灭活疫苗呈乳白色均匀混浊液，含有 K88、JK99、987P、F41 复合抗原。免疫怀孕母猪，产前 40 天、15 天各注射一次，不论母猪个体大小，每次颈部肌肉注射 2mL/1 头份。或 15 天注射一次，4mL/2 头份。大肠杆菌双价基因工程活疫苗为灰白或乳白色，疏松海绵状，加铝胶盐水溶解，免疫怀孕母猪，产前 10~20 天注射一次，不论母猪个体大小，均耳根深部肌肉或皮下接种 1 头份/1mL，保护性抗体(K88K99)可通过初乳传递给哺乳仔猪。

6.猪乙型脑炎弱毒苗和猪乙型脑炎灭活苗

(1)保存方法乙型脑炎弱毒苗在-15℃以下保存，有效期 18 个月。专用稀释液在 2~8℃的冷暗处保存。乙型脑炎灭活苗在 2~8℃冷暗处保存，严禁冷冻。

(2)使用方法种公、母猪，后备公、母猪，每年 3-4 月份接种猪乙型脑炎弱毒苗或猪乙型脑炎灭活苗 1 头份/1mL，间隔 3~4 周做第二次免疫注射，可增强免疫效果。后备公、母猪，在配种前注射 2 次，间隔 3~4 周。接种后 1 个月产生免疫力。

7.猪传染性胃肠炎与猪流行性腹泻二联灭活苗和活疫苗

(1)保存方法灭活苗在 2~8℃冷暗处保存，有效期 1 年。活疫苗在-20℃以下保存，有效期 2 年。在 2~8℃下，有效期 1 年。

(2)使用方法不论猪只大小一律后海穴注射，灭活苗大猪 4mL、仔猪 1mL、中猪 2mL，活疫苗用生理盐水稀释，大猪 1.5mL，仔猪 0.5mL，中猪 1mL。被动免疫，母猪产前 20~30 天接种，仔猪可通过初乳得到免疫。免疫接种后 7 天产生免疫力，疫苗开封或稀释后在当天使用，隔日废弃。

8.猪繁殖与呼吸综合征灭活苗和活疫苗

(1)保存方法弱毒冻干苗在-20℃冷冻保存，油乳剂灭活苗 2~8℃避光保存。

(2)使用方法弱毒苗：本品为灰白色海绵状疏松团块，加 PBS 液后迅速溶解，呈均匀的悬液。用 PBS 稀释液为每 2mL 含 1 头份。灭活苗：乳白色，分油剂和水剂两种，大小猪均肌肉注射，成年猪 2mL；断奶仔猪 1mL。注射后 6 天产生免疫力。稀释后或开封后的疫苗在两 h 内用完。

(二)免疫操作

1.免疫程序各猪场按实际猪群的健康水平和周边地区的疫病流行情况制订科学严密的免疫程序。程序一旦确定，需严格按照免疫程序进行免疫。

2.接种猪群在注射前对计划接种猪群进行统计、记录，预注苗猪群中凡属患病猪只要暂缓接种，并做好记录，体质好转后再补注。

3.免疫器械包括注射器、针头、针盒、带橡皮翻口瓶塞的医用玻璃瓶、镊子、消毒药物等，所有器械在接种前要清洗干净，置消毒锅内加水煮沸消毒 30min，冷却，装好备用。

4.疫苗的准备

(1)疫苗检查依统计的猪只数量和免疫程序规定注射剂量计算领取疫苗，考虑到注射中的损耗，疫苗的领取总量可超过计算量的 5%。疫苗要逐瓶检查。凡有下述现象之一，该瓶疫苗即不能使用：瓶签与应注射疫苗不相符；疫苗瓶破损、失真空；液体苗有结块、冻结、异物、变色；油乳苗有破乳；冻干苗有解冻；超过使用有效期等。

(2)疫苗稀释水剂苗或油乳剂苗使用前不必稀释，但必须摇匀；冻干苗(除规定使用专用稀释剂的)一般用生理盐水按猪只头数和注射剂量计算稀释量；同时稀释两种以上的疫苗，应使用不同的注射器和器皿，不能混用混装；(3)稀释后的保存疫苗的使用坚持现配现用原则，疫苗在稀释后应马上使用，并避免阳光照射，15℃以下应在 4~6h 内用完，15~25℃在 2h 内用完，25℃以上 1h 内用完。如考虑注射过程所需时间偏长，疫苗则应放在加冰块的保温箱内。

5.免疫注射　疫苗在使用前必须摇匀。注射时要带好记号瓶，一边注射，一边做好记号，以免漏注或重复注射。根据猪只大小和接种部位(皮下、浅层肌肉、深部肌肉)的要求，选择长短、大小适宜的针头。哺乳仔猪每窝一个针头，保育、中大每栏一个针头，种猪每头一个针头。保证注射剂量的准确和猪群的注射密度，做到不漏打，禁止打飞针。

6.免疫记录　疫苗注射后，防疫员对注射日期、疫苗批号名称、免疫猪群、注射剂量等免疫情况进行详细记录，并填好免疫报表。

(三)抗体监测

免疫注射后，每两个月对猪群进行抗体水平监测。这样既可了解接种的效果，又可开展血清流行病学的调查，以便及时调整场内的免疫程序。

(四)免疫接种注意事项

1.某些生物制剂在接种时，会对猪群引起过敏反应。注苗后应注意观察，一旦发生过敏反应，立即注射肾上腺素、地塞米松、扑尔敏等药物脱敏，以免导致死亡。

2.在注活苗前后 3 天不得使用抗病毒及治疗量的抗生素类药物，各种病毒类疫苗的接种间隔时间为 7~10d。

3.紧急接种时，要按先安全猪群、后受威胁猪群、再发病猪群的顺序注射，防止交叉感染。

4.免疫接种后剩余的疫苗不得随意倾倒，要进行消毒和无害化处理，注射后的所有器械要清洗、煮沸、消毒。

1.3.6　猪体内外寄生虫的实验室诊断与药物驱虫

(一)认识猪常见体内外寄生虫(表 1 - 7)

表1-7 猪常见体内外寄生虫

皮肤	肌肉	血液	消化道		肝脏、肠系膜	呼吸道	肾脏
			小肠	结肠			
疥螨、蠕形螨、血虱	肉孢子虫、旋毛虫幼虫、囊尾蚴	附红血胞体、弓形体	蛔虫、钩虫、球虫、绦虫、旋毛虫、类圆线虫、姜片吸虫	鞭虫、结节虫、小袋虫	棘头蚴、细颈囊尾蚴	肺线虫	肾虫

(二)体外寄生虫病诊断

1.猪疥螨检查材料的采集螨的个体较小,常需刮取皮屑于显微镜下寻找虫体或虫卵。首先详细检查病畜全身,找出所有患部,然后在新生的患部与健康部交界的地方,剪去长毛,用锐匙或外科刀在体表刮取病料。所用器械在酒精灯上消毒后,与皮肤表面垂直,反复刮取表皮,直到稍微出血为止。将刮到的病料收集到培养皿或其他容器内,取样处用碘酒消毒。

2.猪疥螨的实验室检查

(1)显微镜下直接检查法将刮下的皮屑放于载玻片上,滴加50%甘油溶液,覆以另一张载玻片。搓压玻片使病料散开,置显微镜下检查。

(2)虫体浓集检查法为了在较多的病料中,检出其中较少的虫体,可采用浓集法提高检出率。先取较多的病料,置于试管中,加入10%氢氧化钠溶液。浸泡过夜(如急待检查可在酒精灯上煮数min),使皮屑溶解,虫体自皮屑中分离出来。而后待其自然沉淀(或以2000r/min的速度离心沉淀5min),虫体即沉于管底,弃去上层液,吸取沉渣镜检。也可采用病料加热溶解离心后,倒去上层液,再加入60%硫代硫酸钠溶液,充分混匀后再离心2~3min,螨体即漂浮于液面,用金属圈蘸取表面薄膜,抖落于载玻片上,加盖玻片镜检。

(3)温水检查法即用幼虫分离法装置,将刮取物放在盛有40℃左右温水的漏斗上的铜筛中,经0.5~1h,由于温热作用,螨从痂皮中爬出集成小团沉于管底,取沉淀物进行检查。也可将病料浸入40~45℃的温水里,置恒温箱中,1~2h后,将其倾在表玻璃上,解剖镜下检查。活螨在温热的作用下,由皮屑内爬出,集结成团,沉于底部。

(4)培养皿内加温检查法将刮取到的干的病料,放于培养皿内,加盖。将培养皿放于盛有40~45℃温水的杯上,经10~15min后,将皿翻转,则虫体与少量皮屑黏附于皿底，大量皮屑则落于皿盖上，取皿底检查。可以反复进行如上操作。

(三)猪体内寄生虫粪便检查

1.虫卵(幼虫)直接涂片检查法 在清洁的载玻片上滴 1~2 滴水或 1 滴甘油与水的等量混合液，其上加少量粪便，用火柴棍仔细混匀。再用镊子去掉大的杂质后加盖玻片，置光学显微镜下观察虫卵或幼虫(图 1 - 1)。

图 1 - 1 直接涂片法示意图

另一方法是直接涂片法的改良法，称为回旋法。取 2~3g 粪样加清水 2~3 倍，充分混匀成悬液。后用玻璃棒搅拌 0.5~1min，使之成回旋运动，在搅拌过程中迅速提起玻璃棒，将棒端附着的液体放于载片上涂开，加上盖片在镜下检查。检查时多取几滴悬液。该方法的原理是由于回旋搅动的结果，可使玻璃棒端悬液小滴中附有较多量的寄生虫卵或幼虫。

2.虫卵漂浮法 其原理是采用比重高于虫卵的漂浮液，使粪便中的虫卵与粪便渣子分开而浮于液体表面，然后进行检查(图 1 - 2)。漂浮液通常多采用饱和盐水，其方法简便、经济、易行。饱和盐水漂浮法对大多数线虫卵、绦虫卵及某些原虫卵囊均有效，但对吸虫卵、后圆线虫卵和棘头虫卵效果较差。

饱和盐水漂浮方法操作步骤：取新鲜粪便 2g 放在平皿或烧杯中，用镊子或玻璃棒压碎，加入 10 倍量的饱和盐水，搅拌混合，用粪筛或纱布过滤到平底管中，使管内粪汁平于管口并稍隆起为好，但不要溢出。静置 30min 左右，用盖片蘸取后，放于载片上，镜下观察；或用载片蘸取液面后翻转，加盖片后镜检；也可用特制的铁丝圈进行蘸取检查。

除上述漂浮方法外，还有一种简单的漂浮技术。它可以检查含卵量少的粪便(每 g 粪便少于 50 个虫卵)。具体步骤如下：取 3g 粪便放于一塑料杯或烧杯内，加进 50mL 漂浮液后，用玻璃棒搅匀，通过粪筛或双层纱布过滤到另一个杯中，漂浮 10min，然后用一试管插在滤液的中央底部，并迅速提起。把附在上面的液滴抖落在载玻片上，加上盖玻片镜检。

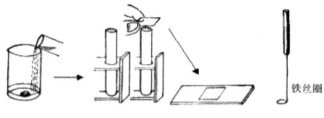

图1-2 虫卵漂浮法

3.虫卵沉淀法 其原理是利用虫卵比重比水大的特点，让虫卵在重力的作用下，自然沉于容器底部，然后进行检查。沉淀法可分为离心沉淀法和自然沉淀法两种。

(1)离心沉淀法通常采用普通离心机进行离心，使虫卵加速集中沉淀在离心管底，然后镜检沉淀物。方法是取5g被检粪便，置于平皿或烧杯中，加5倍量的清水，搅拌均匀。经粪筛和漏斗过滤到离心管中。置离心机上离心2~3min(转速500r/min)，然后倾去管内上层液体，再加清水搅匀，再离心。这样反复进行2~3次，直至上清液清亮为止，最后倾去大部分上清液，留约为沉淀物1/2的溶液量，用胶帽吸管吹吸均匀后，吸取适量粪汁(2滴左右)置载玻片上，加盖玻片镜检。

(2)自然沉淀法操作方法与离心沉淀法类似，只不过是将离心沉淀改为自然沉淀过程。沉淀容器可用大的试管进行。每次沉淀时间约为半h左右。自然沉淀法缺点是所需时间较长，但其优点是不需要离心机，因而在基层乡下操作较为方便。

(四)驱虫药物及驱虫方法

1.有机磷酸酯类驱虫药 主要有敌百虫、敌敌畏、蝇毒磷等，其中以敌百虫应用较多。

敌百虫为广谱驱虫药，对多种猪消化道线虫如猪蛔虫、毛首线虫、食道口线虫均有驱除作用，外用还可杀灭体外寄生虫，如疥螨、虱、蚤、蜱等。敌百虫按80~100mg/kg体重次混料投服，外用可按1%浓度涂擦或喷雾。敌百虫毒性较大，安全范围窄，孕猪及胃肠炎患猪禁用，不能与碱性药物配合应用。

2.脒类化合物驱虫药 为合成的接触性外用广谱杀虫药，主要使用的是双甲脒，多制成乳剂应用，如双甲脒乳油(特敌克)。它对各种螨、虱、蜱、蝇等均有杀灭作用，且能影响虫卵活力，对人、畜无害，外用时可喷洒、手洒、药浴等。

使用时配成为0.05%溶液。常用于猪体及畜舍地面和墙壁等处。

3.咪唑骈噻唑类驱虫药 主要是左旋咪唑,它属广谱、高效、低毒的驱线虫药,对猪蛔虫、食道口线虫有良好的驱除效果。内服或注射的剂量均为7.5mg/kg体重,注射于皮下或肌肉。注射液对局部有一定的刺激性,同时常引起精神不振、流涎、咳嗽等症状,但如果猪感染有猪肺丝虫(猪后圆线虫)时,流涎、咳嗽有助于加速虫体的排出。

4.苯骈咪唑类驱虫药 属于广谱、高效、低毒的驱虫药,在兽医临床使用最广的是阿苯达唑(又名丙硫苯咪唑、抗蠕敏),还有芬苯达唑、甲苯达唑等在临床上应用,并有的制成复合制剂使用。此类药物对许多线虫、吸虫和绦虫均有驱除效果,并对某些线虫的幼虫有驱杀作用,对虫卵的孵化也有抑制作用。阿苯达唑给猪内服量为10~30mg/kg体重。阿苯达唑适口性较差,混饲投药时应每次少添,分多次投服。

5.大环内酯类驱虫药 此类驱虫药广谱、低毒、高效,其突出优点在于它对畜、禽体内、外寄生虫同时具有很高的驱杀作用,它不仅对成虫,还对一些线虫某阶段的发育期幼虫也有杀灭作用。这类药物主要包括有阿维菌素、伊维菌素及多拉菌素等。

(1)阿维菌素类 可同时驱除猪许多内、外寄生虫,如猪蛔虫、猪胃圆线虫、猪食道口线虫(结节虫)和猪毛首线虫(鞭虫)等的成虫和大部分的第四期幼虫以及肺线虫病的猪后圆线虫(肺丝虫)、猪冠尾线虫(猪肾虫)的成虫都具有驱杀作用。对猪体表猪疥螨和猪血虱也有很好的杀灭作用,但对它们的卵没有杀灭作用。阿维菌素类驱虫药的剂型有口服剂、注射针剂和外用的浇泼剂等。口服的剂型有粉剂、片剂、胶囊、糊剂等,以0.2%或1%的口服预混剂较为常用,因把它混入饲料中内服较为方便。针剂的生物利用度最高,且它本身具有缓释作用,并在注入皮下后药物与皮下脂肪结合可起到一定缓释作用,除了对已感染的寄生虫起到驱杀治疗作用外,还可保护猪在一定时间内不会因环境污染寄生虫而再感染,起到了治疗和预防的双重效果。

(2)伊维菌素 伊维菌素注射剂对猪多用1%的制剂,一般可按每10kg体重0.3mL计算,注射于皮下。一般可在猪40日龄左右、后备猪配种前、孕猪产前2

周时各注射一次，但在感染较重时应在转入育肥舍时增加注射一次，繁殖母猪于配种时也加注一次，对种公猪每年注射 3~4 次。种猪患有顽固性疥癣，可增加注射剂量和用药次数，每疗程可用 1%伊维菌素按每 10kg 体重 0.4mL 用量，每隔 5~7 天注射一次，连续应用直至痊愈。口服粉剂多用 0.2%预混剂，对仔猪群或一次性驱虫时，一般按每 30kg 体重 5g 的用量混入饲料中一次性投服。如按全场性驱虫方案并为提高驱虫效果可采用分次投服的方法，根据猪的日龄每吨饲料拌入的 0.2%预混剂计算对保育猪、生长育肥猪、种猪分别为 1.5kg、2.0kg 和 2.5kg，对感染严重的种猪用量可增加到 3.5kg，使用上述各剂量的猪群均应拌料连续饲喂 7 天。投药时间应在繁殖母猪分娩前 3 周和配种前各 1 次，后备母猪在配种前 1 次，种公猪每年 3~4 次，转入育成舍的仔猪也应投药一次。

1.3.7 猪的病理解剖、实验室检验材料的样本采集与送检

(一)猪的病理解剖方法

剖检猪时，多取背卧位，使尸体仰卧，将四肢与躯体不完全分离，这样可以借四肢固定尸体，避免尸体左右倾斜。

1.打开腹腔和腹腔器官的摘出

在剥皮后(也可不剥皮)，从剑状软骨后方沿白线由前向后，切开耻骨联合处做第一切线。然后再从剑状软骨沿左右两侧肋骨后缘切至腰椎横突，做第二第三切线，将两侧已切开的腹壁向左右拉开，即可露出腹腔。

腹腔脏器的采出，可先取脾及网膜，其次为小肠、大肠、胃和十二指肠等。

用手指将胃压向右侧，脾脏即露出，左手握住脾脏，分离网膜，取出脾脏。

将结肠盘向右，盲肠向左侧牵引，即可见到回盲韧带和回肠，在距盲肠入口处约 15cm 处结扎并切断回肠，左手拉住回肠断端，右手执刀依次分离回肠、空肠的肠系膜，直至十二指肠和空肠曲部再结扎切断，可取出空肠和回肠。

左手伸入盆腔握住直肠，挤出粪便，结扎(或不结扎)，切断直肠，从断端向前分离肠系膜，至前肠系膜动脉根部，再将结肠与十二指肠、胰腺之间的联系加以分离，切断前肠系膜动脉根部的血管、神经和结缔组织以及结肠与背部之间的

联系，将大肠全部取出。

此时除十二指肠外，全部肠管已经采出，然后依次采出胃、十二指肠、肾脏、肾上腺、胰脏和肝脏等。

2.打开胸腔 胸腔剖开前也应检查胸腔是否真空，剖开方法有两种。

(1)最后肋骨的最高点至第一肋骨的中央部作锯线，先分离锯线上的软组织然后锯开，再用刀切下残留的肌肉、横膈膜、心包纵隔，揭开胸壁，即可露出胸腔。

(2)从两侧肋骨、肋软骨连接处切断(或剪断)，分离软组织，除去胸壁的腹面，使胸腔露出，为便于采取脏器和检查，也可将两侧胸壁向两侧下压，敞开胸腔，便于操作，较为实用。

3.脑的摘出 因猪脑所在部位较深，而且周围空隙也大，所以横锯口可在颧突(眶上突)前 2cm 处进行。

(二)实验室检验材料的样本采集与送检

尸体剖检中，因临床表现不典型，凭肉眼观察难以确诊时，必须采取病理材料送实验室作进一步检验。

1.实验室检验材料的采取

(1)微生物检验材料的采取 采取病料应于病畜死后立即进行，或于病畜死前扑杀后采取，尽量避免外界污染，用无菌操作采取所需组织，采后放在预先消毒好的容器内。所采取组织的种类要根据检查目的而定。例如，急性败血性疾病可采心血、脾、肝、肾和淋巴结等。

有神经症状的病畜可采脑和脊髓等。心血、浆膜腔积液可用消毒吸管或注射器吸取，脓汁和阴道分泌物可用消毒棉球收集后放于消毒试管内。如果怀疑是病毒性疾病，可将所采取的组织放入 50%甘油盐水溶液中，不同病料要分装，不可混合。血液涂片和组织触片固定后，可在玻片间用火柴梗隔开。

(2)中毒病料的采取 采集肝、胃等脏器的组织、血液和较多的胃肠内容物，装入清洁的容器内，并注意切勿与任何化学试剂接触和混合，密封后置于冷藏条件下。

(3)病理组织学检验材料的采取 为了查明病因，做出正确诊断，需采取病理组织检验材料，进行切片和显微镜检查。而病理组织学诊断的正确与否在很大程度上取决于材料的采取与固定。

病理组织材料的采取，在可能条件下，不管有无肉眼病变，都要做到系统、全面，特别是在病情不明的情况下，更应如此。但有时也可根据剖检听见和疑似病变等具体情况，有重点地采取组织。

所用刀剪要锐利，切割的组织要具有代表性，应包括病变组织及其附近不见病变的组织，而且要包括器官的重要结构部分。例如，肾脏应包括皮质、髓质和肾盂，肺、肝、脾应包括被膜，较大而重要的病变，可多取几块，以揭示病变的发展过程。

采取的组织块厚度一般不超过 5mm，面积应在 1.5~3.0cm2，切面要平整。但通常第一次所取组织块要大些，以便固定后再重新修整组织块，同时还可留下部分组织作备用。

所取组织块通常固定在不少于 5~10 倍以上体积的 10%福尔马林溶液中，容器底部垫上脱脂棉，以防组织固定不良和变形。当组织漂浮于固定液面时，可覆盖脱脂棉或纱布。胃肠、胆囊、膀胱等黏膜组织，切取后，将浆膜面贴于硬纸上，放入固定液中。切勿用手触及黏膜，也不要用水冲洗，以免改变其原有的颜色和微细结构。固定时间约 12~24h。当组织块很多，为避免混淆，可将组织块分类固定，几个病例的材料放在同一容器时，应先将每一病例的组织块附以标签，分别用纱布包好。再放入固定液中。

(4)血清学试验材料的采取 应采取无菌操作，在疾病发展期的病猪耳静脉、前腔静脉或在刚死尸体的心脏内，采血 15~20mL，注入消毒干燥的试管内使其凝结。

2.实验室检验送检样品的记录 每一份样品或每一批样品均要有采样单。采样单一式三联。第一联，采样单位保存；第二联，跟随样品；第三联，由被采样单位保存。记录至少应包括以下内容：场主的姓名和猪场的地址；猪的品种及其数量；首发病例和继发病例的日期及造成的损失；感染猪在群体中的分布情况；死亡猪数、出现临床症状的猪数及其日龄；临床症状及其持续时间，死亡情况和时间，免疫和用药情况等；饲养类型和标准，包括饲料种类；送检样品清单和说明，包括病料的种类、保存方法等；治疗史；要求做何种试验；送检者的姓名、地址、邮编和电话；送检日期。

3.实验室检验材料的运送 所采集的样品以最快最直接的方式送往实验室。如果样品能在采集后 24h 内送抵实验室，则可放在 4℃左右的容器中运送。只有在 24h 内不能将样品送往实验室并不致影响检验结果的情况下，才可把样品冷冻，并以此状态运送。根据试验需要决定样品是否放在保存液中运送。

所有样品都要贴上详细标签，包括样品名称、采集时间、采集地点、样品编号等内容。

1.3.8 猪细菌性疾病的药物敏感试验

抗菌抑菌药物是兽医临床常用的药物，但是各种病原体对抗菌药物的敏感性各不相同，同时，由于抗菌药物的广泛应用，以及广谱抗菌素的不断增加，它们虽然对病原体有一定的作用，但在使用不当时常导致耐药性的形成，甚至干扰机体内的正常微生物群的作用，反而对机体带来不良影响。因此，测定病原菌对抗菌药物的敏感性，正确使用抗菌药物，对于临床治疗工作具有重要的意义，药敏试验常用纸片法。药敏纸片可向专业厂家购买，也可自制。

(一)抗菌素纸片的制备

1.将质量较好的滤纸用打孔机打成直径6mm 的圆片,每 100 片放入一小瓶中,160℃干热灭菌 1~2h，或用高压灭菌(15 磅 30min)后在 60℃条件下烘干。

2.抗菌药物的浓度(用蒸馏水或生理盐水稀释)

青霉素 200u/mL；其他抗菌素 1000μg/mL；磺胺类药物 10mg/mL；中草药制剂 1g/mL3.用无菌操作法将欲测的抗菌药物溶液 1mL，加入 100 片纸片中，置冰箱内浸泡 1~2h，如立即试验可不烘干，若保存备用可用下法烘干(干燥的抗菌素纸片可保存六个月)。

①培养皿烘干法将浸有抗菌药液的纸片摊平在培养皿中，于37℃温箱内保持 2~3h 即可干燥，或放在无菌室内过夜干燥。

②真空抽干法将放有抗菌药物纸片的试管，放在干燥器内，用真空抽气机抽干，一般需要 18~24h。

4.将制好的各种药物纸片装入无菌小瓶中，置冰箱内保存备用，并用标准敏感菌株作敏感性试验，记录抑制圈的直径，若抑菌圈比原来的缩小，则表明该抗菌药物已失效，不能再用。

(二)培养基和菌液的准备

一般细菌如肠道杆菌及葡萄球菌等可用普通琼脂平板；链球菌、巴氏杆菌或肺炎球菌等可用血琼脂平板；测定对磺胺类药物的敏感试验时，应使用无蛋白胨琼脂平板。

菌液为培养10~13h的幼龄菌液(抑菌圈的大小受菌液浓度的影响较大，因而菌液培养的时间一般不宜超过17h)。

(三)试验操作

用铂耳取培养10~18h的幼龄菌，均匀涂抹于琼脂平板上，待干燥后，用镊子夹取各种抗菌素纸片，平均分布于琼脂表面(每个平板放置4~5片)，在37℃温箱内培养18h后观察结果。

(四)结果判定与报告

根据抗菌纸片周围无菌区(抑菌区)的大小，测定其抗药程度(表1-8~1-10)。因此，必须测量抑菌圈的直径(包括纸片)，按其大小，报告该菌株对某种药物敏感与否。

表1-8 青霉素抑菌圈的标准

抑菌圈直径(mm)	敏感性
<10	抗药
10~20	中度敏感
>20	极度敏感

表1-9 其他抗菌素及磺胺类药物的敏感标准

抑菌圈直径(mm)	敏感性
<10	抗药
11~15	中度敏感
>15	极度敏感

表 1 - 10 中药抑菌素的标准

抑菌圈直径(mm)	敏感性
<15	抗药
15	中度敏感
>15~20	极度敏感

1.3.9 猪瘟诊断

(一)临诊诊断和病理解剖诊断

1.写出病历 详细询问和调查发病猪群的发病情况和有关的其他情况，包括发病猪头数、发病经过、可能的原因或传染源、主要临诊症状、治疗措施及效果、病程和死亡情况、发病猪的来源及预防接种的时间、发病猪群附近其他猪群的情况等；详细检查病猪的临诊症状，包括步态及精神状态，大便形状和质地及是否带血或黏液，眼结膜和口腔黏膜是否有出血变化，体表可触摸淋巴结肿大情况，体温变化情况等。

2.填写病理解剖记录 病猪急宰或死亡后，应进行剖检，全面检查各系统内脏器官的眼观病理变化，特别注意淋巴结、咽喉部肾脏、膀胱、胆囊、心内外膜、肠道等脏器的出血性变化。

3.作出初步诊断 从临诊症状、流行病学和病理变化等方面进行综合分析，作出初步诊断，注意有无其他疾病(如弓形虫病、猪丹毒、猪肺疫、猪副伤寒等)的可能性。

(二)细菌学检查

采取刚死不久的病猪或急宰猪的血液、淋巴结、脾脏等材料，接种于血液琼脂和麦康凯琼脂平板上，培养24~48h，检查有无疑似的病原细菌。如有，需进一步鉴定和做动物接种试验，将检查结果记入病历或剖检记录内，并提出诊断意见。猪瘟诊断中细菌学检查的目的是为了确定发病猪(群)是否存在并发或继发细菌感染，有时也为了排除猪瘟。

(三)家兔接种试验

1.选择体重 1.5kg 以上大小基本相等的清洁级健康家兔 4 只，分为 2 组；试验前 3 天测温，每天 3 次，间隔 8h，体温应正常。

2.采病猪淋巴结和脾脏等病料制成 1∶10 悬液，取上清液加青霉素、链霉素各 1000 单位处理后，以每只 5mL 的剂量肌肉内接种试验兔。如用血液需加抗凝剂，每头接种 2mL。对照组不接种。

3.继续测温，每隔 6h 1 次，连续 3 天。

4.7 天后用猪瘟兔化弱毒 1∶(20~50)的清液静脉注射试验兔和对照兔，每只 1mL。每 6h 测温 1 次，连续 3 天。

5.记录每只兔的体温变化，绘制体温曲线。

6.根据试验组和对照组兔的热反应进行诊断。

(1)如试验组接种病料后无热反应，后来接种猪瘟兔化弱毒后也无热反应，而对照组兔接种猪瘟兔化弱毒有定型热反应，则诊断为猪瘟。

(2)如试验组接种病料后有定型热反应，后来接种猪瘟兔化弱毒不发生热反应，而对照组接种猪瘟兔化弱毒发生定型热反应，则表明病料内含有猪瘟兔化弱毒。

(3)如试验组接种病料后无热反应，后来接种猪瘟兔化弱毒后发生定型热反应，或接种病料后发生热反应，后来对接种猪瘟兔化弱毒又发生定型热反应，而对照组接种猪瘟兔化毒后发生定型热反应，则不是猪瘟。

(四)直接荧光抗体检查

1.取急性高温期病猪的扁桃体、淋巴结、脾或其他组织一小片，用滤纸吸去外面液体。

2.取洁净载玻片一块，稍微烘热，将组织小片的切面触压玻片，略加转动，做成压印片，置室温干燥，或将病理组织制成冰冻切片。

3.滴加冷丙酮数滴，置-20℃固定 15~20min。

4.用磷酸盐缓冲液(PBS)洗，阴干。

5.滴加标记荧光抗体，置 37℃饱和湿度箱盒内作用 30min。

6.用 pH7.2 的 PBS 漂洗 3 次，每次 5~10min。

7.干后滴加甘油缓冲液，加盖玻片封闭，用荧光显微镜检查。

8.如细胞胞浆内有弥漫性、絮状或点状的亮黄绿色荧光，为猪瘟；如仅见暗绿或灰蓝色，则不是猪瘟。

9.试验设已知含猪瘟病毒材料压印片和无猪瘟病毒材料压印片，作为阳性和阴性对照。标本染色和漂洗后，浸泡于5%吐温80-PBS(pH7.2，0.01mol/L)中1h以上，除去非特异染色，晾干后用0.1%伊文思蓝复染15~30min，检查判定同上。

(五)酶标抗体检查

1.从高温期急性病猪采血2~5mL，注入装有1mL3.8%枸橼酸钠的试管内，混匀后静置2h吸取上面含棕黄层的血浆部分(尽量避免吸取红细胞)，以2000r/min离心10min，弃去上清液；将沉淀的白细胞用5~10倍量0.83%氯化铵溶液(用pH7.4的0.0125mol/LTris-HCI缓冲液配制)处理30min，使残留的红细胞溶解；以2000r/min离心10min，除去上清液；将沉淀白细胞用生理盐水洗3次，并用生理盐水配成合适浓度的悬液；最后制成白细胞涂片，晾干后以4℃丙酮固定10min，干后保存于冰箱内待检。

扁桃体、淋巴结、脾、肾等应去净外面结缔组织和脂肪，横切后在洁净玻片上作触片。经晾干，以4℃丙酮固定10min。干后置冰箱内保存待检。

2.量取PBS(pH7.2，0.015mol/L)100mL置染色缸中，再加入1%H$_2$O2和1%NaN3各1mL，混匀；将制好的涂片或触片放入缸内，室温中作用30min；弃去缸内液体，加入PBS，浸泡1~2min后再倒去，如此反复泡洗5~6次，再用无离子水泡洗3次，最后取出玻片晾干。

3.取冻干的猪瘟酶标抗体(中国兽药监察所)按说明书用PBS作适当稀释，然后滴加于涂片或触片上，留一小部分不加酶标抗体，放入湿盒内，37℃作用45min；取出玻片，在染缸内按上法用PBS泡洗6次，最后取出玻片晾干。

4.取Tris-HCl缓冲液(pH8.0，0.0125mol/L)100mL，加入DAB(3，3′-二氨基联苯胺)76mg，避光搅拌溶解，加入1%H$_2$O2 0.5mL；然后将溶液倒入染色缸中，将洗好未干的玻片放入，避光作用30min；最后用无离子水泡洗6次以上，取出晾干。

5.将染好色的玻片加1小滴阿拉伯胶，加盖玻片后先以低倍镜找到染色细胞，然后用高倍镜或油镜检查。

6.细胞浆呈棕黄色，细胞核不染色或呈淡黄色，则诊断为猪瘟。未用酶标抗体染色的部分，细胞浆应无色或与背景呈同样颜色。试验应设阳性和阴性对照片。

1.3.10 猪瘟抗体监测

通过猪瘟抗体监测，可检查猪场免疫效果，适时调整免疫程序，对猪瘟防制有重要意义。

猪瘟抗体监测方法有多种，常见的有猪瘟正向间接血凝(IHA)和猪瘟病毒抗体阻断 ELISA 两种。

(一)猪瘟正向间接血凝(IHA)测定猪瘟抗体

1.试验材料 6孔 110~120°微量血凝板；10~100μL 可调微量移液器；塑料咀；猪瘟间接血凝抗原(猪瘟正向血凝诊断液)，每瓶 5mL，可检测血清 25~30 头份；阳性对照血清，每瓶 2mL；阴性对照血清每瓶 2mL；稀释液每瓶 10mL；待检血清每份 0.2~0.5mL(56℃水浴灭活 30min)。

2.操作步骤

(1)诊断液的准备检测前,应将冻干诊断液每瓶加稀释液 5mL 浸泡 7~10d 后方可应用。

(2)稀释待检血清在血凝板上的第 1 孔至第 6 孔各加稀释液 50μL，取待检血清 50μL 加入第 1 孔，混匀后从中取出 50μL 加入第 2 孔，依此类推直至第 6 孔混匀后丢弃 50μL，从第 1 孔至第 6 孔的血清稀释度依次为 1:2，1:4，1:8，1:16，1:32，1:64。

(3)稀释阴性血清在血凝板上的第 11 排第 1 孔加稀释液 60μL，取阴性血清 20μL 混匀后取出 30μL 丢弃。此孔即为阴性血清对照孔。

(4)稀释阳性血清在血凝板上的第 12 排第 1 孔加稀释液 70μL，第 2 至 7 孔各加稀释液 50μL。吸取阳性血清 10μL，加入第 1 孔混匀并从中取出 50μL 加入第 2 孔……直到第 7 孔混匀并丢弃 50μL。该孔的阳性血清稀释度则为 1:512。

(5)稀释液对照孔在血凝板上的第 1 排第 8 孔加稀释液 50μL 即为稀释液对照孔。

(6)滴加抗原第 1 排 1 至 8 孔和对照孔各加血凝抗原 25μL，并立即置微量震荡器上震荡 1min，或用手摇匀。室温下静置 1.5~2h。

3.判定方法和标准 先观察阴性血清对照孔和稀释液对照孔，红血球全部沉入孔底，无凝集现象"-"或呈阳性"+"的轻度凝集为合格；阳性血清对照呈"+++"凝集为合格。

在以上 3 孔对照合格的情况下，观察待检血清各孔的凝集程度，以呈"++"凝集的待检血清最大稀释度为血凝效价(血凝价)。血清的血凝价达到 1∶16 为免疫合格。

说明"-"表示红血球 100%沉于孔底，完全不凝集；"+"表示约有 25%的红血球发生凝集"++"表示 50%红血球出现凝集；"+++"表示 75%红血球凝集；"++++"表示 90%~100%红血球凝集。

(二)猪瘟病毒抗体阻断 ELISA 检测方法

本方法是用于检测猪血清或血浆中猪瘟病毒抗体的一种阻断 ELISA 方法，通过待测抗体和单克隆抗体与猪瘟病毒抗原的竞争结合，采用辣根过氧化物酶与底物的显色程度来进行判定。

1.操作步骤

(1)在使用时，所有的试剂和组分都必须恢复到室温 18~25℃。使用前应将各组分放置于室温下至少 1h。

(2)将 50μL 样品稀释液加入每个检测孔和对照孔中。

(3)将 50μL 的阳性对照和阴性对照加入相应的对照孔中，注意不同对照的吸头要更换，以防污染。

(4)将 50μL 的被检样品加入剩下的检测孔中，注意不同检样的吸头要分开，以防污染。

(5)轻弹微量反应板或用振荡器振荡，使反应板中的溶液混匀。

(6)将微量反应板用封条封闭置于湿箱中(18~25℃)孵育 2h，也可以将微量反应板用封条置于湿箱中孵育过夜。

(7)吸出反应孔中的液体，并用稀释好的洗涤液洗涤 3 次，注意每次洗涤时都要将洗涤液加满反应孔。

(8)分别将 100μL 的抗猪瘟病毒酶标二抗(即取即用)加入反应孔中，用封条封闭反应板并于室温下或湿箱中孵育 30min。

(9)洗板后，分别将 100μL 的底物溶液加入反应孔中，于避光、室温条件下放置 10min。

加完第一孔后即可计时。

(10)在每个反应孔中加入 100μL 终止液终止反应。注意要按加酶标二抗的顺序加终止液。

(11)在 450nm 处测定样本以及对照的吸光值，也可用双波长(450nm 和 620nm)测定样本以及对照的吸光度值，空气调零。

2.计算样本和对照的平均吸光度值。计算方法如下。

计算被检样本的平均值 OD$_{450}$(=OD$_{TEST}$)、阳性对照的平均值(=OD$_{POS}$)、阴性对照的平均值(=OD$_{NEG}$)。

根据以下公式计算被检样本和阳性对照的阻断率

$$阻断率=OD_{NEG}-OD_{TEST}/OD_{NEG}×100\%$$

3.试验有效性 阴性对照的平均 OD450 应大于 0.50。阳性对照的阻断率应大于 50%。

4.结果判定 如果被检样本的阻断率大于或等于 40%，该样本被判定为阳性(有猪瘟病毒抗体存在)。如果被检样本的阻断率小于或等于 30%，该样本被判定为阴性(无猪瘟病毒抗体存在)。如果被检样本阻断率在 30%~40%之间，应在数日后对该动物进行重测。

小结

猪病的诊断与治疗实训项目是为学生在完成所有畜牧兽医行动领域课程，掌握了动物诊疗的基本知识和技能后，在猪场兽医岗位上的综合训练而设计的。项目以猪场常见疫病(传染病和寄生虫病)为重点研究对象，训练学生对猪常见疫病的综合防治能力。实训内容包括了猪场流行病学调查与猪场流行病学分析、猪病现场诊断与治疗、消毒技术、猪场年度防疫计划的制订、免疫程序的制订与调整、猪用疫苗的贮存与免疫操作、猪体内外寄生虫的实验室诊断与药物驱虫、猪的病理解剖、实验室检验材料的样本采集与送检、猪细菌性疾病的药物敏感试验方法、猪瘟诊断和猪瘟抗体监测等多项内容，这些内容兼顾了猪病现场诊断技术和实验室诊断技术，基本涵盖猪场兽医对于猪病防治的专业能力。但必须强调的是这些内容并非孤立存在，需要在实训的过程中根据猪病防治的各个环节的相互关系，将其作为一个系统化的整体的工作过程加以重视。

猪病的诊断与治疗实训是学生将所学知识和技能在猪病防治工作岗位上的综合运用与体验。在自繁自养的猪场，猪病种类多、混合感染多、防治难度大，在实训过程中除体现"预防为主"的法定防疫方针以外，还应考虑饲养管理、营养、环境控制等诸多因素对猪病发生和发展的影响，在实训中应不断积累临床经验，实时追踪最新的猪病防治进展，努力提升实验室诊断的能力，最终提升自己的猪病诊断与防治技术水平。

第2章 鸡场职业技能训练

2.1 种鸡的外貌鉴定职业技能训练

2.1.1 鸡体外貌部位的识别

按鸡体各部位，从头、颈、肩、翼、背、腰(鞍)、臀、胸、腹、腿、胫、趾和爪等部位仔细观察，并熟悉各部位名称。

在观察过程中，注意外貌(及羽毛)与鸡只的健康(包括遗传上和生长发育上有无缺陷)和性别的联系等。

(一)头部

头部的形态及发育程度能反映品种、性别、生产力高低和体质情况。

1.冠 为皮肤的衍生物，位于头顶，是富有血管的上皮构造。鸡冠的种类很多，是品种的重要特征。大多数品种的鸡冠为单冠。冠的发育受雄性激素控制，公鸡比母鸡发达；去势鸡与休产鸡萎缩而无血色。为了防止冻伤或者作为标志，初生雏鸡可以剪冠。

(1)单冠：由喙的基部至头顶的后部，成为单片的皮肤衍生物。单冠上又分冠基、冠尖和冠叶三部分，冠尖的数目因品种而异。

(2)豆冠：由三叶小的单冠组成，中间一叶较高，故又称三叶冠，有明显的冠齿。

(3)玫瑰冠：冠的表面有很多突起，前宽后尖，形成冠尾，冠尾无突起。

(4)草莓冠：与玫瑰冠相似，但无冠尾，冠体较小。

(5)杯状冠：冠体为杯状形，具有很规则的冠齿固着在头顶上。杯状形前侧喙基上为一单冠，前部连接在环状体上。

(6)羽毛冠：冠体为一扭曲"S"形小形豆冠或一"V"形肉质平滑角状体，后者又叫角状冠或 V 形冠，其后测为类似圆球状羽毛束，俗称"凤头"。羽毛冠的羽毛束的大小、形状随品种不同而异。羽毛冠品种的鸡，常常还具有胡或须，或同时具有胡须，也随品种或个体而异。

冠形是品种的重要标志。现代鸡种几乎所有蛋鸡都是单冠的。以前肉用种鸡父系中既有单冠的又有豆冠的，以后育种公司所推出的肉用鸡基本上是单冠的。但不能仅根据冠形来评判现代肉用种鸡是否假冒品种。

2.喙 由表皮衍生而来的特殊构造，是啄食与自卫器官，其颜色因品种而异，一般与距部的颜色一致。健状鸡的喙应短粗，稍微弯曲。

3.脸 蛋用鸡的脸清秀，无堆积的脂肪，脸毛细小，大部分脸皮赤裸，一般鲜红色。强健鸡色润泽而无皱纹，老弱鸡苍白而有皱纹。

4.眼 位于脸中央。鸡眼圆大而有神，向外突出，眼睑宜单薄，虹彩的颜色因品种而异。

5.耳叶 位于耳孔的下部，椭圆形或圆形，有皱纹，颜色视品种而异，最常见的为红、白两种。

6.肉垂 颌下下垂的皮肤衍生物，左右组成一对，大小相称。

7.胡须 胡为脸颊两侧羽毛，须为颌下的羽毛。

(二)颈部

颈部羽毛具有第二性状，母鸡颈羽端部圆钝，公鸡颈羽端尖形，像梳齿一样，特叫梳羽。

(三)体躯

胸部是心脏与肺所在的位置，应宽、深、发达，如现代高产肉鸡品种，均为宽胸型，胸肌发达，产肉量大。腹部容纳消化器官和生殖器官，应有较大的腹部容积。特别是产蛋母鸡，腹部面积大。胸骨末端到耻骨末端之间距离和两耻骨末端之间的距离越大，则腹部容积越大，一般情况下产蛋能力也较强。家禽腰部叫做鞍部，母鸡鞍羽短而圆钝，公鸡鞍羽长呈尖形，像蓑衣一样披在鞍部，特称蓑羽。尾部羽毛分主尾羽和覆尾羽两种。主尾羽公母鸡都一样，从中央一对起分两侧对称数法，共有 7 对。公鸡的覆尾羽发达，状如镰羽形，覆第一对主尾羽的大覆羽叫大镰羽，其余相对较小的叫小镰羽。梳羽、蓑羽和镰羽都是第二性征。

(四)四肢

鸟类前肢发育成翼，适应飞翔。鸡保留了这一特征。

鸟类后肢骨骼较长，其股骨包入体内，胫骨肌肉发达，外貌部位称为大腿。跗骨细长，其外貌部位习惯上被称为胫部，为使骨骼和外貌部位相对应，应统称为跗部。跗部鳞片为皮肤衍生物，年幼时鳞片柔软，成年后角质化，年龄愈大，鳞片愈硬，甚至向外侧突起。跗部因品种不同而有不同的色泽。对鸡只其他部位进行外观及触摸识别。除认识各部位名称外，主要是分辨健康鸡或病弱鸡以及品种缺点或失格(表 2－1)。

表 2－1 健康鸡与病鸡区别以及品种缺点或失格

观察项目	健康鸡	病弱鸡、品种缺点或失格
喙	短粗、稍微弯曲	交叉喙、畸形喙
冠、肉垂	鲜红、湿润、丰满、温暖、无病灶	苍白、萎缩、干燥、冰凉、紫色、有病灶、不符合本品种的冠形或畸形冠
眼	眼大有神	小而无神、常紧闭
脸部	红润、无病灶	苍白、有病灶
胸	胸骨硬而直立	胸骨脆弱、呈 S 形弯曲；有病灶*
翼	紧贴身躯	翼下垂或折断或烂翅、主副翼羽扭曲
尾部	尾直立	尾下垂、畸形尾如缺副尾羽、主尾羽、歪尾
颈与脚	正常	大跗骨粗大、踝关节肿大；有病灶**、跛脚、"鹰爪"两腿 O 型或 X 型；鸭形脚(有蹼)；公鸡无距；四趾品种多于四趾、五趾品种少于五趾轻、标准体重以下
体重色泽	符合本品种羽毛有光泽	羽毛污乱、无光泽。皮肤、喙、耳叶和胫的色泽不符合本品种要求，黑羽品种出现红、黄羽；白羽品种出现其他羽色

注：*倡有鸡痘、葡萄球菌病，或有肿瘤，流鼻涕；眼流泪，有干酪样物等；

　　**倡倡胸囊肿，脚趾瘤、烂趾。

2.1.2 鸡只羽毛名称及结构识别

(一)鸡羽毛种类的识别

用活鸡识别鸡的正羽、绒羽和纤维羽(又称毛羽)。

(二)认识鸡只各部位羽毛的名称

鸡只全身几乎覆盖着羽毛,羽毛名称与外貌部位名称相对应,如颈部的羽毛称颈羽,尾部羽毛称尾羽等等。有些鸡种(如北京油鸡)有胫羽和趾羽。在认识鸡只羽毛名称时,留意区分。

(三)翼羽各部位名称

用活鸡识别鸡的翼羽各部位名称。并数一数主翼羽、轴羽和副翼羽的根数及主翼羽脱换情况。

翼羽中央有一较短的羽毛称为轴羽。由轴羽向外侧数,有 10 根羽毛称为主翼羽,向内侧数,一般有 11 根羽毛,叫副翼羽。每一根主翼羽上覆盖着一根短羽,称覆主翼羽,每一根副翼羽上,也覆盖一根短羽,称为覆副翼羽。

(四)鸡体羽毛的观察在生产实践中的作用

1.在自别雌雄品系中,可根据初生鸡的主翼羽与覆主翼羽的相对生长长度,分辨公母;

2.根据主翼羽换羽时间及换羽速度,大致了解生产性能;

3.翼膜(臂骨与桡骨之间的三角区)是带翅号或刺种鸡痘的地方;也可作为翼静脉采血化验或白痢检疫采血等。

2.1.3 鸡的性别与龄期鉴定

(一)鸡的性别识别

公鸡体躯比母鸡高大,昂首翘尾,体态轩昂。头部稍粗糙,冠高,肉垂较大,颜色鲜红。

梳羽、蓑羽、镰羽长而尖。胫部有距,性成熟时,发育良好,距愈长则公鸡的年龄愈大,一岁时,距的长度约 1cm。公鸡啼声洪亮,喔喔长鸣。

母鸡体躯比公鸡小，体态文雅，头小，纹理较细，冠与肉垂较小。颈羽、鞍羽、覆尾羽较短，末端呈钝圆形。后躯发达，腹部下垂。胫部比公鸡短而细，距不发达，虽成年母鸡，亦仅见残迹而已(表2-2)。

表2-2 鸡的性别识别

项 目	特征
头颈	公鸡冠高大,头颈较粗大
羽毛	公鸡颈羽(梳羽)、鞍羽(蓑羽)和尾羽(大、小镰羽)均细长,末端尖细;母鸡,颈羽、鞍羽和覆尾羽较短,末端呈钝圆形
鸣声	公鸡啼声洪亮,喔喔长鸣
胸	公鸡胫部粗大,上有发达的距;母鸡胫部较细,距小或无距
体型、神态耻骨状态	公鸡体大、脚高、好斗、体态轩品;母鸡体小清秀、温顺、体态文雅,成年母鸡耻骨薄而柔软,耻骨间距大;公鸡耻骨厚而硬,耻骨间距小

(二)鸡的龄期鉴定

鸡的最准确的龄期，只有根据出雏日期来断定。但其大概龄期可凭它的外形来估计。

青年鸡的羽毛结实光润，胸骨直，其末端柔软，胫部鳞片光滑细致、柔软，小公鸡的距尚未发育完成。小母鸡的耻骨薄而有弹性，两耻骨间的距离较窄，泄殖腔较紧而干燥。

老鸡在换羽前的羽枯涩凋萎，胸骨硬，有的弯曲，胫部鳞片粗糙，坚硬，老公鸡的距相当长。老母鸡耻骨而硬，两耻骨间的距离较宽，泄殖腔肌肉松弛。

2.1.4 种鸡的体尺测定

测量种鸡体尺，目的是为了更精确地记载种鸡的体格特征和鉴定种鸡体躯各部分的生长发育情况，在鸡育种和地方鸡种调查工作中经常使用。与种鸡生产性能密切关系的体尺指标包括以下几个：

1.体斜长为了了解种鸡在长度方面发育情况，用皮尺测量锁骨前上关节到坐骨结节间的距离。

2.胸宽为了了解种鸡的胸腔发育情况，用卡尺测量两肩关节间距离。

3.胸深为了了解胸腔、胸骨和胸肌发育状况，用卡尺量度第一胸椎至胸骨前缘间的距离。

4.胸骨长为了了解体躯和胸骨长度的发育情况，用皮尺度量胸骨前后两端间距离。

5.跖长为了了解体高和长骨的发育，通常采用测量胫的长度的方法，用卡尺度量骨上关节到第三趾与第四趾间的垂直距离。

6.胸角为了了解肉鸡胸肌发育情况，采用测量胸角的大小来表示，方法将鸡仰卧在桌案上，用胸角器两脚放在胸骨前端，即可读出所显示的角度，理想的胸角应在90°以上。

在测量过程中应及时把包括体重数据在内的每项数据记载于种鸡体尺表中。体重测定应在空腹时进行(表2-3)。

取得体尺和体重的数据后，可根据这些数据，计算体型指数。

表2-3 种鸡体尺表(cm)

禽 号	种类	品种	性别	活重(kg)	体长(斜的)	胸深	胸宽	胸围	胸骨长	髋宽	胫长

常用的种鸡体型指数及计算公式如下表(表2-4)。

表2-4 种鸡体型指数计算公式

指数名称	计算公式	指数说明什么
强壮指数	体重×100/体长	体型的紧凑性和家禽的肥度
体躯指数	胸围×100/体长	体质的发育
第一胸指数	胸宽×100/胸深	胸部相对的发育
第二胸指数	胸宽×100/胸骨长	胸肌的发育
髋胸指数	胸宽×100 髋宽	背的发育(到尾部是宽的直的或者是狭窄的)
高脚指数	胫长×100/体长	脚的相对发育

计算出各项指数的结果之后，记录在种鸡的体型指数表中(表2-5)，以供鉴定时互相比较之用。

表 2 - 5 种鸡的体型指数表(%)

种鸡号	种类	品种	性别	指 数 的 值					
				强壮指数	体躯指数	第一胸指数	第二胸指数	髋胸指数	高脚指数

小结

　　鸡的外貌部位的状况与鸡的品种特征、性别、健康状况以及是否存在遗传缺陷关系密切，种鸡头部的形态及发育程度能反映品种、性别、生产力高低和体质情况；颈部羽毛具有第二性状，母鸡颈羽端部圆钝，公鸡颈羽端尖形，像梳齿一样，特叫梳羽。对种鸡外貌的观察鉴定是鸡育种工作的一项常规工作，也是商品鸡养殖工作中观察鸡的生长发育是否正常、是否感染传染病等最常用的方法之一。

　　为了正确考量鸡只的生长发育状况、是否符合品种特征等，在种鸡选育过程中常常要对种鸡的体尺进行测量，在鸡的育种工作中，通常测量体斜长、胸宽、胸深、胸骨长、跖长与胸角等体尺指标，这些指标不但是育种工作中的考量指标，也是商品鸡生产中要考量的指标。如肉鸡的胸角应该在 90 度以上。

　　在取得种鸡的体尺、体重数据后，可根据公式计算出鸡的体型指数，体型指数包括强壮指数、体躯指数、第一胸指数、第二胸指数、髋宽指数和高脚指数等，在种鸡场中，对选育鸡群的鸡只应准确记录各种体型指数，以供选育时参考。

2.2　鸡的孵化职业技能训练

2.2.1　种蛋构造和品质鉴定

(一)蛋的构造

1.壳上膜(胶护膜)在蛋壳外面的一层透明的保护膜。

2.蛋壳蛋壳上有无数个气孔，用照蛋器可以清楚地看到气孔的分布。

3.蛋壳膜蛋壳膜分为两层，紧贴蛋壳的叫做外壳膜，包围蛋内容物的叫蛋白膜，也叫做内壳膜，外壳膜和内壳膜在蛋的钝端分离开而形成气室。

4.蛋白由外稀蛋白(约占 23%)、浓蛋白(约占 57%)、内稀蛋白(约占 17.3%)、系带浓蛋白(约占 2.7%)组成。

5.系带在蛋黄的纵向两侧有两条相互反向扭转的白带叫做系带。

6.蛋黄蛋黄膜→浅蛋黄→深蛋黄→蛋黄心→胚盘(或胚珠)。胚盘或胚珠位于蛋黄的表层。胚盘在蛋黄中央有一直径约 3~4mm 的里亮外暗圆点，而胚珠此圆点不透明且无明暗之分。

(二)蛋的品质测定

1.称蛋重用蛋秤或粗天平将鸡蛋逐个称重，称得的数据分别写在蛋的小头上，鸡蛋的重量一般在 40~70g。

2.蛋壳颜色用光电反射式色度仪测定，颜色越深，反射测定值越小，反之则越大。用该仪器在蛋的大头、中间和小头分别测定，求其平均值。一般情况下，白壳蛋蛋壳颜色测定值为 75 以上，褐壳蛋为 20~40，浅褐壳蛋为 40~70，而绿壳蛋为 50~60。

3.测量蛋形指数蛋形由蛋的长轴和短轴的比例即蛋型指数决定，测定工具是游标卡尺。蛋形指数通常是长径/短径的比值，但也有短径/长径的比值来表示的。正常形鸡蛋的蛋形指数为 1.32~1.39，1.35 为标准形。(如用短径/长径则分别为 0.72~0.76，0.74 为标准形)。

4.蛋的比重测定蛋的比重即反映蛋的新鲜度，也与蛋壳厚度有关。测定方法是在每三公升水中加入不同数量的食盐，配制成不同比重的溶液，用比重计校正后分盛于玻璃缸内。每溶液的比重依次相差 0.005，详见表 2 - 6。

表 2 - 6 不同比重溶液的加盐量

溶液比重	加入食盐量(g)	溶液比重	加入食盐量(g)
1.060	276	1.085	396
1.065	300	1.090	420
1.070	324	1.095	444
1.075	248	1.100	468
1.080	372		

测定时先将蛋浸入清水中，然后依次从低比重到高比重食盐溶液中通过，当蛋悬浮在溶液中即表明其比重与该溶液的比重相等。鸡蛋壳质量良好的蛋比重在1.080以上。

5.测定蛋白高度和哈夫单位 用蛋白高度测定仪测定新鲜蛋(产出当天或于第二天午前)和陈旧蛋各1~2枚，先称蛋重，然后破壳倾在蛋白高度测定仪玻璃板上，测定浓蛋白的高度，取蛋黄边缘与浓蛋白边缘之中点，测量三个点的蛋白高度平均值，注意避开系带，单位以mm计。

根据蛋重和蛋白高度两项数据，用下列公式计算哈夫单位值。也可用"蛋白品质查寻器"查出哈夫单位及蛋的等级。新鲜蛋哈夫单位在75~85，蛋的等级为AA级。

计算公式

$$HU=100 \lg(H-1.7W^{0.37}+7.57)$$

式中：H—蛋白高度(mm)

W—蛋重(g)

HU—哈夫单位

6.蛋壳强度 蛋壳强度是指蛋对碰撞或挤压的承受能力(单位为kg/cm2)是蛋壳致密坚固性的重要指标。用蛋壳强度仪进行测定。

7.蛋壳厚度 指蛋壳的致密度。用蛋壳厚度测量仪在蛋壳的大头、中间、小头分别取样测量，求其平均值(单位为μm)。注意在测量时去掉蛋壳上的内、外壳膜为蛋壳的实际厚度，一般在330μm。如果没去掉蛋壳内外膜，则是表观厚度，一般在370μm。

8.蛋黄颜色 比较蛋黄色泽的深浅度。用罗氏比色扇取相应值，一般在7~9。

9.血斑与肉斑 是卵子排卵时由于卵巢小血管破裂的血滴或输卵管上皮脱落物形成。

血斑及肉斑均与品种有关。

(三)照蛋的检查

用照蛋器检视蛋的构造和内部品质。可检视气室大小、蛋壳质地、蛋黄颜色深浅和系带的完整与否等。刚产出1~2天的新鲜蛋，气室直径仅为3~4mm。照检时要注意观察蛋壳组织及其致密程度，也要判断系带的完整，蛋黄的阴影由于旋转鸡蛋而变位置，但又能很快回到原来位置；如系带断裂，则蛋黄在蛋壳下面晃动不停。若观察蛋内有蛋黄以外的阴影，该蛋可能属于血蛋、肉斑蛋或坏蛋。

(四)蛋的剖检

1.熟蛋的剖检　将煮熟的蛋壳剥去用刀纵向切开，观察蛋白层次、蛋黄深浅及蛋黄心。

蛋黄由于鸡体日夜新陈代谢的差异，形成深浅两层，深色层为黄蛋黄，浅色层为白蛋黄。观察蛋的内部构造和研究内容物结束之后，可借助于放大镜来统计蛋壳上的气孔数(锐端和钝端分别统计)。统计面积为 1cm2 或其四分之一。

2.生蛋的剖检　在于直接观察蛋的构造和进一步研究蛋的各部分重量的比例以及蛋黄和蛋白的品质等。

(1)鲜蛋置于培养皿内，静止 10min，用小剪刀刀尖在蛋壳中央开一个小洞，然后小心地剪出一个直径为 1~1.5cm 的洞口，胚盘就位于这个洞口下面。受精蛋胚盘的直径约 3~5mm，并有稍透明的同心边缘结构，形如小盘。未受精蛋的胚珠较小，为一不透明的灰白色小点。

(2)将内容物小心倒在培养皿中，注意不要弄破蛋黄膜，在蛋壳的里面有两层蛋白质的膜，可用镊子将它们与蛋壳分开。这两层壳膜在蛋壳的钝端，气室所在处最密易看清楚。紧贴蛋壳膜，也叫外蛋壳膜，包围蛋的内容物叫蛋白膜，也叫内蛋壳膜。

(3)为观察和统计蛋壳上的气孔及其数量，应将蛋壳膜剥下，用滤纸吸干蛋壳，并用乙醚或酒精棉去除油脂。在蛋壳内面滴上高锰酸钾溶液，约经 15~20min，蛋壳表面即显出许多小的蓝点或紫红点。

(4)分别称蛋重、蛋壳重、蛋白重、蛋黄重，计算各部分蛋重的比例。用蛋白蛋黄分离器或吸管(或铁窗纱)使蛋白和蛋黄分开，将蛋白放在预先称好重的培养皿一起称重。由总重减去培养皿的重量即可分别获得蛋白和蛋黄的重量。

(五)种蛋孵前消毒

为了预防疾病，在孵化前将种蛋进行消毒，以杀灭蛋表面的病原微生物，可按下述方法之一对种蛋进行消毒处理。

(1)药液消毒 1/2000 的高锰酸钾溶液，或万分之五的碘化钾，或千分之一的新洁尔灭溶液，药液配制大瓷盆内，水温 40~45℃，将种蛋放入浸 2min 后取出沥干，再放入孵化箱内入孵。

(2)熏蒸消毒 先将孵化器的体积测量清楚，单独熏蒸鸡舍、孵化器，门窗应密闭 24h 以后再打开，以充分发挥药效，但种蛋只能熏蒸 20~30min，已开始孵化的种蛋不能熏蒸，按每立方米空间 40%甲醛 30mL，高锰酸钾 15g 的比例熏蒸消毒，经半小时应当打开门孔，用电扇驱散药气。转入正式孵化。

2.2.2 孵化器的构造和管理

(一)孵化器的分类

孵化器大致分为平面孵化器和箱式孵化器和巷道式孵化器三大类。

1.平面孵化器 小型，一般均为孵化出雏同机。多用棒式双金属片或乙醚胀缩饼控温，可自动转蛋和均温。多用于科研、教学和珍禽的孵化。

2.箱式孵化器

(1)下出雏一机兼孵化、出雏。可利用余热，仅用于分批入孵，不利防疫。

(2)旁出雏一机兼孵化、出雏。分批入孵，因孵化出雏同屋，仍不利防疫。

(3)单出雏入孵器与出雏器分室放置，并配套使用，可整批孵化、出雏，有利防疫。

3.巷道式孵化器 适用于大规模生产。入孵器分批入孵，第 18~19 天移至另室在出雏器中出雏。

(二)孵化器的构造及要求

1.主体结构

(1)箱体(外壳) 孵化器的外壳要求隔热(保温)性能好、防潮、坚固和美观。外层可选用宝丽板或镀锌铁皮喷漆(或镀塑)，里层选用宝丽板或铝合金板材。箱体的夹层厚约 5cm，中填玻璃纤维或聚苯乙烯泡沫板，最好采用注塑工艺，因夹层无空隙更有利于保温。

箱体为可拆卸式板墙结构。分门、顶、后、两侧板和底板。由于底板的防腐问题难以处理，现多向无底式方向发展。

(2)种蛋盘 分 1~19 胚龄的孵化盘和 19~21 胚龄的出雏盘。要求通气性好，以利胚蛋充分、均匀受热和获氧。还应不变形、安全可靠，孵化过程中不卡盘、掉盘，不能跑雏。

孵化盘分栅式、孔式(圆孔或方孔)；出雏盘多为塑料制品，重量轻且便于冲洗消毒。在设计时，应考虑孵化盘与出雏盘配套使用，以便移盘时可采用扣盘或抽盘操作，这样既提高了移盘速度，又降低胚蛋的破损。

(3)活动转蛋架 有圆桶式、八角式和架车跷板式。现多采用架车跷板式。出雏器因不需转蛋，所以仅设出雏盘架。分固定抽屉式(由角铁作立柱和焊接等距离的小角铁的出雏盘滑道等两部分组成)及平底车叠层式(出雏盘叠放置于下面的四轮平底车上)两种。

2.控温控湿系统和降温冷却系统及报警系统

(1)控温系统由电热管(如远红外加热棒)和调节器等组成。温度调节器有棒式双金属片、乙醚胀缩饼、水银导电温度计和热敏电阻等。

(2)控湿系统最原始但行之有效的控湿方法是孵化器底部放置水盘，让水自然蒸发供湿。这种方法不能自动控湿，只能通过放置水盘的数量、水位的高低和水温的高低来调节湿度。现多采用叶片轮式自动供湿装置，它由叶片轮、水槽、供湿电机和水银导电温度计(湿敏电阻)等组成。当孵化湿度不足时，供湿电路接通，使湿电路接通，使供湿电机带动叶片轮转动，以增加水分蒸发面积来提高孵化器里的相对湿度。目前较先进的有超声雾化装置供湿。

(3)降温冷却系统当孵化器里的温度超过高温报警所设定的温度时，孵化器自动切断电热电源，停止供热，超温报警，并同时控制"冷排"(安装在风扇旁边的弯曲铜质水管)的电磁阀打开供给冷水，以降低机温。有的孵化器还设有应急排风口，超温时该口自动打开，加大排风量，以加速降温。

(4)报警系统目前有超温、低温、低湿和电机缺相或停转、过载等报警系统。均可通过灯光及声响同时示警。目前多数孵化器还增设干电池超温报警系统，以备停电时原电控的超温报警不能工作之用。

3.机械传动系统

(1)转蛋系统由转蛋电机、蜗轮杆(或丝杆式)、微动开关、定时器和计数器等组成。可保证1~2h转蛋一次,转蛋角度为45°~50°,并能显示转蛋次数。

(2)均匀机温系统电机带动风扇转动,以均匀孵化器内的温度。转速为200~240r/min。

(3)通风换气系统由进、出气孔和风扇等组成。进风口多采用顶进气和前进气(极少数采用侧进气或后进气),出气孔均设在孵化器顶部。

4.安全保护装置 除上述超温、低温、低湿报警系统以及风机过载、停转、电机缺相报警系统等安全保护外,有些孵化器还设有保护系统,开孵化器门时,电机风扇停转;关门时电机转动,以保护操作者的安全。

5.机内照明 孵化器有照明设备,而且开门亮灯,关门灭灯,以利操作者工作。

(三)孵化厅的配套设备

孵化厅除孵化器外,还有一些相应的配套设备,如照蛋灯、雏鸡盒、真空吸蛋器、移盘器、雏禽分级和雌雄鉴别联合工作台以及运输车辆等等。

(四)孵化器的选择

孵化器类型繁多、规格各异,自动化程度亦不同。孵化器质量要求是温差小,孵化效果好;安全可靠,便于操作管理;故障少,且容易排除;价格便宜,美观实用。为了提高孵化器的利用效率和保障安全可靠地运转,在选择孵化器时还应注意两个问题:一是根据孵化场的规模及发展,决定孵化器的类型和数量以及入孵器和出雏器配套比例(即入孵器和出雏器的数量);二是根据本单位的技术力量(尤其是电工素质),选择孵化器型号。

以下各项技术精度指标可供选择孵化器时参考,不应低于下列指标:温度显示精度,0.1~0.01℃;控温精度,0.2~0.1℃;湿度显示精度,2%~1%RH;控湿精度,相对湿度(RH)为3%~2%;孵化器内温度场标准差,0.2~0.1℃。

(五)孵化的操作技术

1.选蛋 首先将过大、过小的,形状不正的,壳薄或壳面粗糙的,有裂纹的蛋剔出。每手握蛋三个,活动手指使其轻度冲撞,撞击时如有破裂声,将破蛋取出。

2.装盘和消毒 选蛋后进行装盘,装盘时使蛋的钝端向上,装后清点蛋数,登记于孵化记录表中。种蛋装盘上架后可放在单独的消毒间内，按每平方米容积福尔马林 30mL，高锰酸钾 15g 的比例熏蒸 20~30min，熏蒸时关严门窗，室内温度保持 25~27℃，湿度 75%~80%，熏蒸后打开门窗，排出气体。

3.种蛋预热 入孵前 12h 将蛋移至孵化室内，使蛋初步温暖。种蛋预热后按计划于下午上架孵化，出雏时便于管理。天冷时，上蛋后打开入孵机的辅助加热开关，加速升温，待温度接近要求时即关闭补助电热器。

4.孵化条件 孵化室条件，温度 20~22℃，湿度 55%~60%，通风换气良好。出雏室温度适当提高些(表 2 - 7)。

表 2 - 7 鸡的孵化条件

	入孵机	出雏机
温　度(℃)	37.8	37.2~37.5
湿　度(%)	55	65
通气孔	全开	全开
翻　蛋	每 2h 一次	停止

5.温湿度的检查和调节 应经常检查孵化机和孵化室的温、湿度情况，观察机器的灵敏程度，遇有超温或降温时，应及时查明原因作检修和调节。机内水盘每天加温水一次。湿度计的纱布每出雏一次更换一次。

6.孵化机的管理 孵化过程中应注意机件的运转，特别是电机和风扇的转运情况，注意有无发热和撞击声响的机件，定期检修加油。

7.移蛋和出雏 孵化 19 天照检后将蛋移至出雏机中，同时增加水盘，改变孵化条件。

孵化满 20 天后，将出雏机玻璃门用黑布或黑纸遮掩，免得已出雏鸡骚动，每天隔 4~8h 拣出雏鸡和蛋壳一次。出雏完毕，清理雏盘，消毒。

8.孵化温度计、湿度计的使用方法 温度计在使用之前一定要进行一次校正，以免差错；孵化一般采用华氏表，华氏与摄氏的换算方法如下：

$$F=C+9/5+32 \quad C=(F-32)\times 5/9$$

$$F=37.7\times 9/5+32=100℉$$

$$C=(100-32)\times 5/9=37.7℃$$

干湿球温度计主要是用于了解孵化机内的相对湿度的。使用时将清水放入水壶内，将纱带浸在水中；观察加水后湿的温度计。如F78°，那么干湿差度为8°(78-70=8)；用手转动滚筒使上端干湿差度的箭头指示8；最后看铅罩上70的地点(湿的温度)与上端8直行相交处找到数值62，即表示空气中的相对湿度为62%。

2.2.3 孵化的生物学检查和胚胎发育的观察

(一)孵化的生物学检查

通过照蛋、出雏观察、死胎蛋外观和病理解剖以及死雏、死胎的微生物学检查，并结合种蛋品质和孵化操作情况，综合分析、判断，查明原因。

1.照蛋用照蛋灯透视胚胎发育情况。

(1)照蛋时间及胚胎发育特征 一般整个孵化期照蛋1~2次，如果孵化正常、孵化率高，也可仅在胚胎发育中期或移盘前照一次蛋。头照，鸡在5胚龄(鸭、火鸡在6~7胚龄，鹅在7胚龄)。胚蛋可明显看出黑眼点，俗称"黑眼"；二照，在移盘前，鸡在19胚龄(鸭、火鸡在25~26胚龄，鹅在28胚龄)。胚蛋气室处有黑影闪动，俗称"闪毛"。此外，还可在胚胎发育中期进行"抽验"，鸡在10~10.5胚龄，整个胚蛋除气室外布满血管，俗称"合拢"。

(2)发育正常的活胚蛋和各种异常胚蛋的辨别 先通过幻灯或图片识别然后再用实物观察。并与附对照判别。

2.出雏期间的观察 主要从出雏持续时间和雏鸡表现两方面观察。如有无明显的出雏高峰、出雏结束时间、未出雏的胚蛋在出雏盘中的分布；雏鸡绒毛长短、腹部大小、脐带部愈合状况、鸣叫声、神态及有无残疾或畸形。

3.死雏和死胚蛋外观及病理解剖对历次照蛋剔除的死胚蛋和孵化结束时的死胎蛋，从外表观察、照蛋透视及胚蛋或胎儿的剖检等三方面按顺序检查，判断其死亡胚龄和病理变化，以便分析原因(表2-8)。

表2-8 照蛋时发育正常胚蛋与各种异常胚蛋的辨别(鸡胚)

类型	头照 (5胚龄)	抽验 (10~10.5胚龄)	二照 (19胚龄)
发育正常的活胚	"黑眼",血管呈放射状,蛋黄暗红	尿囊绒毛膜在蛋的小头"合拢"	气室有黑影闪动,称"闪毛"
弱胚	胚小,血管纤细,蛋色浅红	因未"合拢",胚蛋小头淡白	气室小且边缘不平齐,有较多血管;蛋小头淡白
死胚或死胎	黑色血环、血线,黑色死胚贴壳,蛋黄沉散,蛋色浅白	死胚体小,且多贴内壳;蛋小头发壳,未"合拢"	气室小,不倾斜,边缘模糊;未见"闪毛",无胎动,蛋身发凉
无精蛋 破蛋 腐败蛋	蛋色浅黄发亮,看不到血管或胚胎,蛋黄影子隐约可见;头照不散黄,尔后黄散 有树枝状裂纹或有破洞,有时气室跑到一边 蛋色褐紫,有异臭味;有的蛋壳破裂,表面有很多点状的黄褐色渗出物		

(1)外表观察死雏主要观察绒毛长短、脐部愈合状况和卵黄囊吸收情况以及头部和腿部有无残疾或畸形;死胎蛋主要观察是否已啄壳、啄壳部位、洞口的形状和有无黏液或血迹等。

(2)照蛋透视检查气室位置,大小和形态及气室边缘血管情况;胚蛋锐端的尿囊绒毛膜"合拢"情况或蛋白吸收状况("封门"状况),以及"斜口"和"闪毛"状态。

(3)病理剖检用镊子轻轻敲破气室的蛋壳并撕去内壳膜,然后按下列步骤进行观察

①观察胎儿是活还是已经死亡;

②观察尿囊绒毛膜和羊膜的状态(包括有无出血现象);

③将胚蛋内容物倒入平皿中,观察卵黄囊血管是否充血、出血及吸入腹腔状况;是否有蛋白,胎位状态;

④取出胎儿用生理盐水冲洗干净,根据胎儿大小及外表发育特征,参照表2-9,初步判断胚胎死亡的胚龄;

⑤继续观察雏鸡脑部、颈部和皮肤,有无水肿、充血或溢血现象;有无眼疾、脚疾、胎位是否正常等,并结合下面的体腔部检内部脏器的病理变化,参照附表,判断死亡原因;

⑥用手术剪刀剖开死雏或死亡胎儿的体腔。观察肠、胃、心脏、肝脏、肺脏

和肾脏以及卵黄囊、尿囊绒毛膜等有何病理变化，如充血、出血、水肿、肥大、变性或畸形，参照附表，判定死亡原因。

种蛋质量和孵化环境对鸡胚和初生雏的影响见表2-10和表2-11。

表2-9 不同胚龄胚胎发育的主要特征

胚龄(天)	胚胎发育的主要特征
1	形成左右对称呈正方形薄片的体节4～5对；胚胎边缘出现红点，称"血岛"，俗称"白光珠"
2	开始形成卵黄囊、羊膜和绒毛膜；孵化30～42h后，心脏开始跳动，可见20～27对体节，照蛋呈"樱桃珠"
3	尿囊开始长出，开始形成前后肢芽；眼色素开始沉着；照蛋呈"蚊虫珠"
4	卵黄囊血管包围蛋黄达1/3，肉眼可明显看到尿囊；形成羊膜腔和舌；照蛋呈"小蜘蛛"
5	胚极度弯曲，呈"C"形；可见趾(指)原基；眼黑色素大量沉着；性腺已性分化，组织学上可分公母；照蛋呈"黑眼"
6	尿囊达蛋壳内表面，卵黄囊达蛋黄1/2以上；羊膜平滑肌收缩，胚运动，喙原基出现，翅脚可区分；照蛋呈"双珠"
7	形成"卵齿"、口腔、鼻孔和肌胃；胚胎呈明显鸟类特征；照蛋胚沉入羊水中不易看清，俗称"沉"
8	可明显分辨肋骨、肝脏、肺脏和胃；颈、背和四肢出现羽毛乳头突起；照蛋时，可见胚在羊水中浮游，俗称"浮"；背面两边蛋黄不易晃动，称"边口发硬"
9	喙开始角质化，软骨开始骨化；眼睑达虹膜；胸腔已愈合；尿囊绒毛膜越过卵黄囊；照蛋称"窜筋"
10	颈、背和大腿覆盖羽毛乳头突起；形成胸骨突；照蛋时尿囊绒毛膜在蛋小头"合拢"，背部出现绒毛，冠呈锯齿状，腺胃明显可辨；腹腔即将完全闭合，仅保留脐部的开口；浆羊膜道已形成，但未打通
11	身躯覆盖绒毛；胃、肠可见蛋白
12	头和身体大部分覆盖绒毛；胚趾出现鳞片原基；眼睑达瞳孔
13	胚胎全身覆盖绒毛，头向气室；胚胎逐渐与蛋长轴平行
14	翅完全成形；趾开始形成鳞片；眼睑闭合
15	冠和肉垂明显可辨；蛋小头仅有少量蛋白；照时时，小头仅有少量发亮
16	两脚紧抱头部，喙向气室；蛋的小头已没有蛋白；羊膜中仍有少量蛋白羊水；照蛋时，蛋小头看不到发亮，俗称"封门"
17	头弯曲在右翼下，喙向气室；眼开始睁开；照蛋时气室倾斜，俗称"斜口"
18	尿囊绒毛膜血管开始枯萎；绝大部蛋黄与卵黄囊缩入腹腔；雏开始啄壳，可闻雏鸣叫
19	气室有翅、喙和颈的黑影闪动，俗称"闪毛"
20	尿囊绒毛膜血管完全枯萎，血循环停止，20.5胚龄大量啄壳出雏
21	雏孵出

表 2 - 10 种蛋质量对鸡胚和初生雏的影响

原因	新鲜蛋	照蛋			死胎	初生雏
		5~6胚龄	10~11胚龄	19胚龄		
维生素A缺乏	蛋黄淡白	无精蛋多，死亡率高（2~3天），色素沉着少	胚胎发育略为迟缓	发育迟缓，肾脏有磷酸钙，尿酸结晶沉淀物	眼肿胀，肾脏有磷酸钙等结晶沉淀物，有的活胎无力破壳	出雏时间延长，有很多瞎眼，眼病的弱雏
维生素B₂缺乏	蛋白稀薄，蛋壳表面粗糙	死亡率稍高，第一死亡高峰出现在1~3胚龄	胚胎发育略为迟缓；第9~14胚龄出现死亡高峰	死亡率增高，死胚有营养不良特征，软骨，绒毛蜷缩呈结节状（"珍珠毛"）	胚胎有营养不良特征，躯体小，关节明显变形，颈弯曲，绒毛蜷缩呈结节状（"珍珠毛"），脑膜浮肿	侏儒体形，绒毛蜷曲呈结节状（"珍珠毛"），雏颈和脚麻痹，趾变曲"鹰爪"
维生素D₃缺乏	壳薄面脆，蛋白稀薄	死亡率稍增加	尿囊发育迟缓，第10~16胚龄出现死亡高峰	死亡率显著增高	胚胎有营养不良的特征；皮肤水肿，肝脏脂肪浸润，肾脏肥大	出雏时间拖延，初生雏软弱
蛋白中毒	蛋白稀薄，蛋黄流动			死亡率增高，脚短面弯曲，"鹦鹉喙"，蛋重减轻得多	胚胎营养不良，脚短面弯曲，腿关节变粗，"鹦鹉喙"，绒毛基本正常	弱雏多，脚和颈麻痹
种蛋保存时间长	气室大，系带和蛋黄膜松弛	很多胚死于头两天，剖检时胚盘表面有泡沫	胚发育迟缓；脏、裂纹蛋被细菌污染，出现腐败蛋	鸡胚发育迟缓		出雏时间延长；绒毛黏有蛋白；出雏不集中，雏品质一致
胚蛋受冻	很多蛋的外壳冻裂	头几天胚大量死亡，尤其是第一天；卵黄膜破裂				
运输不当	蛋壳破裂，气室流动，系带断裂					

表 2 - 11 孵化环境对鸡胚和初生雏的影响

原因	新鲜蛋	照蛋			死胎	初生雏
		5~6胚龄	10~11胚龄	19胚龄		
维生素A缺乏	蛋黄淡白	无精蛋多,死亡率高(2~3天),色素沉着少	胚胎发育略为迟缓	发育迟缓,肾脏有磷酸钙,尿酸结晶沉淀物	眼肿胀,肾脏有磷酸钙等结晶沉淀物,有的活胎无力破壳	出雏时间延长,有很多瞎眼、眼病的弱雏
维生素B₂缺乏	蛋白稀薄,蛋壳表面粗糙	死亡率稍高,第一死亡高峰出现在1~3胚龄	胚胎发育略为迟缓;第9~14胚龄出现死亡高峰	死亡率增高,死胚有营养不良特征,软骨、绒毛蜷缩呈结节状("珍珠毛")	胚胎有营养不良特征,躯体小,关节明显变形,颈弯曲,绒毛蜷缩呈结节状("珍珠毛"),脑膜浮肿	侏儒体形,绒毛蜷曲呈结节状("珍珠毛"),雏颈和脚麻痹,趾变曲"鹰爪"
维生素D₂缺乏	壳薄而脆,蛋白稀薄	死亡率稍增加	尿囊发育迟缓,第10~16胚龄出现死亡高峰	死亡率显著增高	胚胎有营养不良的特征:皮肤水肿,肝脏脂肪浸润,肾脏肥大	出雏时间拖延,初生雏软弱
蛋白中毒	蛋白稀薄,蛋黄流动			死亡率增高,脚短而弯曲,"鹦鹉喙",蛋重减轻得多	胚胎营养不良,脚短而弯曲,腿关节变粗,"鹦鹉喙",绒毛基本正常	弱雏多,脚和颈麻痹
种蛋保存时间长	气室大,系带和蛋黄膜松弛	很多胚死于头两天,剖检时胚盘表面有泡沫	胚发育迟缓;脏蛋、裂纹蛋被细菌污染,出现腐败蛋	鸡胚发育迟缓		出雏时间延长,绒毛黏有蛋白,出雏不集中,雏品质不一致
胚蛋受冻	很多蛋的外壳冻裂	头几天胚大量死亡,尤其是第一天;卵黄膜破裂	—	—	—	—
运输不当	蛋壳破裂,气室流动,系带断裂	—	—	—	—	—

胚胎营养不良症状的主要特征是:蛋骼早期发生变形、软骨,因而产生胚胎液体短缩,肌骼发育明显受阻,与此同时其他组织器官营养不良,如羊水下度高,蛋白、蛋黄利用不完全,皮肤水肿,结节状纵毛("珍珠毛"),脑膜水肿,肝脏呈灰黄色且质脆,肾脏尿酸盐,磷酸盐沉淀。形态学上表现为胚体小,两肢短缩,关节肿大、畸形,骨干弯曲,"鹦鹉喙",颅骨开裂,颈弯曲等。

(二)胚胎发育的观察

1.胚蛋外部观察上述五种胚龄发育正常的活胚蛋,仅19胚龄的蛋壳上有啄壳。

2.照蛋透视同上述生物学检查中的"照蛋透视"内容。

3.胚蛋剖检

①胚胎外部观察用镊子轻轻敲破胚蛋钝端并剥去蛋壳，小心撕开内壳膜，直接观察卵黄囊或尿囊绒毛膜。再剥去部分蛋壳后将胚胎及其内容物轻倒入平皿中，观察卵黄囊和尿囊(或尿囊绒毛膜)发育状况；胚胎形态，皮肤表面是否有羽毛乳头突起或绒毛发育部位；喙、冠、肉垂、口、鼻和四肢发育形态；胸腔或腹腔愈合情况等等。

②胚胎剖检取出胚胎用生理盐水洗净，用手术刀剪开胸腹腔，观察内脏器官的发育情况。

小结

鸡蛋的结构由外向内分别是壳上膜、蛋壳、蛋壳膜、蛋白、系带和蛋黄所组成。衡量鸡蛋质量常常用蛋重、蛋壳颜色、蛋形指数、蛋的比重、蛋白高度和哈夫单位、蛋壳强度、蛋壳厚度、蛋黄颜色、血斑和肉斑等指标。

检查鸡蛋的新鲜度可用照检的方法，用照蛋器检视蛋的构造和内部品质。可检视气室大小、蛋壳质地、蛋黄颜色深浅和系带的完整与否等。刚产出 1~2 天的新鲜蛋，气室直径仅为 3~4mm。除此以外，也可对鸡蛋进行剖检，剖检方法可分为熟蛋剖检与生蛋剖检两种。

为了预防疾病，在孵化前将种蛋进行消毒，以杀灭蛋表面的病原微生物，可按下述方法之一对种蛋进行消毒处理。

孵化器类型繁多，规格各异，自动化程度亦不同。孵化器质量要求是温差小，孵化效果好；安全可靠，便于操作管理；故障少，且容易排除；价格便宜，美观实用。在选择孵化器时，温度显示精度不得低于 0.1~0.01℃；控温精度不低于 0.2~0.1℃；湿度显示精度不低于 2%~1%RH；控湿精度在，相对湿度(RH)为 3%~2%；孵化器内温度场标准差 0.2~0.1℃以内。

在鸡蛋入孵前首先要做好选蛋工作，将过大、过小的、形状不正的、壳薄或壳面粗糙的，有裂纹的蛋剔出。每手握蛋三个，活动手指使其轻度冲撞，撞击时如有破裂声，将破蛋取出；种蛋装盘上架后可放在单独的消毒间内，按每平方米容积福尔马林 30mL，高锰酸钾 15g 的比例熏蒸 20~30min，熏蒸时关严门窗，室内温度保持 25~27℃，湿度 75%~80%，熏蒸后打开门窗，排出气体；入孵前 12h 将蛋移至孵化室内，使蛋初步温暖。种蛋预热后按计划于下午上架孵化，出雏时便于管理；应经常检查孵化机和孵化室的温湿度情况，观察机器的灵敏程度，遇有超温或降温时，应及时查明原因检修和调节。

在孵化过程中，要检查胚胎发育情况，一般在 5 胚龄进行头照，检出无精蛋、弱胚和死胚，在 10~15 胚龄进行抽检，19 胚龄进行二照，观察胚胎的发育情况。

2.3　鸡的饲养管理职业技能训练

2.3.1　雏鸡的饲养管理

(一)雏鸡的生理特点

1.雏鸡体温调节机能差　雏鸡体温较成年鸡体温度低 3℃，雏鸡绒毛稀短，皮薄，皮下脂肪少，保温能力差，体温调节机能要在 2 周龄之后才能趋于完善，7~8 周龄以后才具有适应外界环境温度变化的能力，所以雏鸡对温度反应比较敏感，只有维持适宜的育雏温度才能保证雏鸡的正常发育和雏鸡的健康。

2.消化机能差　初生的幼雏消化机能不健全，胃肠体积小。进食量受到限制，同时消化酶的分泌能力还不太健全，消化机能差，所以配制雏鸡料时必须选用质量好、容易消化的原料，配制高营养水平的全价饲料。在这里我们推荐 3 周龄前饲喂肉仔鸡前期料，对育成鸡成活率及生长发育均有好处。

3.雏鸡的生长发育速度快　蛋雏鸡 2 周龄的体重约为初生时体重的 2 倍，4 周龄时为 5 倍，雏鸡代谢旺盛，因此在满足营养需要和保温的同时，要注意通风，供给新鲜的空气。

(4)生活力和抗病力差

幼雏对外界环境的适应性差，对各种疾病的抵抗力和抗疾病力差，饲养管理上稍有疏忽，就易感染各种疾病，因此要给雏鸡创造良好的环境条件，提高机体的抗病能力。

(二)育雏的环境

1.适宜的环境温度雏鸡采食、饮水以及饲料的消化吸收，对疾病的抵抗能力等都与环境温度是否适宜有直接关系，温度过低时雏鸡畏寒而密集，影响卵黄吸收，影响抗病能力，有的发生感冒下痢，严重时互相挤压扎堆而造成大量损伤死亡；温度过高则影响雏鸡的正常代谢，食欲减退，发育缓慢，也易感冒和感染呼吸道疾病。近几年来采用的高温育雏技术，主要是在前几天采用高温育雏，即比常规育雏温度高 2~3℃，一般在 36℃左右(表 2 - 12)。据试验，高温育雏能减少鸡白痢病死亡率 80%以上，对雏鸡卵黄的吸收有明显的促进作用，明显提高雏鸡成活率。

表 2 - 12 育雏温度要求

周龄	一	二	三	四	五	六
温度(℃)	34~36	31~34	28~31	25~28	22~25	20~24

2.温度控制的稳定性和灵活性雏鸡日龄越小，对温度稳定性的要求越高。初期日温差应控制在 3℃之内，到育雏后期日温差可控制在 6℃之内，避免因温度的不稳定给生产造成重大损失。夜间因为雏鸡活动量小，温度应比白天高出 1~2℃，断喙、接种疫苗等给鸡群造成很大应激时，也需要提高育雏温度。

3.适宜的湿度高温低湿时，鸡体内水分散失增多，腹内蛋黄吸收不良，绒毛干枯发脆，脚趾干瘪，雏鸡易受风寒侵袭，患呼吸道疾病，为提高湿度，可在大炉上放一盆水；低温高湿时舍内既潮湿又冷，雏鸡易患感冒和胃肠疾病，可提高舍内温度，增加通风量；高温高湿时，雏鸡体内热量不易散发，食欲下降，生长缓慢，抵抗力减弱，应加强通风换气(表 2 - 13)。

表 2 - 13 育雏期所需的环境湿度

日龄	1~10	11~30	31~42
适宜相对湿度(%)	70	65	40~60
极限高湿(%)	75	75	75
极限低湿(%)	40	40	40

4.通气换风 在高温、高密度饲养条件下，育雏舍内由于雏鸡呼吸、粪便及潮

湿料散发出大量的有害气体，如氨气和二氧化碳等，超过一定浓度就会危害雏鸡健康，所以要及时通风，排除有害气体，换进新鲜空气。在育雏期间常用的通风方法是采取定时的短时间大换气量通风，如每h敞开全部门窗1~3min，有人担心这种在短时间内室内全部污浊空气换成新鲜空气的方法会使雏鸡受凉，实践证明这种方法不会使雏鸡感冒，反而能增加雏鸡对低温的适应能力，因为换进的空气虽然是冷的，但舍内四壁、地面顶棚都还是温热的，如取暖设备没有问题，舍温很快就能恢复，只要气候不是特别冷，在育雏的第四天就可以实行这种换气法。

5.饲养密度 饲养密度是否适宜，与养好雏鸡和充分利用鸡舍空间有很大关系。密度过大不但室内空气不好，影响雏鸡发育，而且鸡群互相挤压在一起抢食，体重发育不均匀，影响鸡群健康，还易发生啄癖；密度过小则鸡舍利用率低。密度的大小应根据雏鸡日龄大小、品种、饲养方法、季节和通风条件等进行调整(表2‑14)。一般情况下，冬季和早春育雏饲养密度比夏季和秋季育雏饲养密度大一些。

表2‑14 每平方米饲养雏鸡数

周龄	立体饲养（只/m^2）	平面饲养（只/m^2）
1~2	60	30
3~4	40	25
5~6	30	20

6.适宜的光照

(1)光照强度 为了让雏鸡很快熟悉环境，学习饮水采食，初期应该用较强的灯光，可用60~100W的灯泡，三日龄之后夜间应换成25~40W瓦的灯泡，光照稍暗些，鸡群相对安静；在过强的光照下，鸡烦躁不安，活动量大，易出现互啄的恶癖。

(2)光照时间 6周龄之内光照时间的长短还不会影响雏鸡性成熟的早晚，但光照时间的长短直接影响雏鸡的采食时间和采食量。育雏期最容易出现的问题是增重过慢，达不到标准体重，给予较长的光照时间有利于雏鸡增重。一般三日之内的光照可定为23h，1~6周龄的光照时间分别为22、20、18、16、12、10h。

在光照管理上容易出现的错误通常有：一是不考虑雏鸡增重情况，在第二、三周龄就实施 8h 光照；二是长期给予 20h 以上的光照，过长的光照时间会影响雏鸡的休息和睡眠，使雏鸡疲劳，降低生长速度和抗病能力。

(三)雏鸡的标准体重和日采食量

各育种公司都制订了自己商品鸡的标准体重，如果雏鸡在培育过程中各周都按标准体重增加，就可能获得较理想的生产成绩。由于长途运输、环境控制不适宜，各种疫苗的免疫、断喙、营养水平不足等因素的干扰，一般在育雏初期较难达到标准体重，除了尽可能地减轻各种因素的干扰，减少雏鸡的应激外，必要时可提高雏鸡料的营养水平。而在雏鸡体重没有达到标准之前，即使过了 6 周龄，也仍然应该使用营养水平较高的雏鸡料。

表 2 - 15 中型蛋雏鸡的体重标准与日采食量

周	周末体重(g)	日采食量(g)	累计采食量(kg)
1	70	10	0.7
2	140	18	0.2
3	200	26	0.38
4	300	77	0.61
5	380	37	0.87
6	470	41	1.15

注：饲料代谢能为 2900kcal，粗蛋白为 19.0%

表 2 - 15 所列中型蛋雏鸡的标准体重和采食量，在育雏时可以用来参考雏鸡喂料的标准，不同品种，饲料营养不同喂料量不同。如果饲料营养水平稍低或是在冬季，雏鸡的日采食量应该大于以上数据。

(四)断喙

断喙一般在 6~10 日龄进行，此时断喙对雏鸡的应激小。若雏鸡状况不太好时可以往后推迟。青年鸡转入鸡笼时，对个别断喙不成功的鸡再修整一次。断喙后料槽应多添饲料，以免雏鸡吸食到槽底，创口疼痛。为避免出血，可在每千克饲料中添加 2mg 维生素 K。

(五)日常管理

1.饮水管理 幼雏饮水最好用温开水，饮水的温度与舍温基本一致。对于长途运输或存放过长的雏鸡，应该在饮水中添加 5%的白糖，补液盐以及多种维生素和抗生素。饮水器每天清洗 1~2 次。水要保持清洁，定时更换。育雏期内，每只雏鸡最好有 2cm 的饮水位置，不要断水。

为了让雏鸡尽快学会饮水，可轻轻抓住雏鸡头部，将嘴部按入水中 1s 左右，每 100 只雏鸡教 5 只，则全群很快学会。

2.饲喂管理　雏鸡运到育雏室休息片刻后先饮水，饮水后 2~3h 开食，出壳后到开食一般不要超过 36h。饲喂雏鸡时，提倡饲喂颗粒料，开始喂破碎料，将饲料均匀地撒在围栏内的塑料布上或饲料盘中，让小鸡自由采食，并引诱雏鸡尽快地都能吃上饲料。个别不会采食的小鸡，可以人工帮助喂料，并少给勤添以刺激食欲。最初几天内，昼夜每隔 3h 喂 1 次，以后夜间不喂，白天每 4h 喂一次。为了便于雏鸡采食，在饲喂干粉料时饲料中应加入 30%的饮水，拌匀后饲料捏起来成团，撒下去能散开即可，这样饲料中的粉面能黏在粒状饲料上便于雏鸡采食。每天必须准确记录雏鸡的食量，以便随时了解鸡群的发育情况。

3.卫生管理　雏鸡幼时抗病力低，一定要采用全进全出的饲养方式。严格实行隔离饲养。坚持日常消毒，适时确定地做好各种免疫，及时预防性用药。

(六)育雏好坏的判断标准

1.育成率的高低是个重要指标，良好的鸡群应该有 98%以上的育雏成活率。

2.检查体形结构是否良好，即体重是否符合要求，体形合格、达标、良好的鸡群平均体重应基本上按标准体重增长，但平均体重接近标准的鸡群中也有可能部分鸡体重小，而又有部分鸡超标。

3.检查鸡群的均匀度。每周末定时在雏鸡空腹时称重。称重时随机抓取鸡群的 3%或 5%，也可围圈 100~200 只雏鸡，逐只称重，然后计算鸡群的均匀度。计算方法是先算出鸡群的平均体重，再将平均体重分别乘 0.9 和 1.1 得到两个数字，体重在这两个数字之间的鸡数占全部称重鸡数的比例就是这群鸡的均匀度。如果鸡群的均匀度为 80%以上，就可以认为这群鸡的体重是比较均匀的，如果不足 70%则说明相当部分的鸡长得不好，鸡群的生长不符合要求。如果鸡群的均匀度低则必须追查原因，采取措施。鸡群在发育过程中，各周的均匀度是变动的，当发现均匀度比上一周差时，过去一周的饲养过程中一定有某种因素产生了不良的影响。及时发现问题，可避免造成大的损失。

4.鸡群健康，新城疫等疾病的抗体水平较高。

(七)育雏失败的几种情况及原因分析

1.第一周死亡率高的可能原因

(1)细菌感染 大多是由种鸡垂直传染或种蛋保管过程及孵化过程中卫生管理上的失误引起的。

(2)环境因素 第一周的雏鸡对环境的适应能力较低。温度过低时鸡群扎堆，部分雏鸡被挤压窒息死亡。某段时间在温度控制上的失误，也会导致雏鸡腹泻得病。一般情况下，刚接来的部分雏鸡体内多少带有一些有害细菌，在鸡群体质健壮时并不都会出现问题。如果雏鸡生活在不适宜、不稳定的环境中，体内正常的生理活动就会受影响，雏鸡抗病能力下降，部分雏鸡就可能发病死亡。为减少育雏初期的死亡，首先是要从卫生管理好的种鸡场进雏，其次要控制好育雏环境，前三天可预防性用些抗菌素。

2.体重落后于标准的原因

(1)现在的饲养管理手册制订的体重标准都比较高，育雏期间多次免疫，还要进行断喙，应激因素太多，所以难以完全按标准体重增长。

(2)体重落后于标准太多时应多方面追查原因，可能的影响因素有：

①饲料营养水平太低；②环境管理失宜，育雏温度过高或过低都会影响采食量，一般情况下，温度稍微低一些，雏鸡的食欲好，采食量大，但温度过低，采食量则会下降并能引发疾病，通风换气不良也能造成采食量下降，从而影响增重；③鸡群密度过大；④照明时间不当，雏鸡采食时间不足，采食量少，影响增重；⑤疾病的影响，鸡患病往往采食量上不去。

3.雏鸡发育不齐的原因

(1)饲养密度过大。饲养密度过大，鸡群社会混乱，竞争激烈，生活环境恶化，特别是采食、饮水位置不足，会使部分鸡体质下降，增长落后于全群。

(2)饲养环境控制失误。如局部地区温度过低，部分雏鸡睡眠时受凉，造成严重应激，生长就会落后于全群。

(3)疾病的影响。感染了由种鸡传来的鸡白痢、支原体等病或被细菌污染的雏鸡，即使不发病，增重也会落后。

(4)断喙失误。部分雏鸡留得过短，严重影响采食，增重受到影响。

(5)饲料营养不良。饲料中某种营养素缺乏或某种成分过多，造成营养不平衡，由于鸡个体间的承受能力不同，增长速度就会产生差别。但即使是营养很全面的饲料，如果不能使鸡群中的每个鸡都同时采食，那么先采食的鸡抢食大粒的玉米、豆粕等，后采食的鸡只能吃剩下的粉面状饲料，由于粉状部分能量含量过低，矿物质含量高，营养很不平衡，自然严重影响增重，使体力小的鸡越来越落后。

(6)未能及时分群。如能及时挑出体重小、体质弱的鸡，放在竞争较缓的舒适环境中饲喂高营养水平饲料，也能赶上大群的体重。

(八)转群

当鸡群满6周龄后，需转入育成舍。在转群时需要注意以下几个方面。

1.育成舍除应该提前做好清洗消毒外，还要注意温度，必须保证育成舍温度不低于育雏舍4℃以上，否则可能会引发呼吸道疾病和其他疾病。

2.为减少应激，夏季应在清晨开始转群，午前结束，冬季应在较温暖的午后进行，避开雨雪天和大风天。

3.转群对鸡来说是个很大的应激，往往采食量下降，需2~3d才能恢复。如果鸡群状况不太好，不要同时进行免疫断喙以免加重鸡的应激，必要时可饲喂维生素和抗生素防止鸡群发病。

4.从育雏期到育成期饲料的更换不能太突然，需有一个过渡时期。

2.3.2 育成蛋鸡的饲养管理

(一)育成蛋鸡的生理特点

育雏期6~8周龄(体重达到标准)后至17~18周龄为育成期，育雏结束后，机体各系统器官的机能如体温调节、消化等基本健全。雏鸡开始脱温，采食量增加，骨骼和肌肉的生长处于旺盛时期，机体本身对钙质沉淀、积累能力有所提高，母鸡12周龄以后性器官的发育尤为迅速，对环境条件和饲养条件非常敏感，因此保证鸡的骨骼和肌肉系统的充分发育，严格控制性器官过早或过晚的发育，有利于提高开产后的性能。

(二)育成蛋鸡的培育目标

1.体重的增长符合标准，具有强健的体质，能适时开产。

2.骨骼发育良好，骨骼的发育应该和体重增长一致。

3.鸡群体重均匀,要求有80%以上的鸡体重在平均体重的0.9~1.1倍范围之内。

4.产前做好各种免疫，具有较强的抗病能力，保证鸡群能安全渡过产蛋期。

(三)蛋鸡的生长模式及体成分变化特点

6~8周龄前增重不十分明显，增重潜力不大，此后至10~12周龄前增重潜力很大，增重明显，其后增重缓慢，从体成分变化特点来看，6~8周龄前主要是内脏器官的发育，所以增重不十分明显，而此后至12周龄前，除内脏器官继续发育外，骨骼、肌肉发育很快，增重明显。13~14周龄骨架基本形成，增重开始缓慢，此后体脂沉积明显加快，体组织中变化最大的是卵巢，因此保持一定程度的增重是很有必要的，这样有利于生殖器官的正常发育，蛋鸡的体重增长一般在36~38周龄左右才基本停止。

(四)鸡群的体重和均匀度的重要性及如何达标

1.体重与性成熟

(1)10周龄以后，从胫长发育为主转向体重达标为主，特别是18周龄时体重是关键，决定产蛋量的高低和整个产蛋期蛋重的大小。体重大的青年鸡先开产，体重小的鸡后开产。

(2)鸡的体重大小大致在12~15周时已经定型，在这之后无论怎样努力，体重小的鸡也难于改变其在鸡群中体重小的位置，所以在育成前期必须注意鸡群的体重，及时分出体重小的鸡单独组群，给予优良待遇。

(3)体重小的鸡不仅开产晚，体质也差，一般产蛋也少；体重大的鸡易提前开产；过肥的鸡身体负担重，一般产蛋也不会持久。所以维持鸡群的正常体重(标准体重)具有重要意义。

(4)中型蛋鸡的体重标准与饲料消耗(表2－16)

表 2 - 16 中型蛋鸡生长期的体重及大致饲料采食量

周龄	周末体重(g)	每日笼养采食量(g)	累计(kg)
7	570	45	1.47
8	660	48	1.81
9	750	51	2.16
10	830	54	2.54
11	910	56	2.93
12	990	58	3.33

周龄	周末体重(g)	每日笼养采食量(g)	累计(kg)
13	1070	60	3.76
14	1150	63	4.20
15	1230	67	4.67
16	1320	72	5.17
17	1410	78	5.20

2.鸡群均匀度与产蛋性能 对每只鸡来讲，开产的第一周是产蛋的练习阶段，第二周开始进入高产期。如果鸡群体重均匀，大多数鸡能在相近的日龄开产。开产之后产蛋率上升很快，几乎在两三周之内就能达到产蛋高峰。体重差异大的鸡群有些鸡开产很早，而体重小的开产又很晚，因此产蛋率上升缓慢，产蛋高峰不高，高峰也很难维持长久，所以在育成期每周或至少二周抽测鸡群的体重，了解鸡群均匀度的变动，并及时调整饲养管理，这是一项非常重要的工作。

3.体重及均匀度达标的主要技术措施

(1)营养调控对蛋鸡生长发育特点的研究表明，蛋鸡育成前期(0~8周龄)体重增长的决定性因素是日粮粗蛋白质水平，育成后期日粮能量水平对体重的影响较大，并且能量比蛋白水平对蛋鸡开产体重影响更大。为了保证机体良好的生长发育，20周龄前蛋鸡能量的摄入量应保证在21兆卡以上，要求日粮能量水平保持在2750~2950kcal/kg，蛋白摄入量应达到1.0~1.2kg。

(2)全期有控制的自由采食即根据品种所建议的营养水平日粮及推荐的采食量供给饲料，及时根据鸡的体重来通过增或减停增下日(或下周)供料量来进行体重控制，因为随意的自由采食容易造成体重不增重和负增长，而影响生殖器官的发育。使用高浓度的日粮进行随意的自由采食或限制饲喂(尤其是培育后期)更容易控制体重发育。

(3)换料方式当育雏期向育成期，育成前期向育成后期的过渡时期需要换料时，应遵循的原则是根据体重达标情况一致性及发育情况而定，而不应机械地根据日龄去换料，而且换料应循序渐进，逐渐过渡，以减少换料应激对鸡体发育造成影响。

(4)体重偏小或超重时的措施无论是体重偏小或超重都不应急于求成，即在短期内使鸡体重迅速达标，应当循序渐进逐渐达标。偏小时在短期内使体重达标(尤其是后期)极易造成小而肥的个体，从而影响生长性能；偏重时通过减料来使体重迅速达标，使增长停止或负增长，则将会影响到正常器官和组织发育，尤其是后期即使是超重也应保持一定程度的增长速度，有利于生殖器官的发育。

(5)保持合理的饲养密度合理的饲养密度是影响培育成绩的一个重要影响因数。

表 2 - 17 育成期对饲养密度的要求

项目	6～10 周龄	10～18 周龄
笼养饲养密度(只/m²)	35	28
平养饲养密度(只/m²)	10～12	9～10
供料料槽(cm/只)	4	4

(6)育成期湿度管理与通风换气 育成期的鸡对湿度的变动有很大的适应能力，但应避免急剧的温度变化，日温差的变化最好能控制在8℃以下，如果舍温在10℃以下30℃以上，可能对育成鸡的生长造成不良影响，应该采取适当的对策。

育成鸡对环境湿度不太敏感，湿度在40%~70%范围之内都能适应。

育成鸡必须供应足够新鲜空气，但不要有贼风，良好的环境条件可避免羽毛生长不良、生长下降、鸡只大小不一致、饲料转化率下降及疾病的发生。

(五)光照管理

不同季节培育的雏鸡性成熟日龄不同。10月至2月引起的雏鸡由于生长后期处在日照时间逐渐延长的季节，容易早产；4月到8月引起雏鸡生长后期日照时间逐渐缩短，鸡群容易推迟开产。鸡群过早或过晚开产都会严重影响经济效益。如果鸡群还没有长成就被催促开产，常使小母鸡采食的饲料不能满足各个方面的营养需要，结果导致体重增长迟缓，瘦弱，蛋重长期不见增加，脱肛和啄肛的现象增多；由于体质差，缺乏维持长期高产的体力，一般产蛋高峰期维持的时间短，同时，鸡体质弱，抵抗力下降，容易感染各种疾病，死淘率高。

所以鸡群不是越早开产经济效益越高。而开产过晚又会增加育成费用且易造成鸡体过肥。

避免这种由于育种季节的不同造成性成熟不协调的矛盾的措施是：育成后期处于夏至(6月21~22日)之前的鸡群，在育雏前期光照时间逐渐减少的阶段，不应将光照最终减少到与该群鸡18~19周龄左右时的当地自然光照时间为止，鸡群18~19周龄以后根据体重发育、品种要求等具体情况增加光照时间，刺激性成熟，做好产蛋准备。育成后期处于冬至(12月21日~22日)之前则完全利用自然光照。光照对雏鸡性成熟影响不大，可利用较长时间光照来延长采食时间，弥补雏鸡采食量不大的缺陷，最大限度地加快生长速度。

(六)防止开产推迟的方法

实际生产中，5—7月份培育的雏鸡容易出现开产推迟的现象，主要原因是雏鸡在夏季采食量不足，体重落后于标准，在培育过程可采取以下措施：

1.育雏期间夜间适当开灯补饲，使鸡的体重接近于标准。

2.在体重没有达到标准之前持续用营养水平较高的育雏料。

3.适当地提高育成后期饲料的营养水平，使育成鸡16周后的体重略高于标准。

4.在18周龄之前开始增加光照时间。

(七)育成鸡的日常管理

1.鸡群的日常观察。发现鸡群在精神、采食、饮水、粪便等方面有异常时，要及时请有关人员处理。

2.及时淘汰残次鸡、病鸡。

3.经常检查设备运行情况，保持照明设备的清洁。

4.每周或隔周抽样称量鸡只体重，由此分析饲养管理方法是否得当，并及时改进。

5.制订合理的免疫计划和程序，进行防疫、消毒、投药工作，培育前期尤其要重视法氏囊病的预防。法氏囊病的发生不仅影响鸡的生长发育，而且会造成鸡的免疫力降低，对其他疫苗的免疫应答能力下降，如新城疫、马立克等。切实做好白痢、球虫、呼吸道等疾病的预防以减少由于疾病造成的体重不达标和大小不匀。

(八)补喂沙粒

为了提高鸡只的消化机能及饲料利用率，育成鸡有必要添喂沙子，沙子可以拌料饲喂，也可以单独放入沙子槽饲喂。

表 2－18 沙喂量及规格

周龄	沙子数量(kg/千只周)	规格(mm)
4～8	4	3
8～12	8	4～5
12～20	11	6～7

2.3.3 产蛋鸡的饲养管理

(一)产蛋鸡的生理特点

1.刚开产的母鸡虽然性已成熟，开始产蛋，但机体还没有发育完全，18 周龄体重仍在继续增长，到 40 周龄时生长发育基本停止，体重增长极少，40 周龄后体重增加多为脂肪积蓄。

产蛋鸡富于神经质，对于环境变化非常敏感，产蛋期间饲料配方突然变化、饲喂设备改换、环境温度、通风、光照、密度的改变，饲养人员和日常管理程序等的变换以及其他应激因素都对蛋鸡产生不良影响。不同周龄的产蛋鸡对营养物质利用率不同，母鸡刚达性成熟时(17~18 周龄)成熟的卵巢释放雌性激素，使母鸡贮钙能力显著增加。开产至产蛋高峰时期，鸡对营养物质的消化吸收能力增强，采食量持续增加。到产蛋后期消化吸收能力减弱，脂肪沉积能力增强。

2.产蛋规律 产蛋母鸡在第一个产蛋周期体重、蛋重和产蛋量均有一定的规律性变化，依据这些变化特点，可分为三个时期：产蛋前期、产蛋高峰期、产蛋后期。

(二)产蛋前期的饲养管理

1.做好转群工作 在转群的前 3~5 天，将产蛋鸡舍准备好，消毒完毕，并在转群前做好后备母鸡的免疫和修啄工作。

关于转群时机，由于近年来选育的结果，鸡的开产日龄提前，转群最好能在16周龄前进行，但注意此时体重必须达到标准。

2.适时更换产蛋料 当鸡群在17~18周龄，体重达到标准，马上更换产蛋料能增加体内钙的储备和让小母鸡在产前体内储备充足的营养和体力。实践证明，根据体重和性发育，较早些时间更换产蛋料对将来产蛋有利，过晚使用钙料会出现瘫痪、产软壳蛋的现象。

3.创造良好的生活环境，保证营养供给 开产是小母鸡一生中的重大转折，是一个很大的应激，在这段时间内小母鸡的生殖系统迅速发育成熟。青春期的体重仍需不断增长，大致要增重400~500g，蛋重逐渐增大，产蛋率迅速上升，消耗母鸡的大部分体力，因此，必须尽可能地减少外界对鸡的进一步干扰，减轻各种应激，为鸡群提供安宁稳定的生活环境，并保证满足鸡的营养需要。

4.产蛋前期蛋重和体重变化规律(表2-19、2-20)

表2-19 某褐壳蛋鸡蛋重变化

周龄	21	22	23	24	25	26	27	28	29	30	31	32	33	34
平均蛋重(g)	45	51	53	54	55	56	57	58	58	59.0	59.5	60.0	60.5	61

表2-20 某褐壳蛋鸡体重标准

产蛋率	见蛋	2%	10%	40%	70%	80%	90%	32周龄
体重(g)	1650	1700	1750	1825	1900	1925	1950	2000~2100

凡是体重能保持品种所需要的增长趋势的鸡群，就可能维持长久的高产，为此在转入产蛋鸡舍后，仍应掌握鸡群体重的动态，一般固定30~50只做上记号，1~2周称测一次体重。

在正常情况下，开产鸡群的产蛋率每月能上升3%~4%。

5.光照管理产蛋期的光照管理应与育成阶段光照具有连贯性。

饲养于开放式鸡舍，如转群处于自然光照逐渐增长的季节，且鸡群在育成期完全采用自然光照，转群时光照时数已不少于10h，转入蛋鸡舍时不必补以人工照明，待到自然光照开始变短的时候，再加入人工照明予以补充。人工光照补助的进度是每周增加半小时，最多1h，亦有每周只增加15min的，当自然光照加人工补助光照共计16h，则不必再增加人工光照。若转群处于自然光照逐渐缩短的季节，转入蛋鸡舍时自然光照时数有 10h，甚至更长一些，但在逐渐变短，则应立即加补人工照明。补光的进度是每周增加半 h，最多 1h，当光照总数达 16h，维持恒定即可。

产蛋阶段对光照强度的需要比育成阶段强约 1 倍，应达 20lx。鸡获得光照强度和灯间距、悬挂高度、灯泡瓦数、有无灯罩、灯泡清洁度等因素有密切关系。

人工照明的设置，灯间距 2.5~3.0m，灯高(距地面)1.8~2.0m，灯泡功率为 40W，行与行间的灯应错开排列，这样能获得较均匀的照明效果，每周至少要擦一次灯泡。

(三)产蛋高峰期管理

1.尽可能维持鸡舍环境的稳定，尽可能地减少各种应激因素的干扰。

2.根据鸡群情况，必要时进行预防性投药或每隔一月投 3~5 天的广谱抗菌药。

3.注意在营养上满足鸡的需要，给予优质的蛋鸡高峰料(根据季节变化和鸡群采食量、蛋重、体重以及产蛋率的变化，调整好饲料的营养水平)。

产蛋高峰期必须喂给足够的饲料营养，产蛋高峰料的饲喂必须无限制地从产蛋开始到 42 周龄让鸡自由采食，要使高峰期维持时间长就要满足高峰期的营养需要，能量摄入量是影响产蛋量的最重要营养因素，对蛋白质的摄入量反应只有在能量摄入受到限制时才表现显著。

对蛋重来说，蛋白质中蛋氨酸摄入量是关键。最近也有资料报道，日粮中的含硫氨基酸对产蛋率极有影响。产蛋高峰对总产量有明显影响，促高峰的关键是促营养。

(四)产蛋后期饲养管理

当鸡群产蛋率由高峰降至 80%以下时，就转入了产蛋后期的管理阶段。

1.产蛋后期的管理特点

(1)鸡群产蛋性能逐渐下降，蛋壳逐渐变薄，破损率逐渐增加。

(2)鸡群产蛋所需的营养逐渐减少，多余的营养有可能变成脂肪使鸡变肥。

(3)由于在开产后一般不再进行免疫，再到产蛋后期抗体水平逐渐下降，对疾病抵抗力也逐渐下降，并且对各种免疫比较敏感。

(4)部分鸡开始换羽。

2.针对以上特点，常采取以下措施

(1)营养调整母鸡产蛋率与饲料营养采食量有直接关系，可根据母鸡产蛋率的高低，调整饲料能量的营养水平，降低日粮中的能量和蛋白质水平。但在调整日粮营养时要注意，当产蛋率刚下降时不要急于降低日粮营养水平，而要针对具体情况进行分析，排除非正常因素引起的产蛋率下降。鸡群异常时不调整日粮，在正常情况下，产蛋后期鸡群产蛋率每周应下降 0.5%~0.6%。降低日粮营养水平应在鸡群产蛋率持续低于 80% 的 3~4 周以后开始，而且要注意逐渐过渡换料，增加日粮中的钙。

(2)注意日粮中钙源供给形式每日供应的钙源至少应有 50% 以上 3~5mm 的颗粒状形式供给，这样能增加鸡对钙的吸收率。

(3)及时剔除病鸡、寡产鸡，以减少饲料浪费，降低饲料费用。

(五)产蛋期日常管理

1.饲喂次数和次数每天饲喂 3 次。为了保持旺盛的食欲，每天 12~14 时必须有一定的空槽时间，以防止饲料长期在料槽存放，使鸡产生厌食和挑食的恶习。

每次投料时应边投边匀，使投入的料均匀分布于料槽里，投入后约 30min 左右要匀一次料，这是因为鸡在投料后的前 10 多分钟内采食很快，以后就会挑食匀料，这时候槽里的料还比较多，鸡会很快把槽里的料匀成小堆，使槽里的饲料分布极不均匀，而且常常将料匀到槽外，既造成饲料的浪费又影响其他鸡的采食，所以要进行匀料，并经常检查，见到料不均匀的地方就要随手匀开。

每次喂料时添加量不要超过槽深的三分之一。

2.饮水管理产蛋期蛋鸡的饮水量与体重、环境温度有关，饮水量随舍温和产蛋率的升高而增多(表 2 - 21)。

表 2 - 21 不同条件下蛋鸡的饮水量

产蛋率(%)	每日每只饮水量(mL)		
	10℃	20℃	30℃
10	166	170	253
30	178	181	278
50	193	195	307
70	206	210	337
90	228	235	383

产蛋期蛋鸡不能断水。有资料表明，鸡群断水 24h，产蛋率减少 30%，且需 25~30 天的时间才能恢复正常。各种原因引起的饮水不足都会使饲料采食量显著降低，从而影响产蛋性能，甚至影响健康状况，因此必须重视饮水的管理。用深层地下水供做饮用水最为理想，其原因一是无污染，二是相对冬暖夏凉。笼养鸡的饮水设备有两种：一是水槽，另一是乳头饮水器。用水槽供水要特别注意水槽的清洁卫生，必须定期刷拭清洗水槽。水槽要保持平直、不漏水，长流水的水槽水深应达 1cm，太浅会影响鸡的饮水。使用乳头饮水器供给要定期清洗水箱，每天早晨开灯后须把水管里的隔夜水放掉。

3.拣蛋　为减少蛋的破损及污染，要及时拣蛋，每天拣蛋 3~4 次，拣蛋次数越多越好。

4.注意观察鸡群，加强管理　喂料时和喂完料后是观察鸡只精神健康状况的最好时机。有病的往往不上前吃料，或采食速度不快，甚至啄几下就不吃了；健康的鸡在刚要喂料时就出现骚动不安的急切状态，喂上料后埋头快速采食。

发现采食不好的鸡时，要进一步仔细观察它的神态、冠髯颜色和被毛状况等，挑出来隔离饲养治疗或淘汰下笼。

每天还应注意观察鸡只排粪情况，从中了解鸡的健康情况。例如黄曲霉毒素、食盐过量、副伤寒等疾病时排水样粪便；急性新城疫、禽霍乱等疾病排绿色或黄绿色粪便；粪便带血可能是混合型球虫感染；黑色粪便可能是肌胃或十二指肠出血或溃疡；粪便中带有大量尿酸盐，可能是肾脏有炎症或钙磷比例失调、痛风等。

在观察过程中，还要注意笼具、水槽、料槽的设备情况，看看笼门是否关好，料槽挂钩、笼门铁丝会不会刮鸡等。

(六)季节管理

1.冬季天气寒冷气温低，光照时间短。冬季的管理要点是防寒保温，舍温不低于13℃，防寒保温的措施：有条件的加设取暖设备；条件差的鸡场将鸡舍门窗特别是北面窗用塑料膜钉好。由于自然光照时间短，要补充人工光照。

2.春季气候逐渐变暖，日照时间延长，是鸡群产蛋量回升的阶段，但又是大量微生物繁殖的季节，所以春季的管理要点是提高日粮营养水平，满足产蛋需要，逐渐增加通风量，做好卫生防疫和免疫程序，同时做好鸡场内的绿化工作。

3.夏季气温较高，日照时间长，管理要点是防暑降温，促进食欲，当气温超过28℃时，鸡的饮水增多，采食量减少，影响产蛋性能，并且很容易造成体质的下降，影响抗病能力，在本季主要应做好以下工作：

(1)入夏之前应做好防暑措施

①设法增强屋顶和墙壁的隔热能力，减少进入舍内的太阳辐射热。②窗外搭遮阳棚，或利用黑色编织袋在窗口挡光。③入夏前清除舍内累积的鸡粪，减少鸡粪在舍内产热。④改善通风条件，有条件的鸡场可采用纵向通风，舍内有一定风速后，可以在舍内喷雾，利用水的蒸发来降低舍温，一般都有明显的效果。总之，夏季舍温最好控制在30℃以下。

(2)在改善鸡群体况上下工夫：

①为使鸡群能采食较多的饲料，应尽可能地提早喂料时间，可在早晨4：00—5：00开始喂料。②酷暑期间，鸡的采食量少，为满足鸡体对能量和蛋白质等的营养需要应该增加饲料的营养浓度，可在饲料中添加吸收利用率高的油脂。单单提高蛋白质含量的方法并不有利于防暑，过多的蛋白质、多余的氨基酸在转换成能量利用时，会增加鸡体的产热。正确的方法不是提高蛋白质的含量而是提高蛋白质的质量，通过添加蛋氨酸和赖氨酸来提高蛋白质的利用率。③为提高鸡的抗热应激能力，可饮用电解质多维素并在饲料中按每 kg 饲料 150mg 的量补充维生素 C。④酷暑期间鸡长时间热喘息，使血液中二氧化碳量不足影响血液的酸碱平衡，并影响蛋壳质量，为改善这一状况可在饲料中添加 0.2%的碳酸氢钠。⑤定期地添加抗菌素来预防消化道疾病和增加鸡体的抵抗能力。⑥在酷暑期间，应该尽可能地避免给鸡接种疫苗等造成的应激，确实需要实施，则尽可能在气温较适

宜的时间进行。

4.秋季管理 秋季日照时间逐渐变短，天气逐渐凉爽，要注意在早晨和夜间补充光照。

早秋仍然天气闷热，再加上雨水多，温度高，易发生呼吸道和肠道疾病。白天要加大通风量，饲料中经常投放药物防止发病，夜间防止受凉，适当关窗和减少通风量。

2.3.4 肉用仔鸡的饲养管理

(一)饲养方式选择

1.垫料平养 垫料平养就是在鸡舍地面上铺 10~15cm 厚的垫料,定期更换或中间不更换，待一批鸡饲养结束后一起清除的饲养肉鸡方式。此方式适于垫料来源容易的地区。

垫料可因地制宜选用麦秸、稻草、稻壳、玉米秸、刨花、锯末、沙子等，并且要求松软、吸水性强、无霉变，长短以 5cm 左右为宜。

这种方式优点是设施简单、投资少、鸡胸腿疾病少，适用于农村家庭饲养。缺点是鸡只与粪便、垫料接触，易感染消化道疾病、球虫等病，饲养密度小，劳动效率低。另外，应用这种饲养方式，对饮水器周边过于潮湿的垫料须注意随时更换。

2.网上平养 网上平养就是在离地面一定高度搭设支架，在支架上放木条网垫、竹片网垫、金属网垫或塑料网垫而饲养肉鸡的饲养方式。

网架的高低可根据鸡舍跨度的大小和举架的高低自行设计。一般举架低的网高可设为 60~100cm，举架高的网高可达 100~150cm,高网饲养有利于粪便的清除，既减轻了作业强度，又保持了舍内空气新鲜。

网垫的选择要根据饲养户的实际情况而定。木条网垫、竹片网垫可就地取材进行制作，成本相对比较低，使用寿命也比较长。但是这种网垫在制作过程中要精细、平整，以免木刺和竹刺刺伤鸡的足底，影响生长发育和肉鸡产品质量。铁丝网垫最好选用纺织型，不得有铁刺，锈蚀损坏的要及时更换。弹性塑料网垫是最理想的,这种网垫柔软有弹性,可减少腿病和胸囊肿,提高产品质量。

网上平养的优点是由于鸡粪通过网眼落到地面上,使鸡只不与粪便接触,可减少疾病的发生,而且节省垫料,提高饲养面积 50%,劳动效率较高;缺点是网床投资较大,对供温要求高。

3.笼养　笼养就是把肉鸡饲养在笼内。笼养可分为阶梯式和叠层式两种。

笼养的优点是,和平养相比可提高 1 倍饲养量,提高了鸡舍的利用率和劳动生产率,增重快,耗料少,降低抗球虫病的费用,节省垫料费用,清洁卫生,便于公母分群饲养,实行科学的管理。缺点是由于饲养密度大,需要良好的通风设备和较高的饲养管理技术。另外,鸡笼投资大,由于目前尚没有理想肉鸡笼具,容易发生胸腿疾病,影响产品质量。随着鸡笼材料和结构的改进,采用有弹性的塑料箱底,将会大大降低肉鸡胸腿病的发病率。笼养肉鸡将是今后发展的方向。

(二)养好肉仔鸡的基本条件

1.温度　温度是肉仔鸡正常生长发育的首要条件。育雏给温的原则是:前期高,后期低;弱雏高,强雏低;小群高,大群低;阴雨天高,晴天低;夜间高,白天低。温度的变化,应根据日龄增长与气温情况逐步平稳进行,绝不可忽高忽低变化无常。开始温度较高,不能与孵化出雏的温度相差太大,否则雏鸡不适应,团缩打堆不愿活动,更不会采食,无法正常生长。

一般 1~2 日龄育雏温度(鸡背高度或网上 5cm 高度)为 34~35℃,舍内温度 27~29℃。以后每周降低 3℃,到第 5 周温度降至 21℃左右,以后即保持这个温度。在降温的过程中一定要保持均衡降温,另处还要考虑天气情况,降温速度太慢不利于羽毛生长;降温速度太快雏鸡不适应,生长速度降低,死亡增加。

育雏温度是否适宜不能单凭温度测量,主要根据雏鸡的行为表现加以适当调整,即做到看雏施温。

温度适宜时,雏鸡活泼好动,精神旺盛,叫声轻快,羽毛平整光滑,食欲良好,饮水适度,粪便多呈条状,饱食后休息时,在地面(网上)分布均匀,头颈伸直熟睡,无奇异状态或不安的叫声,鸡舍安静。

温度低时,雏鸡行动缓慢,集中在热源周围或挤于一角,并发出"叽叽"叫声,生长缓慢、大小不均。严重者发生感冒或下痢致死。

温度高时，雏鸡远离热源，精神不振，趴于地面，两翅展开，张口喘息。大量饮水，食欲减退，高温会导致热射病致雏鸡大批死亡。

2.湿度　雏鸡对湿度的要求不像温度那样严格，适应范围较大。湿度控制的原则是前高后低。一般前10天的相对湿度应保持在60%~70%，后期50%~60%。如果前期过于干燥，易引起脱水，羽毛生长不良，影响采食且空气中尘土飞扬，导致呼吸道疾病。因此应在热源处放置水盆、挂湿物或往墙上喷水等以提高湿度。后期由于日龄增长，采食量、饮水量、呼吸量和排泄量的增加，容易造成湿度过大的现象，因而应以防潮为主。要定期打开门窗、进排气口，开动风机排出湿气。严格管理舍内用水，垫料平养要经常更换水槽周边的垫料，使其充分吸收水分，防止病源菌和寄生虫的繁殖。

同时掌握好湿度与温度的关系。防止低温高湿、高温高湿以及高温低湿带来的危害。

低温高湿，鸡舍内又潮又冷，雏鸡容易发生感冒和胃肠疾病；高温高湿，鸡舍如同蒸笼，鸡体热不易散发，食欲减退，生长缓慢，抵抗力减弱；高温低湿，鸡舍燥热，雏鸡体内水分大量散失，营养吸收不良，绒毛干枯变脆，眼睛发干，易患呼吸道疾病。

3.通风换气　由于肉鸡采用高密度饲养，生长速度快，代谢旺盛，吃食多，排泄多，易产生大量的氨气、硫化氢、二氧化碳等有害气体，造成舍内空气潮湿污浊，以致降低肉鸡的增重和饲料利用率，严重者将会影响肉鸡的健康，产生慢性缺氧性疾病，甚至引起死亡。因此通风换气，保持舍内空气新鲜格外重要。

一般情况鸡舍要求：氨气不超过0.002%，硫化氢不超过0.005%，二氧化碳不超过0.2%。可根据人的感觉来判定，即人进入鸡舍不感到憋气和刺鼻为宜。加强通风是改善舍内环境条件的主要措施。通风方式可采用活动天窗式自然通风，也可在鸡舍山墙的一侧安装排风扇进行纵向通风，降低舍内有害气体的浓度，保证空气新鲜。一般在第1、2周龄以保温为主适当注意通风，3周龄开始增加通风量，4周龄后以通风为主，冬季利用中午时间通风，氨气浓度过高时先升温后通风。其次，在举架高的鸡舍可采用高床网上饲养方法(网与地面距离150cm)，拉大鸡与粪的距离，使鸡粪能够做到定期清理，减轻鸡粪对舍内环境的污染。

4.光照

(1)连续光照 这种光照是肉鸡饲养的传统光照方法，其目的是让鸡最大限度地采食饲料，从而获得最高的生长速度，达到最大的出栏体重。其光照原则是时间不宜过长，光照不宜过强，只要能保证看到饲料、饮水和有足够的采食、饮水时间即可。一般是前2天采用24h光照，目的是使雏鸡在明亮的光线下增加运动，熟悉环境，尽早饮水、开食。3天后23h光照，1h黑暗，目的是适应突然停电，以免引起鸡群骚乱。从第2周起，白天利用自然光照，夜晚在吃料和饮水时开灯。肉鸡对光照强度的要求是随着日龄的增加在减弱，一般前一周采用较强的光照，目的是熟悉环境，有利于活动、采食和饮水，以后降低照度，限制活动量，有利于增重，也可减少或防止啄癖的发生。光照控制一般是2m高度吊一个加罩灯泡，灯间距3m，第1周采用40W的灯泡，第2周以后改用15W灯泡即可满足需要。这种光照方法的优点是操作简单，容易掌握。

(2)间歇光照 这是许多发达国家采用的肉鸡光照方法，我国也有部分省开展了这方面的试验，取得了较好的饲养效果。比较适合我国的间歇光照程序是第0~7日龄采用连续光照，即23h光照，1h黑暗；8日龄后采用间歇光照，即1h光照，3h黑暗。这种光照程序从体重上看，可使28日龄前的生长速度减缓，但由于28日龄后的补偿生长，使肉鸡在49日龄出栏时体重与连续光照肉鸡的体重一样。从采食量上看，49日龄全程耗料量低于连续光照的耗料量，从而提高了饲料利用率。从疾病方面看，间歇光照可显著降低产热量和耗氧量，而缺氧是引起腹水症的主要原因。因而间歇光照可减少缺氧性疾病的发生。还有的材料介绍，间歇光照可以降低腹脂，还可以提高氮的利用率。缺点是对于开放式鸡舍操作困难。

5.密度 现代"饲养密度"的完整概念应包括三方面的内容，一是单位面积养鸡数量，二是每只鸡占的料槽位置，三是每只鸡占的水槽位置。饲养密度因饲养方式、饲养日龄不同而不同。一般地面平养0~4周龄饲养密度为每平方米20~25只；5~8周龄每平方米10~12只，网上饲养比地面平养可增加50%，笼养比地面平养增加约1倍。每只鸡占的料槽位置是5cm，每只鸡占的水槽位置是1.5cm。

(三)饲养管理要点

1.进雏前管理要点

(1)鸡舍及设备的检查、安装与维修 鸡舍应保持良好的保温性能,不透风、不漏雨、不潮湿。无论是新建鸡舍,还是养过鸡的旧舍,在进鸡之前都要对鸡舍的门窗、屋顶、墙壁等进行检查和维修,堵塞门窗缝隙鼠洞,特别注意防止贼风吹入。

饲养设备应充足完好。对饲养设备应进行认真的安装、检查和调试,发现有破损的及时修复或更新。尤其对破损的网垫要及时修理,以防刺伤雏鸡。网上平养要安装棚架、塑料网和护围,挂好温度计和湿度计,安装好食盘和饮水器,并且要求数量充足、高低合适、布局合理。采用保温伞育雏的将保温伞安装在适当位置,离地45cm,伞外围60~150cm处安装护围。护围可用镀锌铁板、胶合板、铁丝网均可。装好后,逐个检查设备的完好性,再进行反复调试。采用炉子、烟道育雏的,应事先搭好并试烧2~3天,看其能否达到要求温度。有否倒烟、漏烟现象。如果使用排风扇、热风炉等均要事先检查,发现问题,及时维修,以免造成经济损失。

(2)鸡舍的清理与消毒 其程序是搬运、清扫、冲洗、喷洒、熏蒸。进鸡前2周,将饲养设备搬到舍外,彻底清除鸡舍粪便和垫料,并移除距鸡舍1.5km以外的地方。清扫墙壁、天棚等处灰尘,然后用高压自来水喷雾器冲洗地面和墙壁等处和所有饲养设备。待晾干后用2%火碱溶液喷洒墙壁和地面,有条件的地方可用火焰消毒器消毒,把地面和墙用火烧一遍,杀死各种病原微生物。饲养设备先用消毒药水浸泡30min,然后用清水冲洗2~3次。如果采用垫料平养,应在地面风干后铺上10cm左右厚的新垫料。在进鸡前的5~6天,对鸡舍、设备、用具以及垫料进行熏蒸消毒。熏蒸前要将通风口堵严,保持鸡舍密闭,熏蒸时间不可少于24h。熏蒸方法是在鸡舍中间过道每隔10m放一个熏蒸盆,按鸡舍每立方米用高锰酸钾21g,福尔马林42mL的用量,先将高锰酸钾放在熏蒸盆内,再加入等量清水,用木棒搅拌至湿润,然后,从距舍门最远端的一个熏蒸盆开始依次倒入福尔马林,操作时,速度要快,以防呛人。出门后立即把门封严,熏蒸24h后,打开门、窗、出气孔,或开动风机,将烟味排净。

为提高消毒效果，最好在消毒时使鸡舍温度达到20℃以上，相对湿度70%左右。将消毒后的鸡舍封闭，不准随便进入，以防重新污染。

(3)预热试温　接雏前2天要安装好育雏增温设备，并进行预热试温工作，使其达到标准要求，并检查能否恒温，以便及时调整。无论采取何种饲养方式，温度计均挂在离床面5cm高的位置，记录舍内昼夜温度变化情况，要求舍内夜温达到32℃，白天温度达到31℃，经过2个昼夜测温，符合要求后即可放入雏鸡进行饲养。

(4)备足饲料与垫料　在进雏之前要备好整个饲养期的全部配合料，饲料要注意选市场占有量大、质量信得过的产品。自行配制饲料要准备好各种饲料原料，以确保饲养期内供应及时，质量可靠。具体用料量按每只肉仔鸡全程(0~7周龄)5kg配合饲料估算。采用垫料平养的，可根据本地实际情况选择清洁卫生、干燥柔软、灰尘少、吸水强的优质垫料，绝对禁止使用发霉的垫料。垫料的用量可按每平方米地面4~6kg准备，以满足日常铺垫和更换时用。

(5)准备疫苗和药品　根据本批养鸡数量准备各种疫苗，通常肉仔鸡主要用鸡新城疫、法氏囊、支气管炎等疫苗，可按免疫程序准备。将购入的疫苗放在冰箱中贮藏。消毒药常用高锰酸钾、福尔马林、来苏儿、火碱、新洁尔灭、次氯酸钠、百毒杀、乙醇、生石灰等，这些药根据其作用交替使用。此外，还要准备预防和治疗消化道、呼吸道有关疾病的常用药物。

2.雏鸡管理要点

(1)雏鸡选择

①品种选择要选择生长快、成活率高、饲养时间短、饲料转化率高、品质好、屠宰后胴体美观的优良品种。目前，从国外引进的肉鸡品种有10余种，如艾维茵、爱拔益加(AA)、哈巴德、阿纳克、皮得森、罗斯、宝星、罗曼、明星、彼得逊等。从肉鸡饲养的生产实践来看，艾维茵和爱拔益加(AA)肉仔鸡是最受欢迎的优良品种。它们的共同特点是生长快、成活率高、适应性好。另外，我国地方品种肉鸡也不少，如石岐杂鸡、惠阳鸡、桃源鸡、北京油鸡、北京黄鸡、新浦东鸡、肖山鸡、庄河鸡等。这些鸡的特点是肉质鲜美，皮脆骨细，鸡味香浓，但生产性能较低。

②场家选择 购买雏鸡一定要从有生产经营许可证、质量信得过的种鸡场购买。这些种鸡场种鸡来源清楚，饲养管理严格，出售的雏鸡一般都是合格的。

③质量选择 主要通过观察外表形态，选择健康雏鸡。高质量的雏鸡应具有下列特征，大小均匀一致，反应灵敏，性情活泼，无畸形，无脐带闭合不良和脐带感染的症状。可采用"一看、二听、三摸"的方法进行：一看雏鸡的精神状态，羽毛整洁程度、喙、腿、趾是否端正，眼睛是否明亮，肛门有无白粪，脐孔愈合是否良好；二听雏鸡的叫声，健康的雏鸡叫声响亮而清脆，弱雏叫声嘶哑微弱或鸣叫不止；三将雏鸡抓握在手中，触摸膘情、骨架发育状态、腹部大小及松软程度，健康雏鸡较重，手感有膘，饱满，有弹性，挣扎有力。

(2)雏鸡运输 雏鸡的运输也很关键，往往由于路程过长，途中照料不够，导致受热、受凉或受挤压，甚至大量窒息而死亡。雏鸡运输最好在出壳 24h 内运到育雏室。雏鸡运输要选用专门的运雏箱，箱子四周要有若干直径为 1.5cm2 左右的通气孔。运雏箱在使用前要严格消毒，并在箱底铺上 1~2cm 厚的软垫料。每个运雏箱不能装雏过多，防止挤压造成死亡。搬运雏箱时要平起平落。用机动车运输时，行车要平稳，速度要适中，防止颠簸震动，转弯、刹车不能过急，防上摇晃、倾斜，以免雏鸡拥挤扎堆死亡。运输途中。要尽量保持运雏箱内温度恒定，冬季、早春运雏宜在白天，并用棉被、毯子等物遮盖；夏季运雏宜在早晨，要带防雨布或搭设车篷，以防雨淋日晒。同时注意通风良好，特别注意在中间放置的雏盒，最易因高温或氧气不足而闷死鸡只，随时观察雏鸡活动，注意呼吸是否正常，发现问题及时采取对策，避免造成经济损失。

(3)雏鸡饮水 雏鸡出壳后水分散发很快，必须尽早给水，同时饮水还可以清理胃肠，排出胎粪，促进新陈代谢，加快卵黄吸收。

雏鸡的饮水原则是：时间适宜，水位充足，适时调教，水质清洁，自由饮水。一般雏鸡运到育雏舍稍微休息即可饮水，因为出雏时间需 24h，加上长途的运输，雏鸡消耗很大，应尽早饮水。育雏第 1 周要饮温开水，水温与室温接近，保持 20℃ 左右。第一天的饮水应加入 5% 葡萄糖或蔗糖，如果雏鸡脱水严重，可连饮 3 天糖水。另外，为了减少应激，在前 1 周的水中加入多维电解质，1 周后饮清洁的凉水即可。育雏舍饮水器要充足，摆放均匀，每只鸡至少占有 2.5cm 水位，饮水器高度要适当，水盘与鸡背等高为宜，要随鸡生长的体高而调整水盘的高度。可用木块、砖头垫起，亦可将其吊高。防止鸡脚进水盘弄脏水或弄湿垫料及绒毛，甚至淹死。对于刚到育雏舍不会饮水的雏鸡，应进行人工调教。即手握住鸡头部，将鸡嘴插入水盘强迫饮 1~2 次，这样雏鸡以后便自己知道饮水了。若使用乳头饮水器时，最初可增加一些吊杯，诱鸡饮水。肉鸡的饮水要保持清洁卫生，符合畜禽饮用水标准。饮水量一定要充足，经常保持有水，随时自由饮用，绝不能间断饮水，以防造成雏鸡抢水而使一些雏鸡落入水中淹死。尤其在高温季节，更应该保持充足的饮水。饮水量随饲料量和舍温而变化，通常是饲料采食量的 2~3 倍，而舍温越高饮水量越多。

(4)雏鸡喂料

①开食时间 开食是指雏鸡第一次吃料。一般在雏鸡饮水后即可开食，这样有利于雏鸡增重。开食时间不能过晚，否则雏鸡消耗体力过多，容易导致虚弱和脱水，影响生长发育，降低成活率。

②开食方法 初次喂料主要训练鸡群吃料。可将饲料均匀地撒在饲料盘中或塑料布、牛皮纸上，让雏鸡自由采食。对尚不知道采食的雏鸡，应多次将其围拢到有饲料的地方，让其学着吃料。开始第一天雏鸡采食量一般不太多，每只雏鸡平均吃料 4~5g，第二天吃料量就会成倍增加，发现食盘空了就要加料，一般每 2h 给料 1 次，保证饲料充足，让其自由采食，增加采食量，促进生长发育。为了防止浪费饲料、加大饲料成本，肉鸡饲喂应做到定时定量，根据鸡的不同生长发育阶段，每天最大采食量，分成几次饲喂，不可将料堆着喂，或者喂次数太少。一般 1~3 天每 2h 给料 1 次，夜间给料 1 次，3 天后每昼夜 6~8 次，后期每天 3 次。

在分次饲喂时注意料位、水位要充足，第一周每 100 只雏鸡用一个开食盘，一个 4 kg 的饮水器，一周后每 100 只鸡需 2 个圆形料桶，2 个普拉松饮水器。并且料桶和饮水器要摆放均匀，距离要近一些，使雏鸡吃完料马上就能喝上水。另外，料桶和水桶要固定，避免鸡踩翻，造成浪费。洒水可使鸡粪潮湿，污染环境。添料速度要快，让鸡同时均匀地吃上料。

③饲料选择初生雏鸡消化器官尚不发达，胃肠容积较小，开食饲料要求营养丰富、易消化、适口性强，且便于啄食的配合料。饲料颗粒要粗细适度，形态大

小类似小米,有条件的可选用颗粒破碎料开食,也可用小米或玉米粉作为开食料。以后随着日龄的增长,按照不同生长发育阶段更换不同时期的配合料,以满足其生长发育需要。更换饲料应循序渐进,让鸡有个适应过程,以免因日粮突然改变而引起消化不良,影响生长发育。

④喂料器的调整饲喂器因鸡的日龄不同而进行调整,雏鸡第1周用开食盘,第2周后改为料桶,喂料器具要充足,且高度与鸡背相等,要随着鸡生长的体高而调整喂料器的高度,这样既便于采食和减少饲料浪费,也可防止饲料污染。

(5)雏鸡管理

①全进全出所谓"全进全出"就是同一栋舍内只进同一批鸡雏,饲养同一日龄鸡,采用统一的饲料,统一的免疫程序和管理措施,并且在同一天全部出场。出场后对整体环境实行彻底清扫、清洗、消毒。由于在鸡场内不存在不同日龄鸡群的交叉感染机会,切断了传染病的流行环节,从而保证了下一批鸡群的安全生产。实践证明,采用全进全出饲养制度比在同一栋鸡舍里几种不同日龄的鸡同时存在的连续生产制增重快,耗料少,成活率高。

②合理分群由于公母鸡的生理基础不同,对环境条件和营养需要也有差别,因此,在饲养过程中最好采取公母分群饲养。另外,每批鸡在饲养过程中必然会出现一些体质较弱、个体大小有差异的鸡。因此,要及时做好大小、强弱分群工作,不断剔除病、弱、残、次的鸡,根据鸡群的不同情况,区别对待,随时创造条件满足鸡的生长需要,促进鸡群的发育整齐。

③观察鸡群主要观察鸡群的行为姿态是否正常,羽毛是否舒展、光润、贴身,粪便形状、颜色是否正常,呼吸姿势是否改变,用料量是否减少等以判断鸡的生长发育情况。

④减少残次品要求垫料松软、网垫有弹性,减少胸囊肿的发生。定期调整料槽水槽高度,抓鸡前移走舍内设备,轻拿轻放,运输要稳,减少挫伤和骨折。

⑤卫生管理第一,鸡舍建筑应符合卫生要求,内墙表面光滑平整,墙面不易脱落,耐磨损和不含有毒有害物质,还应具备良好的防鼠、防虫和防鸟设施。设备应具备良好的卫生条件并适合卫生检测。第二,每批肉鸡出栏后应实施清洗、消毒和灭虫、灭鼠,消毒剂建议选择高效、低毒和低残留消毒剂;灭虫、灭鼠应

选择菊酯类杀虫剂和抗凝血类杀鼠剂。第三，鸡舍清理完毕到进鸡前空舍至少 2 周，关闭并密封鸡舍防止野鸟和鼠类进入鸡舍。第四，鸡场所有入口处应加锁并设有"谢绝参观"标志。鸡场门口设消毒池和消毒间，进出车辆经过消毒池，所有进场人员要脚踏消毒池，消毒池选用 2%~5% 漂白粉澄清溶液或 2%~4% 氢氧化钠溶液，消毒液定期更换。进场车辆建议用表面活性剂消毒液进行喷雾，进场人员必须经过紫外线照射的消毒间。外来人员不应随意进出生产区，特定情况下，参观人员在淋浴和消毒后穿戴保护服才可进入。第五，工作人员要求身体健康，无人畜共患病。工作人员进鸡舍前要更换干净的工作服和工作鞋，鸡舍门口设消毒池或消毒盆供工作人员鞋消毒用。舍内要求每周至少消毒 1 次，消毒剂选用高效、无毒和腐蚀性低的消毒剂，如卤素类、表面活性剂等。

⑥合理免疫用药肉鸡场应根据当地实际情况，有选择地进行疫病的预防接种工作，并注意选择适宜的疫苗、免疫程序和免疫方法。发生疫病或怀疑发生疫病时及时采取措施及时诊断，选择对症药品合理用药，避免滥用药物。

⑦适时出栏从肉仔鸡的绝对增重情况和饲料转化率来看，在 7 周龄左右出栏经济报酬最高。强调上市前 7 天，饲喂不含任何药物及药物添加剂的饲料，严格执行停药期，屠宰前 10h 停止喂料。

小结

鸡的饲养管理是养鸡的一项关键技术，饲养管理的好坏直接关系到鸡的成活率、鸡的生长速度以及蛋鸡的育成率、蛋鸡的质量等，从而直接影响到养鸡的经济效益。

在育雏的过程中，选择合理的育雏方式是提供雏鸡良好生长环境的前提，应根据具体情况选择适当的育雏方式，离地网上平养的方式具有投入少、操作简单、育成率高的优点，条件允许的情况下，建议采用此方式。

育雏成败的关键是温度的控制，应根据育雏的温度要求严格控制；同时还应提供适宜的湿度，适当的通风换气，适时进行断喙和鸡群免疫等工作，保证雏鸡的育成率。

蛋鸡育成期的饲养管理是保证育成优质高产蛋鸡的关键，要求鸡只生长均匀，体重适当，适时开产。在管理上要做好营养调控、加强光照控制，防止开产过早和开产推迟。

蛋鸡育成后要及时做好群工作，及时更换产蛋鸡饲料，保证营养供给，密切注意产蛋前期蛋重和体重的变化，凡是体重能保持品种所需要的增长趋势的鸡群，就可能维持长久的高产，为此在转入产蛋鸡舍后，仍应掌握鸡群体重的动态。在正常情况下，开产鸡群的产蛋率每月能上升 3%~4%。

产蛋高峰期必须喂给足够的饲料营养，产蛋高峰料的饲喂必须无限制地从产蛋开始到 42 周龄让鸡自由采食，要使高峰期维持时间长就要满足高峰期的营养需要，能量摄入量是影响产蛋量的最重要营养因素，对蛋白质的摄入量反应只有在能量摄入受到限制时才表现显著。

在产蛋后期，可根据母鸡产蛋率的高低，调整饲料能量的营养水平，降低日粮中的能量和蛋白质水平，注意日粮中钙源供给形式，及时剔除病鸡、寡产鸡以减少饲料浪费，降低饲料费用。

肉用仔鸡可根据条件选择垫料平养、离地网上平养和笼养等方式，环境温度、湿度、通风换气、光照和饲养密度的控制是养好肉用仔鸡的关键。在进雏前要做好鸡舍及设备的检查、安装与维修、鸡舍的清理与消毒、预热试温、备足饲料与垫料以及疫苗和药品等工作。

选择合适的品种和优质的雏鸡是养好肉用仔鸡的前提。雏鸡运输最好在出壳 24h 内运到育雏室，要选用专门的运雏箱，箱子四周要有若干直径为 1.5 平方 cm 左右的通气孔。运雏箱在使用前要严格消毒，并在箱底铺上 1~2cm 厚的软垫料。每个运雏箱不能装雏过多，防止挤压造成死亡；一般雏鸡运到育雏舍稍微休息即可饮水，因为出雏时间需 24h，加上长途的运输，雏鸡消耗很大，应尽早饮水。

在雏鸡的管理上宜采用全进全出制，及时做好大小、强弱分群工作，不断剔除病、弱、残、次的鸡，根据鸡群的不同情况区别对待，随时创造条件满足鸡的生长需要，促进鸡群的发育整齐；防止残次品的产生，做好卫生管理工作，合理免疫用药，适时出栏。

2.4　鸡病的诊断与治疗职业技能训练

2.4.1　鸡场消毒

1.人员的消毒　所有进入禽场生产区的人员，必须在更衣室内更衣换鞋，方可进入场区。在场区(生产区)入口应设有喷雾消毒装置和消毒池。消毒池每2~3天更换一次消毒药液。凡进入场内的人员及车辆都必须经过消毒。人员也可采用紫外线照射消毒。

2.鸡舍消毒　鸡舍在消毒前必须进行彻底清扫与冲刷，以增强消毒效果，一般按以下步骤进行消毒。

(1)向禽舍空间喷洒雾状消毒剂，使禽舍内空中飘浮的尘埃沉落。

(2)将舍内一切可移动的设备移出，进行洗刷和消毒。用1%~2%热氢氧化钠，10%~20%石灰乳洗刷墙壁和地面；金属笼或用具冲洗晾干后，用0.1%新洁尔灭溶液喷洒，或用火焰喷射消毒。

(3)密闭禽舍，用福尔马林熏蒸消毒。根据禽舍污染微生物种类和密闭程度，一般每立方米空间用福尔马林20~40mL，高锰酸钾10~20g放在大容量瓷器内进行熏蒸消毒。操作时先把盛有高锰酸钾的瓷器放在需要熏蒸消毒的地方，然后加入甲醛。熏蒸24h后，打开窗户，排除剩余的甲醛蒸气，消毒后的禽舍应闭置1~2周后再使用。

3.用具的消毒　禽场的蛋箱、笼子、雏盒、工具等。应先洗刷干净，晾干或晒干，再放到密闭的房间内用甲醛熏蒸5~10h，进行严格消毒。

4.孵化消毒

(1)福尔马林消毒法　将种蛋放入孵化机内，关闭进出气孔和鼓风机。每立方米用30mL福尔马林，另加15g高锰酸钾，经20~30min后，打开门和进出气孔，开动鼓风机。这种方法对病毒和霉形体的消毒效果显著。

(2)新洁尔灭消毒法　新洁尔灭溶液呈碱性，忌与肥皂、碘、高锰酸钾配用。消毒种蛋时配成0.1%浓度的溶液。喷于种蛋表面，有较强的除污和消毒作用。

(3)高锰酸钾消毒法　用 0.5%的高锰酸钾溶液泡种蛋 1min，取出晾干。注意高锰酸钾溶液必须现配现用。

(4)红霉素消毒法　将孵化前的种蛋先加温至 37.8℃，然后置于 2~4℃红霉素溶液中浸泡 15min。红霉素溶液的浓度是每 1000mL 含 400~1000mg。

(5)氢氧化钠消毒法　将种蛋浸泡在 0.5%的氢氧化钠溶液中 5min。能有效地杀灭蛋壳表面的鼠伤寒沙门氏菌。

(6)庆大霉素消毒法　用 100mL 水含 0.5g 庆大霉素的溶液浸泡种蛋，能杀死种蛋中严重污染的沙门氏菌。孵化室每天用 3%来苏儿喷洒消毒，蛋盘、出雏器用 3%来苏儿洗刷消毒后，再用清水冲洗干净。

5.环境消毒　禽场周围每季度喷洒消毒一次，运动场每年更换一次表土或清扫干净后用火焰彻底消毒。

6.粪便消毒　最常用生物热消毒法。即用堆粪法进行消毒。在距离鸡场 100m 以外设一粪场。堆粪的方法如下：在地面挖一浅沟，深约 20cm、宽约 1.5~2m，长度不限，随粪便多少而定。先将非传染性的粪便或秸、秆等堆至 25cm 厚，其上堆入欲消毒的粪便、垫草等，高达 1~1.5m，然后在粪堆外面再铺上 10cm 厚的非传染性的粪便或麦草，并覆盖 10cm 厚的沙子或土，如此堆入三周到三个月即可。若粪便太干可加入适量水，当粪便较稀时应加杂草，以促进其迅速发酵。

7.带鸡消毒　用 0.3%过氧乙酸对鸡舍进行气雾消毒，对鸡舍地面、墙壁、鸡被羽表面上常在菌和肠道菌有较强的杀灭作用。如 0.3%过氧乙酸按 30mL/m3 剂量喷雾消毒，对鸡群和产蛋鸡均无不良影响。"带鸡消毒"法在疫病流行时，可作为综合防制措施之一，及时进行消毒对扑灭疫病起到一定作用。

2.4.2 鸡场免疫程序与鸡的免疫接种

(一)鸡场免疫程序的制订

鸡场免疫程序是根据鸡群的免疫状态和传染病的流行季节、结合当地、本场的具体疫情而制订的预防接种的疫病种类、疫苗种类、接种时间、次数及时间间隔等方面的安排。制订鸡场的免疫程序，需要根据鸡场所在地及周边的鸡病流行状况、鸡场的流行病学诊断和实验室监测(抗原、抗体监测)的结果进行设计和调整，因此，各个鸡场的免疫程序(表2-22)是不可能完全相同的，不能照搬套用。鸡场免疫程序的制订和调整不应有随意性，需要技术厂长的批准。

表2-22 免疫程序(参考)三黄鸡建议免疫程序

日龄	病名	疫苗	接种方式
1日龄	马立克病	马立克CVI-988＋HVT	皮下或肌注
3日龄	传染性支气管炎	传支28/86＋H120(呼吸型、肾型)二价苗或多价苗	滴鼻或点眼
8日龄	新城疫	新城疫(Ⅳ系)弱毒苗 传支(肾型、呼吸性、腺胃型) 油苗0.3mL	滴鼻或点眼 皮下注射半量
14日龄	传染性法氏囊炎 传染性支气管炎	法氏囊弱毒苗(D78或K株) 传支4/91	点眼或滴鼻 倍量饮水
21日龄	新城疫 传染性支气管炎 鸡痘	新城油乳剂(高发病区) 新城疫＋传支(多价苗) 鸡痘弱毒苗	倍量饮水 皮下注射半量 刺种
28日龄	传染性法氏囊病	法氏囊中毒苗(B87或MB)	倍量饮水
40日龄	传染性喉气管炎 (该病威胁区)	传喉冻干苗(该病威胁区时)	点眼
50日龄	新城疫 传染性支气管炎	新城疫＋传支(多价)弱毒苗 新城疫＋传支加强型二联油苗 (高发病区)	饮水 皮下注射
60日龄	传染性支气管炎	传染性支气管炎4/91	点眼或饮水

(二)免疫准备

1.制订免疫计划 接种前要制订好免疫计划，其中包括家禽种类、日龄、数量以及拟用疫苗、免疫程序、器械准备、人员安排、免疫后可能出现问题及解决方案等，做到工作有计划，防范有预案。

2.检查鸡群 在对家禽进行免疫接种时，必须对鸡群的营养水平、健康状况、饲养管理、卫生环境有充足的了解，同时，还应该充分了解当时当地家禽疫病的流行情况及母源抗体水平等，视情况及时调整免疫计划。健康状况异常的鸡不宜进行免疫，因为不健康的鸡接种疫苗免疫效果差或无效，甚至加重病情。发现鸡群体中有可疑传染病时，应立即停止疫苗接种。

3.选购和保存疫苗 疫苗种类繁多，而每种疫苗又都有特定的适用范围。根据免疫程序和防疫计划选购疫苗。疫苗必须按照保存条件要求进行保存。灭活疫苗应在2~8℃下冷藏保存；活疫苗则一般在-15~-20℃下冷冻保存。若无保存条件，则应现购现用，活苗和灭活苗均需在冷藏条件下运输。灭活苗除严禁冷冻外，在运输过程还要防止过分颠簸，以免出现油、乳分层现象而影响免疫效果。

4.免疫前鸡群的准备 为尽量减少应激带来的损失，可在免疫接种前 3 天内，给鸡群补饲或饮用抗应激类药物，如电解多维、维生素 C 等。为防止药物抵消疫苗效力，接种前 24h 内，应禁止使用消毒类药物，禁止投喂抗病毒类药物。采用饮水免疫前，应停止饮水 4~6h。

5.检查疫苗 疫苗使用前应检查疫苗的名称、厂家、批号、有效期、物理性状、贮存条件等是否与说明书相符。仔细查阅使用说明书与瓶签标示的内容是否相符。要明确装置、每头剂量、使用方法及有关注意事项，并严格遵守。对过期、无批号、油乳剂破乳、失真空及颜色异常、有沉淀、发霉、有异物、发臭或瓶塞松动、瓶身破裂等现象或不明来源的疫苗应坚决不用。

6.预温疫苗 疫苗使用前应置于室温(20~25℃)2h 左右，使用时应充分摇匀，若疫苗过冷，则鸡群注射疫苗后反应较重。使用过程中应保持匀质。疫苗启封后，应于 24h 内用完。

7.选择注射器及针头 灭活疫苗免疫时，使用 12 号针头，注射器、针头应洗净煮沸 10~15min 备用，注射疫苗的针头最好每羽换一个，无条件时必须一栏换一个。注射过疫苗的针头，不得再插入疫苗瓶内抽吸疫苗，可用一个灭菌针头，插入瓶塞后固定在疫苗瓶上专供吸疫苗用，每次吸疫苗后针孔用挤干的酒精棉花包裹。吸出的药液不得再回注到瓶内。接种部位以 3%碘酊消毒为宜，以免影响疫苗活性。注射器刻度要清晰，不滑杆、不漏液。注射的剂量要准确，不漏注、不白注。刺种时可选用蘸笔尖或刺种针，尤其注意不能用消毒药进行消毒。

8.活苗的稀释与使用 采用注射途径免疫时，尽量选用专用稀释液或蒸馏水、去离子水稀释疫苗；采用饮水或喷雾途径时，可以使用矿泉水或深井水稀释疫苗；不要使用自来水做稀释液，因为自来水多用含氯消毒剂处理，容易影响免疫效果。也不要使用含有电解多维的稀释液，防止电离水溶液、凝聚蛋白质而影响疫苗的效价。

疫苗要现配现用、快速使用，使用饮水法免疫时，要确保家禽在 1h 之内将疫苗稀释液饮完；使用注射法免疫时，在气温为 15~25℃时，必须 6h 之内用完，25℃

以上时，必须 4h 之内用完。灭活苗开封 24h 后禁止使用。

(三)免疫操作方法

对鸡进行免疫接种的常用方法有：滴眼、滴鼻、翼下刺种、羽毛囊涂擦、滴肛或擦肛、皮下或肌肉内注射、饮水法及气雾法等。究竟采用哪一种方法，应根据具体情况决定，既要考虑工作方便及经济核算，更要考虑疫苗的特性及免疫效果。

1.滴眼、滴鼻　这种方法适用于新城疫Ⅱ系、Ⅲ系及Ⅳ系疫苗，法氏囊弱毒疫苗，传染性支气管炎疫苗及传染性喉气管炎弱毒型疫苗等的接种，对幼雏应用这种方法，可以避免疫苗病毒被母源抗体中和，并能诱导黏膜免疫，从而有比较良好的免疫效果。滴眼、滴鼻法是逐只进行接种，能保证每只禽都得到免疫，并且剂量一致，免疫效果确实。因此，一般认为，滴眼、滴鼻法是疫苗接种的最佳方法，尤其是对新城疫接种更是如此。

进行滴眼、滴鼻法接种时，可把 1000 羽份的疫苗稀释于 50mL 的生理盐水中，充分摇匀，然后于每只禽的眼结膜或鼻孔上滴一滴(0.05mL)。也可把 1000 羽份的疫苗稀释于 100mL 的生理盐水中，然后于每只禽的眼结膜及鼻孔上各滴两滴。

2.翼下刺种　此法适用于鸡痘疫苗、新城疫Ⅰ系疫苗等的接种。进行接种时，将 1000 羽份的疫苗稀释于 25mL 的生理盐水中，充分摇匀，然后用接种针或蘸水笔尖蘸取疫苗，刺种于鸡翅膀内侧无血管处，雏鸡刺种 1 针即可，较大的鸡可刺种 2 针。

3.羽毛囊涂擦　此法可用于鸡痘疫苗的接种，但已少用。

4.滴肛或擦肛　此法仅用于传染性喉气管炎的强毒型疫苗。方法是把 1000 羽份的疫苗稀释于 30mL 的生理盐水中，然后把鸡的肛门向上，将肛门黏膜翻出，滴 1 滴疫苗。

5.皮下注射　现在广泛使用的马立克氏病疫苗是火鸡疱疹病毒，宜用颈背皮下注射接种。通常是把 1000 羽份的疫苗稀释于 200mL 稀释溶液中，然后每只雏鸡注射 0.2mL。另外，各种油乳剂灭活疫苗也适用于皮下注射法。

6.肌肉注射　此法是把疫苗直接注射于肌肉内，禽霍乱弱毒菌苗或灭活菌苗以肌肉内注射较好。此法作用迅速，剂量准确，效果确实。新城疫Ⅰ系苗肌肉注射免疫效果比滴眼、滴鼻好，灭活苗必须用注射法，不能口服，也不能用于滴眼、滴鼻。

肌肉内注射，一般按疫苗使用说明书稀释后，较小的禽只注射 0.5mL，成禽则每只注射 1mL。肌肉注射以胸部肌肉为好，应斜向前入针，以防刺入肝脏、心脏或胸腔内造成死亡，对较小禽只尤其要注意。

7.饮水法 对于大群鸡(例如一群超过 10000 只)逐只进行免疫接种费时费力，且不能于短时间内达到全群免疫。对于产卵期和产卵盛期的鸡群，为避免骚扰禽群，常采用群体免疫法。群体免疫法中最常用，最易做的，就是饮水法。目前采用饮水法较广泛，效果又较好的疫苗有新城疫Ⅱ系及Ⅳ系苗、传染性支气管炎 H52 及 H120 疫苗、传染性法氏囊病弱毒疫苗等。

表 2－23 疫苗稀释参考表

鸡龄	每 500 只
4 天～2 周	10kg 水
2 周～4 周	14kg 水
4 周～8 周	20kg 水
8 周以上	40kg 水

8.气雾法 此法是用压缩空气通过气雾发生器，使稀释疫苗形成直径 1~10μm 的雾化粒子，均匀地浮游于空气之中，随呼吸而进入禽体内，以达到免疫。

气雾免疫对某些呼吸道有亲嗜性的疫苗效果最好，例如新城疫各系疫苗，传染性支气管炎弱毒疫苗等，但气雾法免疫对鸡群的干扰大，尤其会加重败血霉形体及大肠杆菌引起的气囊炎，必要时可在气雾免疫前后在饲料中加入抗菌药物。

(三)免疫结束后的工作

1.建立免疫记录档案 给动物接种疫苗后，为及时掌握鸡场内每羽家禽已接种疫苗的种类和接种疫苗的次数，以及执行免疫程序的情况，追溯疫苗的免疫质量，动物防疫员应及时做好免疫记录。记录内容应包括家禽的品种、年龄，疫苗的来源、批次，接种时间等。同时应记录免疫接种的操作过程和免疫后鸡群的反应情况，这样可以及时积累经验、教训，更好地指导今后的生产管理。

2.正确处理废物 使用过的酒精棉球和未用完的疫苗，应集中销毁，未用完的活毒疫苗、疫苗空瓶应煮沸消毒后再行处理。

3.加强饲养管理 接种后 3 天内，给家禽补饲或饮用抗应激物质，如电解多维、速补或维生素 C 等，可以减轻接种疫苗带来的应激反应。接种后 48h 内，应禁止使用消毒剂，禁止投喂抗病毒类药物，防止药物对疫苗产生抵抗。使用饮水免疫的家禽，在免疫后还应停止饮水 1~2h。

4.注意观察禽群鸡群 接种疫苗后，都会有一段时间的应答期，短时间内不但不会产生足够的抗体，而且抵抗力还会有所下降，因此，接种后应注意观察、搞好护理。如果出现严重反应甚至死亡，要及时追查原因并采取适当的措施进行补救。

2.4.3 鸡新城疫抗体监测

(一)试验准备

1.抗原 一般以鸡新城疫 II 系或 Lasota 系冻干苗作为已知抗原，进行试验。

2.稀释液 为灭菌的生理盐水。

3.0.7%细胞悬液的配制

(1)采血 由鸡翅静脉或心脏采血，放入含有抗凝剂的灭菌试管(按每 mL 血加入 3.8%灭菌柠檬酸钠 0.2mL 做抗凝剂)内，迅速混匀。

(2)配制红细胞悬液将 血液注入离心管中，经 3000r/min，离心 5~10min，用吸管吸去上清液和红细胞上层的白细胞薄膜，将沉淀的红细胞加稀释液(生理盐水)洗涤。再用离心机 3000r/min 离心 5~10min，弃上清，再加稀释液洗涤。如此反复洗涤三次，将最后一次离心后的红细胞泥，按 0.7%的稀释度加入稀释液(0.7mL 红细胞泥加 99.3mL 稀释液)。

4.被检血清 将被检鸡群编号登记，用消毒过的干燥注射器采血，注入洁净干燥试管内，在室温中静置或离心，待血清析出后使用。每只鸡应更换一个注射器，严禁交叉使用。

(二)红细胞凝集试验(HA)

主要是测定病毒的红细胞凝集价，以确定红细胞凝集抑制试验所用病毒稀释倍数(抗原单位)。鸡新城疫病毒的 HA 试验与 HI 试验现采用微量法，以 U 或 V 形微孔塑料板代替试管。

1.用移液器向每个孔加入稀释液 50μL；

2.用微量移液器取病毒抗原 25μL，加入第 1 孔，反复抽吸 6 次后，吸出 25μL 加入第 2 孔，在第 2 孔反复抽吸 6 次后，吸出 25μL 加入第 3 孔，如此连续稀释至第 10 孔后吸出 25μL 弃去。第 11 孔不加病毒液为红细胞空白对照，第 12 孔加病毒抗原，作抗原对照；

3.每孔再加生理盐水 25μL；

4.吸取 0.7%红细胞悬液，每孔加 25μL；

孔号	1	2	3	4	5	6	7	8	9	10	11	12
滴度	2^1	2^2	2^3	2^4	2^5	2^6	2^7	2^8	2^9	2^{10}	对照	抗原对照
稀释液	25	25	25	25	25	25	25	25	25	25		/
抗原(病毒)	25	25	25	25	25	25	25	25	25	弃 25/		25
稀释液	25	25	25	25	25	25	25	25	25	25		25
红细胞悬液	25	25	25	25	25	25	25	25	25	25		25
				轻轻振荡 1～2min,静置 30～60min								
结果	+++	+++	+++	+++	+++	++	++	++	++	++	—	—

注："+++"为完全凝集；"++"为部分凝集；"—"为不凝集

5.判断 沿着倾斜面向下呈线状流动者为沉淀，表明红细胞未被或不完全被病毒凝集；如果孔底的红细胞铺平孔底，凝成均匀薄层，倾斜后红细胞不流动，说明红细胞被病毒所凝集。

病毒液的 HA 效价以出现完全凝集的抗原最大稀释度为准(如上例为 1:64)，HI 试验时，病毒抗原液为 25μL 内须含 4 个凝集单位，则应将原病毒液作成 64/4=16 倍的稀释液。

(三)红细胞凝集抑制试验(HI 试验)

新城疫病毒凝集红细胞的作用，能被特异性抗体抑制，因此，可用 HI 试验(简称血凝抑制试验)测定鸡血清中的 HI 抗体效价(滴度)。

1.用移液器向 1～11 孔加 25μL 稀释液，12 孔不加；

2.用移液器吸取标准阳性血清 25μL 注入第 1 孔，抽放 6 次后，吸出 25μL，注入第 2 孔，如此连续稀释至第 10 孔，并从第 10 孔吸出 25μL 弃去，11 孔加入 4 倍稀释的标准阳性血清 25μL，为 4 倍稀释的标准阳性血清对照；12 孔加入 4 倍稀释的标准阳性血清 25μL，设为 4 单位标准抗原与 4 倍稀释的标准阳性血清的血凝抑制对照；

3.第 1~10 孔加入已标定好的 4 单位病毒液 25μL，第 11 孔不加，第 12 孔加入 4 单位标准抗原 25μL；

4.置振荡器上振荡 1~2min，放 18~22℃ 静置 20min。

5.每孔再加入 0.7% 红细胞悬液 25μL，放振荡器上振荡 1~2min，置 18~22℃ 30~60min，或者置 37℃ 温箱作用 5~10min 后判定结果。4 倍稀释的标准阳性血清对照孔应呈明显的圆点沉于孔底。

孔号	1	2	3	4	5	6	7	8	9	10	11	12
血清稀释倍数	2^1	2^2	2^3	2^4	2^5	2^6	2^7	2^8	2^9	2^{10}	对照	对照
稀释液	25	25	25	25	25	25	25	25	25	25	25	/
标准阳性血清	25	25	25	25	25	25	25	25	25	25		25
4 单位病毒	25	25	25	25	25	25	25	25	25	25	弃 25	25
振荡 1~2min,静置 20 min												
红细胞悬液	25	25	25	25	25	25	25	25	25	25	25	25
振荡 1~2min,室温(18~20℃)下作用 20min,或置 37℃ 温箱中,作用 5~10min。												
结果	-	-	-	-	-	-	++	+++	+++	+++	-	+++

6.结果观察将反应板倾斜成 45℃ 角，沉于管底的红细胞沿着倾斜面向下呈线状流动者为沉淀，表明红细胞未被或不完全被病毒凝集；如果孔底的红细胞铺平孔底，凝成均匀薄层，倾斜后红细胞不流动，说明红细胞被病毒所凝集。

能将 4 单位病毒物质凝集红细胞的作用完全抑制的血清最高稀释倍数，称为该血清的红细胞凝集抑制效价，用被检血清的稀释倍数或以 2 为底的对数(lg2)表示。如上例，该血清的红细胞凝集抑制效价为 1∶64 或 HI 效价为 6(lg2)。第 11 孔仅含稀释液和红细胞为不凝集对照孔，第 12 孔含稀释液，病毒液和红细胞为凝集对照孔。

7.结果分析

(1)一般认为鸡的免疫临界水平为 1∶8(成年)或 1∶16(雏鸡)，但随地区不同而有差异。

(2)鸡血清的 HI 抗体效价高于 1∶16 时可适当推迟新城疫免疫的时间, HI 抗体效价在 1∶16 以下, 须马上进行新城疫疫苗接种, 在新城疫流行的地区或鸡场, 鸡的免疫临界水平, 应再提高。

(3)鸡群的 HI 抗体水平是以抽检样品的 HI 抗体效价(lg2)的平均值表示的。

(4)大型养鸡场, 每次进行抽测时, 抽样率一般不低于 0.1%~0.5%, 小型鸡群, 抽样率应有所增加, 一般认为理想的抽样率应为 2%。

(5)鸡群接种新城疫疫苗后, 经 2~3 周测血清中的 HI 抗体效价, 若提高 2 个滴度以上, 表示鸡的免疫应答良好, 疫苗接种成功; 若 HI 抗体效价无明显提高, 表示免疫失败。

2.4.4 鸡马立克氏病(MD)琼脂扩散试验

鸡群 MDV 感染情况的监测, 一般采用琼脂扩散的血清学方法, 检测鸡血清中的 MDV 特异抗体或鸡羽髓中的 MDV 抗原。

1.1%琼脂糖平板制备 用含 8%氯化钠的 PBS(0.01moL, pH7.4)配制 1%琼脂糖溶液, 水浴加温使充分溶化后, 加入培养皿, 每皿约 20mL; 平置, 在室温下凝固冷却后, 将琼脂板放在预先印好的 7 孔形图案上, 用打孔器按图形准确位置打孔, 中央孔孔径为 4mm, 周边孔孔径为 3mm, 孔距均为 3mm。

2.检测血清抗体(被检鸡血清) 向中央孔滴加标准琼扩抗原, 向周边孔滴加待检血清和至少有一孔加阳性血清, 均以加满而不溢出为度; 将加样后的琼脂平皿加盖后平放于加盖的湿盒内, 置 37℃温箱中孵育, 8~24h 内观察并记录结果。

3.检测羽髓中 MDV 抗原 向中央孔加 MD 阳性血清, 向周边 1、4 孔加标准 MD 琼扩抗原, 向周边 2、5、6 孔加待检羽髓浸液(加 1~2 滴蒸馏水在试管内挤压), 或直接插羽髓。

加样后将琼脂平皿置湿盒内, 于 37℃温箱孵育, 8~24h 内观察结果。

4.结果判定 上述方法可用于 20 日龄以上鸡羽髓 MDV 抗原检测和 1 月龄以上鸡的血清抗体检测, 试验需用标准的 MD 琼扩抗原和抗血清。被检样品孔与中心孔之间形成清晰的沉淀线, 并与周边已知抗原或阳性血清孔的沉淀线互相融合者,判为阳性，不出现沉淀性的判为阴性；已知抗原与阳性血清之间所产生的沉淀线末端弯向被检样品孔内侧时，则该被检样品判为弱阳性。有的被检材料可能会出现两条以上沉淀线，其中一条与已知抗原——阳性血清的沉淀线融合者，仍判为阳性。

2.4.5 鸡传染性法氏囊病(IBD)的诊断

(一)临诊要点

1.流行特点　IBD 仅发生于鸡，多见于雏鸡和幼龄鸡，以 3~6 周龄鸡最易感。成年鸡感染后一般呈隐性经过。在易感鸡群中，往往是突然发病，头 2d 死亡不多，第 3~5d 死亡达到高峰，第 7d 后死亡减少或停止死亡。

2.临床症状　本病在初发生的鸡群多呈急性经过，早期症状表现为有的鸡啄肛门和羽毛现象，随着病鸡出现下痢，食欲减退，精神委顿，畏寒，消瘦，羽毛无光泽，病鸡脱水虚弱而死亡。死亡率一般在 5%~25%，如毒力强的毒株侵害，其死亡率可达 60%以上。

3.病变　剖检时特征性病变，见胸肌、腿肌肌肉出血，腺胃和肌胃交界处有带状出血。法氏囊水肿比正常大 2~3 倍。法氏囊明显出血，黏膜皱褶上有出血点，里面黏液较多，如出血严重者法氏囊呈紫葡萄样。病程长的病鸡法氏囊内有干酪样物质，整个囊变硬。有些病例法氏囊萎缩。肾肿大并有尿酸盐沉积，盲肠扁桃体肿大、出血。

(二)实验室诊断

1.琼脂凝胶沉淀试验　本法是检测血清中特异性抗体或法氏囊组织中病毒抗原的最常用诊断方法。

(1)病料采集。采集发病早期的血液样品，3 周后再采血样，并分离血清。为了检出法氏囊中的抗原，无菌采取 10 只鸡左右的法氏囊，用组织搅拌器制成匀浆，以 3 000r/min 离心 10min，取上清液备用。

(2)IBD 的标准阳性血清和阴性血清准备。

(3)琼脂板制备。取 1g 优质琼脂溶化于含有 0.1%石炭酸的 8%氯化钠溶液

100mL，经多层纱布脱脂棉过滤，置冰箱备用。有时放在水浴溶化并趁热浇在玻片上，每片 4mL，厚约 2.5~3mm。也可以吸 15mL 倒入 90mm 平皿内。

(4)打孔和加样。事先制好打孔的图案(中央 1 个孔和外周 6 个孔)，放在琼脂板下面，用打孔器打孔，并剔去孔内琼脂。孔径为 6mm，孔距为 3mm。检测 IBDV 的抗体时，中央孔和已知的 IBDV 的抗原，若检测法氏囊中的病毒抗原，中央孔加已知标准阳性血清。

检测抗原的加样方法是，中央孔加 IBD 的阳性血清，1、4 孔加入已知抗原，2、3、5、6 孔加入被检抗原，添加孔满为止，将平皿倒置放在湿盒内，置 37℃温箱内经 24~48h 观察结果。

(5)结果判定。在标准阳性血清与被检的抗原孔之间，有明显沉淀线者判为阳性，相反，如果不出现沉淀线者判为阴性。标准阳性血清和已知抗原孔之间一定要出现明显沉淀线者，本试验方可确认。

2.免疫荧光抗体检查

(1)荧光抗体。向专业厂家购买。

(2)被检材料。采取病死鸡的法氏囊、盲肠扁桃体、肾和脾，用冰冻切片制片后，用丙酮固定 10min。

(3)染色方法。在切片上滴加 IBD 的荧光抗体，置湿盒内在 37℃30min 后取出，先用 pH7.2PBS 液冲洗，继而用蒸馏水冲洗，自然干燥后滴加甘油缓冲液封片(甘油 9 份，pH7.2PBS 1 份)镜检。

(4)结果判定。镜检时见片上有特异性的荧光时判为阳性，不出现荧光或出现非特异性荧光则判为阴性。

(5)注意事项。滴加标记荧光抗体于已知阳性标本上，应呈现明显的特异荧光。滴加标记荧光抗体于已知阴性标本片上，应不出现特异荧光。本法在感染 12h 就可在法氏囊和盲肠扁桃体检出。

3.病毒中和试验。可用细胞培养或幼龄鸡进行，它比琼脂凝胶沉淀试验检测抗体更敏感，对估价疫苗的免疫应答较有价值。

(1)细胞培养中和试验。在微量滴定板的每孔中，加入 0.5mL 含 100 TCID50 的病毒稀释液。被检血清经 56℃灭能 30min，然后以滴定板上的病毒稀释液将被检血清作连续倍比稀释。滴定板在室温放 30min 后,每孔加入 0.2mL 制备好的鸡胚细胞悬液,置 37℃培养 4~5 天,每天在倒置显微镜观察细胞病变产生的情况,并以不出现细胞病变的最终稀释度的对数(lg2)判定终点。

(2)鸡用中和试验。将被检血清在 56℃灭能 30min。取 1mL 被检血清与 1mL 已知阳性 IBD 抗原混合,置 37℃30~60min。将上述混合物滴入 7 只易感鸡眼内(易感鸡不含有 IBD 抗体),每只鸡滴 0.5mL,3 天后将鸡宰杀,检查其法氏囊有无病变。同时设立 IBD 阳性血清和阴性血清作对照。若被检血清采于非免疫鸡群,其阳性血清和被检血清鸡的法氏囊无病变,而阴性血清对照鸡的法氏囊出现病变时,表明被检血清的鸡已感染 IBDV;如果被检血清采于免疫鸡群,出现这种情况说明 IBD 疫苗免疫应答较好。相反,阳性血清鸡的法氏囊无病变,而阴性血清和被检血清鸡的法氏囊出现病变,则表明 IBD 疫苗免疫应答差。

2.4.6 鸡白痢的检疫

(一)快速全血平板凝集反应

1.主要材料

(1)鸡白痢全血凝集反应抗原。为福尔马林灭活的细菌悬液,每 mL 含菌 100 亿。

(2)用具。玻璃板、注射针头、带柄不锈金属丝环(环直径约 4.5mm)、巴氏滴管。

2.操作方法 先将抗原瓶充分摇匀,用滴管吸取抗原,垂直滴一滴(约 0.05mL)于玻片上,然后使用注射针头刺破鸡的翅静脉或冠尖,以金属环醮取血液一满环(约 0.02mL)混入抗原内,随即搅拌均匀,并使散开至直径约 2cm 为度。

3.结果判断

(1)抗原与血清混合后在 2min 内发生明显颗粒状或块状凝集者为阳性。

(2)2min 以内不出现凝集,或出现均匀一致的极微小颗粒,或在边缘处由于临干前出现絮状者判为阴性反应。

(3)在上述情况之外而不易判断为阳性或阴性者,判为可疑反应。

(二)血清凝集反应

1.血清试管凝集反应

(1)主要材料

①鸡血清样品。以 20 或 22 号针头刺破鸡翅静脉，使之出血，用一清洁、干燥的灭菌试管靠近流血处，采集 2mL 液，斜放凝固以析出血清，分离出血清，置 4℃待检。

②抗原。试管凝集反应抗原，必须具有各种代表性的鸡白痢沙门氏菌菌株的抗原成分，对阳性血清有高度凝集力，对阴性血清无凝集力。固体培养中洗下的抗原需保存于 0.25%~0.5%石炭酸生理盐水中，使用时将抗原稀释成每 mL 含菌 10 亿，并把 pH 调至 8.2~8.5，稀释的抗原限当天使用。

(2)操作方法。在试管架上依次摆 3 支试管，吸取稀释抗原 2mL 置第 1 管，吸取各 1mL 分置第 2.3 管。先吸取被检血清 0.08mL 注入第 1 管，充分混合后再吸取 1mL 移入第 2 管，充分混合后吸取 1mL 移入第 3 管，混合后吸出混合液 1mL 舍弃，最后将试管摇振数次，使抗原—血清充分混合，在 37℃温箱中孵育 20h 后观察结果。

(3)结果判断。试管 1.2.3 的血清稀释倍数依次分别为 1∶25.1∶50、1∶100，凝集阳性者，抗原显著凝集于管底，上清液透明，阴性者，试管呈均匀混浊；可疑者介于前两者之间。

在鸡 1∶50 以上凝集者为阳性。在火鸡，1∶25 以上凝集者为阳性。

2.血清平板凝集反应

(1)主要材料。血清采集同试管凝集法；抗原与试管凝集反应者相同，但浓度比试管法的大 50 倍，悬浮于含 0.5%石炭酸的 12%氯化钠溶液中。

(2)操作方法。用一块玻板以蜡笔按约 3cm2 画成若干方格，每一方格加被检血清和抗原各 1 滴，用牙签充分混合。

(3)结果判定。观察 30~60s，凝集者为阳性，不凝集者为阴性。试验应在 10℃以上室温进行。

2.4.7 肉鸡球虫病的诊治

(一)临诊诊断

1.急性球虫病

(1)急性盲肠球虫病。由柔嫩艾美耳球虫重度感染引起。发病初期，病鸡精神委顿，羽毛蓬乱，怕冷扎堆，缩头闭眼，饮水增加，食欲减退，排大量鲜血便，肛门周围羽毛被血液污染，继而出现两翅下垂、站立不稳、麻痹、痉挛等神经症状。一般发病后 2~3 天内衰竭死亡。

(2)急性小肠球虫病。由毒害艾美耳球虫重度感染引起。临床症状与柔嫩艾美耳球虫病相同，血便黏℉，发病几天存活的病鸡表现衰弱，多数因并发细菌或病毒性传染病死亡。

(3)慢性球虫病。主要是堆型艾美耳球虫和巨型艾美耳球虫感染为主，基本不表现临床症状。

(二)病理变化观察

(1)柔嫩艾美耳球虫病。柔嫩艾美尔球虫，病变部位在盲肠，表现高度肿胀，肠内充满鲜红色或暗红色的血液或血凝块，有的肠壁增厚，黏膜水肿，有的肠黏膜脱落出现糜烂，肠壁变薄。

(2)毒害艾美耳球虫病。毒害艾美尔球虫，病变发生在小肠，引起肠管肿胀(膨气)和黏膜增厚，肠腔内充满血液和黏膜组织碎片。本病的最大特征是与正常肠道相比，小肠长度约缩短一半，而体积增大两倍以上。

(3)其他艾美耳球虫病。其他种球虫病变部位在小肠，表现肠腔常充满含有黄色或橙色的黏液或血液的液体。

(三)实验室诊断

1.鸡粪卵囊数值测定(血球计数板计数法)称取 1g 鸡粪，溶于 10mL 水中制成 10 倍的稀释液，经充分搅拌均匀后，取其 1 滴置血球计数板中，在低倍镜下计算计数室四角 4 个大方格(每个大方格又分为 16 个中方格)中球虫卵囊总数，除以 4 求其平均值，乘 104 即为 1mL 液体的卵囊数。然后乘 10 即为 OPG 值。如果计数室四角没有大方格则用正中的一个大方格，连数几次，求其平均数，乘 105 即为

OPG 值。

计算公式 $OPG = a \times 10 \times 1/(0.1 \times 0.1 \times 0.01) = a \times 10^5$

2.鸡艾美耳球虫种的鉴定

图 2 - 1 柔嫩艾美耳球虫卵囊　　　图 2 - 2 毒害艾美耳球虫卵囊　　图 2 - 3 堆型艾美耳球虫卵囊

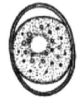 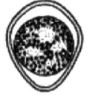  

图 2 - 4 巨型艾美耳球虫卵囊　　　　图 2 - 5 和缓艾美耳球虫卵囊　　　　图 2 - 6 早熟艾美耳球虫卵囊

(四)综合诊断

临床诊断时，需了解流行特点，通过观察鸡群的精神状态、粪便的形态和颜色(血便、水样便或黏液便)和饮食欲变化等临床表现，结合病死鸡的病理剖检，经综合分析后作出初步诊断。如要确诊及球虫种的鉴别，则需经实验室诊断加以确诊。

(五)药物防治

1.用药原则与方法　肉鸡球虫病重在预防，在雏鸡易感日龄或流行季节，应该添加预防剂量的抗球虫药。根据抗球虫药的作用阶段和作用峰期，合理选用高效、价廉、易用、低残留的药物。使用方法合适，注意让鸡产生免疫力，防止耐药性产生。防继发感染，特别是小肠球虫病的防治，病程较长，需配合使用保护肠道黏膜的抗生素和其他制剂。

应充分考虑球虫病的流行特点以及抗药株存在的普遍性和不同抗球虫药的作用特点，结合药敏试验，设计一个最佳的用药程序以防止耐药性产生。肉鸡的使用方法主要采取连续用药法、穿梭用药法和轮换用药法。穿梭用药适用于饲养期长的肉鸡，而对饲养期短的肉鸡可考虑连续用药。聚醚类离子载体抗生素如盐霉素、马杜霉素是目前应用最广泛的抗球虫药，其他药物如尼卡巴嗪和常山酮大多在穿梭用药时作为离子载体类药物的补充。

2.用药选择 应选择作用峰期与球虫致病阶段相一致的抗球虫药作为治疗性药物，如百球清、三字球虫粉、尼卡巴嗪、球痢灵、安宝乐等。另外，选择药物应考虑耐药性，宜在平时进行耐药性测定，筛选出几种敏感的抗球虫药备用。

2.4.8 鸡的病理解剖与鸡病现场诊断

以鸡场现有的病例为研究对象，对其进行现场诊断和治疗。治疗的疾病种类不能局限于鸡的疫病(传染病和寄生虫病)，而对于常见普通疾病也一并考虑。训练的重点是诊断方法、治疗技术和用药方案。在训练中培养规范的诊疗技术，形成良好的诊疗习惯。

(一)群体检查

视检鸡群，注意观察鸡只的静态、动态和粪便情况。健康鸡全身羽毛丰满整洁、紧贴体表而有光泽，泄殖腔周围与腹下绒毛清洁而干燥；两眼明亮而有神，鼻、口腔及咽喉洁净，冠、髯鲜红发亮；经常翘起尾羽，鼓动两翅，不时咯咯发声或啼叫，采食勤，对周围事物敏感，反应迅速。患病鸡采食饮水减少，产蛋下降、畸形蛋增多、羽毛蓬松，翅、尾下垂。闭目缩颈，精神委顿、摇头、离群独居，行动迟缓，不喜采食。有灰白色、灰黄色、绿色或红色稀便，泄殖腔周围和腹下绒毛经常潮湿不洁或沾有粪便，冠苍白或紫绀，肉髯肿胀，鼻腔、口腔有黏液或脓性分泌物，呼吸困难，有喘鸣音，嗉囊空虚或有气体、液体。病鸡一般体温上升。凡有上述病状的鸡只，均应立即剔出进行个体检查。

(二)个体检查

以右手抓住两翅的根部，使其头向上做系统检查。先检查冠、肉髯以及头部无毛部分的颜色，是否苍白、紫绀、发黄、出血及痘疹等现象，手压是否褪色，眼睛、口腔、鼻孔有无异常分泌物。再用左手中指抵住咽喉部皮肤，令其张开口腔，检查口腔内有无过多的分泌物，黏膜是否苍白、充血、出血；检查口腔与喉头部，有无假膜或异物存在。然后把鸡体上举使颈部接近耳侧，听呼吸有无异常；

压迫喉头和气管外侧，看能否诱发咳嗽；顺手触摸嗉囊，有无积食、积气、积液。鸡患新城疫时，嗉囊积液，并从口腔中流出大量酸性液体。触摸胸、腿部肌肉是否丰满，并观察关节、骨骼有无肿胀等。最后检查被毛是否清洁、紧密、有光泽，并视检泄殖腔周围及腹下绒毛是否有粪污。用手触摸腔上囊是否肿胀，用手拨开翅下、背部及大腿间绒毛，检查皮肤的色泽、外伤、肿块及寄生虫等。现场诊断时，需将群体检查和个体检查的结果综合分析，不能凭单个或少数病例的症状就得出诊断结论。

(三)鸡的病理剖检

通过病理剖检可发现具有代表性的有诊断意义的特征性病变，依据这些病变即可做出鸡病的初步诊断，结合病原学、血清学及病理组织学诊断，才能得出科学的诊断结论。

1.外部检查　先了解鸡群的发病情况，对选作剖检的病鸡或濒死期的鸡，在宰杀之前先做检查，如测量体温，观察精神状况、站立姿势、呼吸动作等。宰前要采取血液，以备检查。

2.内部检查　剖检前用水或消毒液将鸡尸体表面及羽毛浸湿，以防剖检时有绒毛或尘埃飞扬。将鸡尸仰放(即背位)在搪瓷盘内或垫纸上用力掰开两腿，使髋关节脱位，这样鸡不致翻倒。拔掉颈、胸、腹正中部的羽毛(不拔也可)，在胸骨嵴部纵行切开皮肤，然后向前、后延伸至嘴角和泄殖腔，向两侧剥离颈胸、腹部皮肤。也可在两腿内侧纵行、腹部横行剪开皮肤，用手强行分离胸腹侧皮肤。观察皮下有无充血、出血、水肿、坏死等病变，注意胸部肌肉的丰满程度、颜色，有无出血、坏死，观察龙骨是否变形、弯曲。在颈椎两侧寻找并观察胸腺的大小及颜色，有无小的出血、坏死点。检查嗉囊是否充盈食物，内容物的数量及性状，腹围大小，腹壁的颜色等。

在后腹部，将腹壁横行切开。沿两侧向前剪断胸肋骨、喙骨和锁骨，最后把整个胸壁翻向头部，使整个胸腔和腹腔器官都清楚地显露出来。如进行细菌分离，应采用无菌技术打开胸、腹腔，进行分离接种。体腔打开后，注意观察各脏器的位置、颜色、浆膜的状况，体腔内有无液体，各脏器之间有无黏连。

先将心脏连心包一起剪离，再取出肝。在食管末端切断，向后牵拉腺胃，边牵拉边剪胃肠与背部的联系，然后在泄殖腔前切断直肠(或连同泄殖腔一同取出)，即可取出胃肠道。在分离肠系膜时，要注意肠系膜是否光滑，有无肿瘤。在采出胃肠时，注意检查在泄殖腔背侧的法氏囊，正常的腔上囊灰白色扁圆形，剪开可见黏膜面湿润，皱褶显明。(该器官在鸡10周龄前逐渐增大，此后随性成熟而自然退缩。)气囊在鸡的胸腔、腹腔皆有，在体腔打开、内脏器官采取过程中，随时注意检查，主要是看气囊的厚薄，有无渗出物、霉斑等。

肺和肾隐藏于肋间隙内及腰荐骨凹陷处，可用外科刀柄或手术剪剥离取出。取出肾脏时，要注意输尿管的检查。生殖器官检查。卵巢可在原位检查，注意其大小、形状、颜色(注意和同日龄鸡比较)，卵黄发育状况或病变。输卵管检查可在原位进行。输卵管位于左侧，右侧已退化，呈现水泡样结构。睾丸检查也可在原位进行，注意其大小、颜色是否一致。口腔、颈部器官检查。剪开一侧口角，观察后鼻孔、腭裂及喉口有无分泌物堵塞，口腔黏膜有无伪膜。再剪开喉头、气管、食道及嗉囊，观察管腔及黏膜的性状，有无渗出物及渗出物的性状、黏膜的颜色，有无出血、伪膜等，注意嗉囊内容物的数量、性状及内膜的变化。

脑的采出。可先用刀剥离头部皮肤，再剪除颅顶骨(大鸡用骨剪或普通剪，小鸡用手术剪)，即可露出大脑和小脑，将头顶部朝下，剪断脑下部神经将脑取出。外周神经检查。在大腿内侧，剥离内收肌，即可暴露坐骨神经。在脊椎的两侧，仔细地将肾脏剔除，露出腰荐神经丛。

(三)与病理解剖相关工作

1.采集实验室检验材料样本，如病理组织学诊断、病原学诊断、血清学诊断、毒理学诊断的取材等。

2.病理解剖记录。解剖记录要规范完整，如解剖记录的格式、概况登记、临床摘要。要写明"病理解剖学诊断"(各系统组织器官的病变定性)和其他诊断结果，结论要明确。解剖前要做好流行病学调查或相关资料查阅，解剖完毕要及时总结。

3.解剖前要准备好剖检场地、器械与药品，做好剖检人员的消毒与防护。解剖结束后应做好衣物与器械、场地及自身的消毒，尸体的无害化处理。

2.4.9 养殖档案管理

(一)养殖档案填写内容

1.鸡的品种、数量、繁殖记录、标识情况、来源和进出场日期。

2.饲料、饲料添加剂和兽药等投入品的来源、名称、使用对象、使用方法与停药期等情况。

3.检疫、免疫、监测、消毒情况。

4.畜禽发病、诊疗、死亡和无害化处理情况。

5.畜禽养殖代码。

6.动物防疫合格证。

7.法律、法规、规章规定的其他内容。

(二)养殖档案保管期限

商品鸡 2 年，种鸡长期保存。

小结

鸡病的诊断与治疗实训项目是为学生在完成所有畜牧兽医行动领域课程，掌握了动物诊疗的基本知识和技能后在鸡场兽医岗位上的综合训练而设计的。项目以鸡常见疫病(传染病和寄生虫病)为重点研究对象，训练学生对鸡常见病的综合防治能力。实训内容包括了鸡场消毒、鸡场免疫程序与免疫接种、鸡新城疫抗体监测、鸡马立克氏病琼脂扩散试验、鸡传染性法氏囊病的诊断、鸡白痢检疫、肉鸡球虫病诊治、鸡病现场诊断免和养殖档案管理等多项内容，这些内容兼顾了鸡病现场诊断技术和实验室诊断技术，基本体现鸡病防治所需要的职业技能。

鸡病的致病因素多而复杂，通常处于混合感染、继发感染等状态，仅仅通过病原学或血清学的方法进行诊断，并不能建立明确的诊断，所以鸡病的诊断与防治，首先要通过病理剖检发现具有诊断意义的特征性病变，依据这些病变做出鸡病的初步诊断，明确实验室检验的方向，同时结合病原学、血清学及病理组织学诊断等方法，最终得出明确的诊断结论。因此，在实训的过程中应尽可能提高自己的临床诊断和实验室诊断能力。

从鸡病的概念来说，鸡病应该包括鸡的疫病(传染病和寄生虫病)和鸡的普通病。本实训项目以鸡的疫病作为研究重点，并不排斥在特定条件下鸡的普通病对鸡群所造成的损害。

因此，实训过程除体现"预防为主"的法定动物防疫方针以外，还应考虑饲养管理、营养、环境应激等诸多因素对鸡病发生和发展的影响。在实训中应综合运用所学知识与技能，在实践中不断积累临床经验，实时追踪最新的鸡病防治进展，最终提升自己的鸡病诊断与防治技术水平。

第3章 动物医院职业技能训练

3.1 动物临床诊疗职业技能训练

3.1.1 动物临床基本检查

在兽医临床实践中，为了诊断疾病，常常需要应用各种特定的检查方法，以获得能用于疾病诊断的症状和资料，这些特定的检查方法就称为临床检查法。然而，能用于临床检查的方法十分繁多和复杂，尤其是随着科学技术的迅速发展，X线检查、心电图描记、超声检查、内窥镜检查、放射性同位素示踪检查、DNA分析、核型分析以及各种实验室检查技术和血清学检查等诊断手段在兽医临床上逐渐普及应用，大大地提高了诊断的准确性。但是，兽医师不可能对每个病畜应用上述的全部检查方法，而是在进行必要的病史询问和物理学检查后，对病畜提出某种(些)特定检查方法。其中，病史询问和物理学检查是对每一个病畜必须应用的方法，称为临床基本检查法。

临床基本检查法有三个显著的特点。一是方法简单易行，无需昂贵的仪器设备，借助于简单的器械和检查者的眼、耳、手、鼻等感觉器官就可施行；二是在任何场所，对任何病畜普遍应用；三是能直接地、较为准确地观察和判定病理变化。临床基本诊断法包括问诊和物理学检查法两部分。物理检查法又包括视诊、触诊、叩诊、听诊和嗅诊。

(一)问诊

问诊的主要内容包括现病史、既往病史、饲养管理和使役情况、畜舍卫生和防疫制度、繁殖性能和周围环境情况等。

1.现病史 应着重了解以下情况。

(1)发病时间。根据畜主发现动物出现异常到就诊时经过的时间，可区别该病是急性的还是慢性的。如发现病畜后立即前来就诊，而且病情严重者，为急性病例。有的疾病则起病缓慢，如肺结核、肿瘤等；或发病后已拖延数日，可能已转为慢性病例。根据疾病发生的情况，如在饲喂前或饲喂后，使役中或休息时，舍饲时或放牧中，产前或产后发生等，可以估计可能的致病原因。查明发病的时间，确定病程阶段，对疾病治疗和预后均有一定意义。

(2)主要症状的特点。了解精神、食欲、姿势、运动、泌乳量、体温、脉搏、呼吸、反刍、排粪、排尿等的变化以及有无腹痛不安、腹泻、便秘、流涎、咳嗽、喘息、呻吟等异常现象。重点询问发病后主要症状出现的部位、性质、持续时间和程度，缓解或加剧的因素，这些内容常可提示疾病的性质和部位，并为以后的检查和诊断提供线索。

(3)发病数及死亡情况。根据某一地区或养殖场相同症状的疾病发病数可推测为一般疾病或群发病(传染病、寄生虫病、营养代谢病和中毒病等)；根据有无死亡及死亡的多寡可提示病的严重程度及转归。这些资料有助于探讨病因及制订防制措施。

(4)病的经过及治疗情况。发病后临床表现的变化，包括出现什么新症状；是否经过治疗，用过什么药物，疗效如何；有否因治疗不当而使病情复杂化等(如直肠检查技术不熟练可能会引起肠穿孔)。这不仅可推断疾病的发展和演变情况，而且可以根据治疗效果，为诊断疾病提供有价值的资料，同时对以后的用药也有参考意义。如对肠阻塞病畜已使用过大量下泻药物，则在以后的治疗中应不用或慎用泻药。

(5)可能的病因。有经验的饲养人员常常可以提供可能的致病原因，如饲喂不当、管理失误、使役过重、受寒、意外事故等，常是兽医师推断病因的重要依据。

(6)畜群情况。畜群流动情况，包括近期是否引入种畜，引入地点及其疾病流行情况；畜群中同种家畜有无类似疾病发生；附近畜牧场、农户有无疾病流行等。这些资料有助于传染病的诊断。

2.既往病史 即病畜过去的健康情况，包括曾患过的疾病、是否做过手术(如去势、断角、断尾、瘤胃切开等)、药物过敏史、预防接种情况，特别是有无与现病有密切关系的疾病。

同时应了解病畜所在畜群、畜牧场过去的患病情况，是否发生过类似疾病，其经过及转归如何；预防接种情况；本地区及邻近畜牧场、农户有无常在性疾病及地方性疾病。这些资料对分析现病与以往疾病的关系以及是否存在常在性传染病和地方病的判定上都有重要意义。

3.饲养管理和使役情况 应该详细询问饲养管理、生产性能和使役情况，对集约化养殖场更为重要，不仅可从中探索饲养管理与疾病发生之间的关系，寻找可能的病因，而且也有助于制订合理的防治措施。

(1)日粮组成及饲料品质。了解饲料的种类、组成、品质、配方比例、粗料与精料的搭配比例，青饲料的供应情况，青贮饲料的品质等。饲料种类单一、品质不良、发霉变质、日粮配合不合理、饲料突然变换等，常是消化系统疾病、营养代谢病和中毒病的主要原因。

(2)饲养制度。了解是舍饲还是放牧饲养。动物因饲养制度突然改变，容易发生胃肠疾病。

(3)饲料调制。饲料调制不当，尤其是甜菜、小白菜及其他青绿饲料调制方法上的失误常常是亚硝酸盐或氢氰酸中毒的主要原因。

(4)使役情况。过度使役、长期重剧劳役、饱食逸居的动物突然重役、运动不足等都可能是致病的原因。

4.畜舍卫生和防疫制度 了解畜舍的卫生消毒制度是否健全；病死畜禽尸体的处理情况；场内家畜的流动情况；预防接种情况，包括对主要传染病预防接种的实际效果，如接种时间、方法、密度及补针情况，疫苗的来源、效价、运送及保管方法等，以估计接种的实际效果，有助于传染病的流行病学分析和诊断。

5.繁殖方式和配种制度 了解是自然交配还是人工授精；有否近亲繁殖、屡配不孕、流产、配种过早或配种过度等情况；系谱资料等。这些资料有助于生殖系统疾病和遗传病的诊断。

6.环境条件　畜舍附近及牧地有否散乱的金属异物；附近厂矿的三废(废气、废水、废渣)污染及处理情况；周围环境及牧场上毒草的种类、密度、分布；牧场上有否喷施农药、放置灭鼠毒饵；本地区土壤、牧草中微量元素含量等。这些资料对家畜中毒病以及微量元素缺乏与过多症的诊断具有重要诊断意义。

(二)视诊

视诊是以视觉来观察病畜全身状况或局部状态的诊断方法，包括用肉眼观察的直接视诊和借助于某些器械进行观察的间接视诊两类。广义的视诊还可以包括对 X 线影像、超声显像等的观察以及畜群巡视。

1.直接视诊　观察的主要内容如下。

(1)病畜的整体状态。包括精神状况、体格发育、营养状况、姿势、步态、运动、有无举止行为异常等，以获得对病畜一般的印象。

(2)被毛与皮肤。被毛的光泽度、换毛状况、有无局部脱毛，皮肤的颜色，皮肤上有无创伤、溃疡、肿瘤及疱疹状变化，皮肤病理变化的部位、大小及特征。

(3)生理活动。包括呼吸运动、采食、咀嚼、吞咽、反刍、嗳气、排粪、排尿等，同时应注意有无呼吸困难、流鼻液、咳嗽、呕吐、流涎、腹泻、尿淋漓、瘫痪、肌肉痉挛等异常现象。

(4)可视黏膜。注意眼结膜、口腔黏膜、鼻黏膜、阴道黏膜的颜色，有无分泌物，分泌物的性状及其混合物；黏膜上有无糜烂、溃疡、赘生物、水泡、脓疱等病理变化。

(5)粪尿性状。注意粪便的颜色、形状、Ｆ度、有无染血、泡沫、伪膜及其他混杂物；尿液的颜色、透明度等。

2.间接视诊

(1)口腔。对大动物可使用开口器，光线不佳时应戴上额反射镜。应注意有无龋齿、缺齿、锐齿、阶状齿、齿过度磨损及齿列不齐；唇、颊、腭、舌部黏膜颜色、有无异物、溃疡及疱疹状变化。对小动物可用压舌板，借助喉镜还可对咽喉部进行检查。

(2)鼻腔。对大动物可用手指扩张鼻翼，对小动物可借助鼻镜进行鼻腔视诊。

应注意鼻黏膜颜色、鼻液性状、有无异物和肿瘤等。

(3)耳腔。对大动物可借助额反射镜，对小动物须应用检耳镜进行视诊。应注意耳道内有无分泌物、脓液、鼓膜是否穿孔，局部有无红肿疼痛等。

(4)眼。应注意眼结膜颜色、角膜透明度、有无翳斑；瞳孔形状、大小、位置、对光反应等；借助检眼镜检查眼底，重点观察视神经乳头、视网膜血管、黄斑区等。

(5)阴道。用阴道开腔器将阴道扩开后，借助额反射镜或阴道镜进行视诊。应注意阴道黏膜的状况，有无息肉，子宫颈口有无黏液等。

(6)膀胱。借助膀胱内窥镜进行视诊，也可通过附带的微型照相机照相后观察。应注意黏膜有无病变，有无肿瘤、结石等。

(7)直肠。可应用直肠镜进行观察。应注意直肠黏膜状况，有无直肠脱垂、息肉、穿孔等异常表现。

(8)胃与气管。可借助纤维胃镜、气管镜等进行视诊，但兽医临床实际中尚未普及使用。

3.畜群巡视　畜群巡视是贯彻"预防为主"方针，加强畜群保健工作，保障现代化畜牧业健康发展的重要环节。它的任务有三个：第一，在畜群中早期发现病畜，以便及时采取相应诊疗及防制措施，防止疾病蔓延；第二，随时发现饲养、管理、卫生防疫等方面的失误，及时改进，防患未然；第三，根据生产性能或繁殖力下降，提出某些特殊检查，预见性地发现某种(些)疾病，尤其对营养代谢病和慢性中毒病的先兆，采取措施消除临床发病的隐患。畜群巡视应包括以下内容。

(1)畜群面貌观察。注意畜群中各个体的精神、营养状况、被毛、姿势、运动、食欲、饮欲、粪便性状等，以便对整个畜群的面貌有大概的了解。

(2)发现异常。特别注意有无流鼻液、咳嗽、流涎、流泪、局部脱毛、换毛延迟、异嗜、腹泻、转圈运动、共济失调、后躯瘫痪等异常表现及在畜群中的比例，及时处理并分析其产生原因。

(3)畜舍卫生状况。应注意畜舍内有无积粪，食槽及水槽内的饲料和饮水是否被粪便污染，畜舍内有无氨味及通风情况。

(4)饲料检查。包括饲料种类、品质、日粮组成，青绿饲料供应情况，使用的添加剂等。

(5)生产性能及繁殖力。结合问诊及观察生产记录、繁殖记录，了解生产性能下降、流产、屡配不孕等情况。

(三)触诊

触诊就是利用检查者的手或借助检查器具触压动物体，根据感觉了解组织器官有无异常变化的一种诊断方法。触诊主要是由检查者的手来完成的，而手的感觉以指腹和掌指关节部掌面的皮肤最为敏感，故多用这两个部位进行触诊。触诊可确定病变的位置、硬度、大小、轮廓、温度、压痛及移动性和表面的状态。

1.病畜的体表状态　判断皮肤的温热度，有无皮温不均的现象；出汗状况，皮肤湿度；皮肤弹性(皮肤皱褶试验)，皮肤及皮下组织的硬度，有无捏粉样感觉、波动感与气肿等异常；有无喉、气管、心区或胸壁震颤。

2.浅表淋巴结　注意其位置、大小、形状、表面状况、硬度、温热度、敏感性及可移动性。

3.心搏动　在心区感知其位置、强度、频率及节律。

4.脉搏　判定脉搏的频率、性质及节律。

5.腹壁　在牛、马等大动物主要是判定腹壁的紧张性和敏感性；在牛、羊等反刍动物还可判定瘤胃蠕动的强度及次数，瘤胃、真胃内容物性状；在羊、犬、猫等中小动物可通过深部触诊判定胃、肠、肝、脾、膀胱乃至子宫的状况；应用冲击触诊法可判定是否存在腹水。

6.直肠检查　用于家畜内脏器官的触诊，是兽医临床上施行的一种独特触诊方法，对腹腔内部器官疾病的诊断有重要意义，如泌尿生殖器官、肝脏、脾脏、腹腔后部的肠管、腹膜和某些血管等。

7.局部肿块　由视诊发现的局部肿块，应通过触诊进一步判定其位置、大小、形态、轮廓、温热度、内容物性状、硬度、敏感性及移动性等。

触诊的方法：

1.浅表触诊法　以一手轻放于被检部位，利用掌指关节和腕关节的协调动作，轻柔地进行滑动触摸。常用于体表浅在病变、关节、肌肉、腱及浅部血管、神经、骨骼的检查。

(1)体表温热度。应以手背进行，注意左右两侧、病变部与健康部、躯干与末梢部的对照检查。

(2)肿块硬度与性状。应以手指轻压或揉捏，根据触压后的感觉及出现的其他现象去判定。

(3)敏感性。以手抚摸或触压、揉捏，同时观察有否皮肌抖动、回顾、躲闪或抗拒反应。

2.深部触诊法　常用于检查腹腔及内脏器官的性状及大小、位置、形态。根据畜别、被检查部位和检查内脏器官的不同，可采用不同的触诊手法。

(1)按压触诊法。以一手手掌平放于被检部位，轻轻按压，以感知其内容物性状，判定其敏感性，常用于检查胸、腹壁的敏感性及中、小动物内脏器官内容物的性状。

(2)双手触诊法。以两手从左右或上下同时触压，以检查中、小动物腹腔脏器及其内容物的性状。

(3)冲击触诊法。以拳或 3~4 个并拢的手指取 70~90°角，置于腹壁相应的被检部位，作 2~3 次急速、连续、较有力的冲击，以感知腹腔内脏器官的性状和腹腔的状态。如在冲击后感到有回击波或振荡音，提示有腹腔积液，或靠近腹壁的胃囊(瘤胃、真胃等)、较大肠管内存有多量液状内容物。

(4)切入触诊法；以一指或几个并拢的手指，沿一定部位用力切入或压入，以感知内部脏器的性状和压痛点。

(四)叩诊

叩诊是对动物体表某一部位进行叩击，使之振动并产生音响，根据产生音响的性质，去判断被叩击部位及其深部器官的物理状态，间接地确定该部位有无异常的诊断方法。

1.叩诊部位

动物不同部位及其深部器官质地(致密度)、弹性和含气量的差别，叩诊时会产生不同频率、振幅及音色的音响。在病理情况下，受炎症、浸润、脏器臌气或变位等的影响，组织器官的上述物理状态发生改变，产生音响的性质也出现相应变化，这就是叩诊的物理学基础。

(1)胸壁。确定肺区界限，根据音响变化，确定肺脏有无气肿、炎症病灶、脓肿、肿瘤及肺棘球蚴等。同时可判定有无胸腔积液、气胸等。

(2)心脏。确定心浊音区界限，以判定有无心扩张、心肥大、心包积液等。

(3)副鼻窦。判定有无炎症、蓄脓。

(4)胃肠道。确定胃肠道内容物的性状、含气量，推断某一器官的位置和大小，尤其是牛真胃左方移位时，根据左方瘤胃部本该呈浊音的部位出现含气体的脏器，确定真胃的位置。

(5)某些反射机能的检查。如跟腱反射、膝反射、蹄冠反射等的检查。

2.叩诊的方法 叩诊可分为直接叩诊法和间接叩诊法两种。

(1)直接叩诊法。以叩诊槌或弯曲的手指直接叩击动物体表某一部位的方法，称为直接叩诊法。由于动物体表的软组织振动不良，手指叩击的力量较小，直接叩诊法在发现异常方面不如间接叩诊法灵敏、准确，故其应用受到很大的限制，仅用于额窦、上颌窦、蹄部、气肿部疾病的诊断以及某些反射机能的检查。

(2)间接叩诊法。包括指指叩诊法和槌板叩诊法两类。

①指指叩诊法。是检查者以左手的中指或食指紧贴于叩诊部位，作为板指，其他手指稍微抬起，勿与体表接触，以右手的中指作为叩指，叩击板指，即指端叩击左手中指第二指骨的前端(图3-1)，听取所产生的叩诊音响。

施行指指叩诊时，应以腕关节与指掌关节的活动为主，避免肘关节及肩关节参与运动。叩诊动作要灵活、短促，富有弹性。叩击方向应与叩诊部位的体表垂直。一个叩诊部位，每次只需连续叩击2~3下，如未能获得明确的印象，可再连续叩击2~3下，不宜不间断地连续叩击。每次叩击力量要均匀一致，不能忽轻忽重。叩击力量的轻重应视检查部位、病变性质、范围大小和位置深浅等具体情况而定，对范围小、位置浅表的病变或脏器，宜采用轻叩诊法。对范围大、位置较深的病变或脏器宜采用重叩诊法。叩诊应自上而下，从一侧至另一侧依次进行，并两侧进行对照与比较。

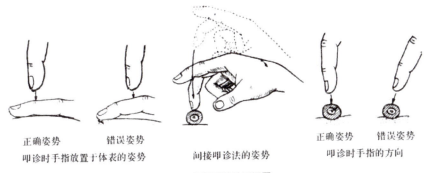

正确姿势　　　错误姿势　　　　　　　　　　　　　　　正确姿势　　　错误姿势
叩诊时手指放置于体表的姿势　　　　　间接叩诊法的姿势　　　　叩诊时手指的方向

图 3 - 1 间接叩诊法正误图

指指叩诊法具有简单、方便、不用任何器械的优点，但因叩击力量小，其振动与传导范围有限，只适用于中、小动物，尤其犬和猫、羔羊、仔猪的检查。

②槌板叩诊法。系利用叩诊板和叩诊槌进行的叩诊法。具体操作为左手持叩诊板紧贴于被叩击的动物体表，右手持叩诊槌以腕关节上下活动的力量，垂直向叩诊板中部连续叩击 2~3 次，听取所产生的叩诊音响。

施行槌板叩诊法时，叩击的手法与指指叩诊法基本相同。强叩诊引起的组织振动可沿表面向周围传播 4~6cm，向深部传播 6~7cm。弱叩诊时向周围传播 2~3cm，向深部传播 4cm。一般来说，当病灶小、位置浅表以及要确定肺区界限等宜使用轻叩诊，对深在脏器与较大的病灶或动物体壁肥厚等宜用强叩诊。但应注意，用力过强的叩击，反而不能得到清晰的音响。

槌板叩诊法的叩击力量强，振动扩散的范围大，主要用于牛、马、骆驼等大动物的检查，也可用绵羊和山羊等的检查。

(五)听诊

听诊是以听觉听取动物内部器官所产生的自然声音，根据声音的特性判断内部器官物理状态与机能活动的诊断方法。是临床上诊断疾病的一项基本技能和重要手段，在诊断心脏、肺脏和胃肠疾病中尤为重要。

听诊的方法听诊可分为直接听诊法与间接听诊法两种。

1.直接听诊法　系兽医师将耳廓直接贴附于动物体表相应部位进行听诊的方法。其优点是方法简单，声音纯真。缺点为动物体表不洁，易使检查者污染或感染，检查性情暴烈的动物易被其伤害以及所听得的音响较弱。

2.间接听诊法　系应用听诊器进行听诊的方法。兽医临床上常用软质听诊器进

行听诊。软质听诊器由耳件、体件(又称集音头、胸具)和软管三部分组成(图3 -
2)。体件有钟形与鼓形两种。鼓型体件对器官活动所产生的声音有放大作用，但
与动物体表被毛接触会产生明显的杂音而干扰声音的听取与判定。因此，检查者
可根据具体情况选择体件的类型。

3.具体应用

(1)心脏听诊。听取心音，判定心音的频率、强度、性质、节律、有无心音分
裂与重复，有无心杂音及心包摩擦音与拍水音。

(2)呼吸系统听诊。听取喉呼吸音、气管呼吸音及肺泡呼吸音，判定正常呼吸
音有无病理性改变，如增强、减弱或消失；是否出现病理性呼吸音，如啰音、捻
发音、空瓮呼吸音、胸膜摩擦音等。

(3)消化系统听诊。听取反刍动物的瘤胃、瓣胃、真胃和小肠蠕动音以及其他
动物的胃肠蠕动音，判定其频率、强度及性质。

(4)其他。还可听取血管音、皮下气肿音、肌束颤动音、关节活动音、骨折断
面摩擦音等。

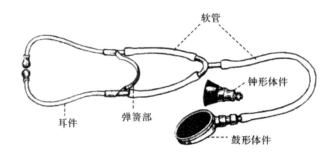

图3 - 2 听诊器模式图

动物内部器官活动所产生的音响一般都很弱，因此听诊需要一个安静的环境，
以免外界嘈杂声音的干扰。听诊时耳件的两耳塞与外耳道相接要松紧适当，体件
要紧密地放在动物体表被检查部位，不可来回滑动，也不可用力紧压。同时，应
避免听诊器的软管与检查者手臂、衣服、动物被毛及其他物体接触，以免产生杂
音。检查者在施行听诊时应聚精会神，并同时观察动物的动作，如听诊肺部呼吸
音时应注意观察呼吸运动。对于性情暴烈的动物，应注意人畜安全。

(六)嗅诊

嗅诊是以检查者的嗅觉闻动物呼出的气体、排泄物及病理性分泌物的气味，并判定异常气味与疾病之间关系的诊断方法。嗅诊时检查者用手将患畜散发的气味扇向自己鼻部，然后仔细判定气味的特点与性质。

呼出气体、皮肤、乳汁及尿液带有似烂苹果散发出的丙酮味，常提示牛、羊酮病。呼出气体和流出的鼻液有腐败臭味，可怀疑支气管或肺脏有坏疽性病变。皮肤、汗液有尿臭味，常提示尿毒症。呼出气体和胃内容物散发出刺激性蒜味常见于有机磷农药中毒。粪便带腐败臭味或酸臭味常见于肠卡他和消化不良，腥臭味常提示细菌性痢疾。阴道流出带腐败臭味的脓性分泌物常提示子宫蓄脓或胎衣滞留。

3.1.2 动物临床检查程序与方法

为了有条不紊地开展兽医临诊工作，临床检查应按照一定的顺序而有系统地进行，才能获得完整翔实的有关症状和相关资料。

(一)临床检查的程序

1.临床检查常规程序病畜临床检查应遵循的检查程序为首先进行病畜登记、询问病史，以获得对病畜一般的了解。在此基础上进行一般体格检查，而后分系统进行器官检查，最后进行补充性的实验室检查和特殊检查。

2.临床检查的项目

(1)一般检查。一般检查包括体态检查，神经类型和体质的判定，可视黏膜、被毛和皮肤、淋巴结的检查，以及体温、脉搏、呼吸次数的测定。

(2)系统检查。为心脏血管系统检查，呼吸系统检查，消化系统检查，泌尿生殖系统检查，神经系统检，血液系统检查。

(3)实验室检查及特殊检查。主要是指必要的实验室检验、X射线、心电图和超声检查等。

在临床实际工作中，并非对每个病例全部实施上述临床检查项目，兽医师应根据不同疾病的特点决定需要检查的内容和次序。但有一条原则必须遵守，就是在临床上主要的系统和器官都必须详细地和全面地进行检查，甚至在病因已被查明、病变部位已被确定的情况下，也应重视其他器官的检查，这样才不至于遗漏各种伴随症状或并发病。

3.临床体检的顺序 临床体检是应用基本诊断法，融会贯通各器官系统的检查，面对具体的病例从头到尾井然有序地进行全身体格检查，即一般检查和系统检查的综合应用。进行临床病畜全面体检时，应先将就诊病畜拴系于诊疗栏或保定柱上，也可由畜主徒手保定，让其恢复自然平静状态，然后再按以下顺序分步检查。

(1)视诊与体温测定。兽医师应站立于相距动物 1.5m 之外，围绕病畜进行观察，以获得一般印象。注意动物的眼神、被毛和皮肤，精神状态，站立与运动姿势，腹围的大小和形状，呼吸及体表的色泽等。然后用体温表测量体温，一般测定直肠温度，测温时间至少为 5min。

(2)头颈部检查。观察眼、鼻、口腔可视黏膜及鼻镜(鼻盘)、口唇、齿龈、牙齿和舌苔。触诊颌下淋巴结。视诊和触诊咽喉、嗉囊与气管，观察人工诱咳反应，注意颈静脉沟和食道、颈椎状况。

(3)胸腹部检查。观察胸廓和脊柱的外形及呼吸运动。心区听诊，记录心率和注意心音的变化。肺部听诊，记录呼吸频率，注意呼吸音的变化，必要时进行叩诊检查。腹部触诊和听诊检查胃肠内容物的数量、性质和蠕动音，反刍动物应重点检查前胃(瘤胃、网胃和瓣胃)。

(4)会阴部检查。主要是肛门与会阴、外生殖器以及乳房检查。注意公畜的阴囊、阴鞘、阴茎有无变化，观察母畜外阴部的分泌物及外部有无病变，注意动物的排尿姿势。肛门周围是否有粪便污染，家禽有无啄羽、啄肛现象。检查乳房，注意外部状态和乳腺的温热、硬结、敏感度等。

(5)四肢检查。观察动物的运动、步态、姿势，并进行各种反射检查。

(6)实验室及特殊检查。在临床检查的基础上，根据疾病诊断的实际需要，选择有针对性和特异性较强的项目进行实验室和特殊检查，为疾病的鉴别诊断提供依据。

为了获得尽可能完整的客观资料，全身体格检查务必全面系统。特别要强调边查边想、正确评价、边问边查和核实补充的原则。在检查过程中一般应遵循从头到尾的顺序，但也应根据具体情况灵活调整。对检查结果应及时综合总结，形成有用的诊断信息。兽医临床上动物品种繁多，不同种属的动物有其特有的解剖、生理特点，致使某些检查方法的应用受到限制，如猪皮下脂肪较厚和保定过程中的尖叫，使听诊和叩诊检查十分困难。另外，常见疾病的发生和流行特点与动物种类、饲养管理及集约化养殖关系密切，大群动物与单个动物的临诊检查也存在明显差异。因此，临床上必须在通用的检查方法和原则的基础上，根据不同动物种类确定其特定的方法、程序、内容和重点。

(二)畜群的检查

随着畜牧业生产向集约化、工厂化和产业化发展，畜群的临床检查就显得越来越重要。

对一个畜群做出明确的疾病诊断比对一头动物要困难得多，这主要是因为畜群发生的疾病一般具有群发性和流行性的特点，在短期内即可造成严重的经济损失。从流行病学的原理可以看出，畜群发生疾病可能与病原微生物感染、饲养管理等有关。饲养密度较高的猪和家禽主要发生的疾病有传染病、寄生虫病、营养代谢病、中毒性疾病等。奶牛、肉牛和羊还容易发生繁殖障碍、乳房炎和蹄病等。许多疾病的发生与环境条件有密切关系，特别在大规模的养殖场，完全具备病原体存在和增殖的条件，同时某些因素增加了动物的应激反应。因此，动物应激反应引起对体力的消耗，对疾病的抵抗力下降，病原体—动物—环境之间的平衡被破坏，也就很容易发生各种感染性疾病，并且容易造成某些传染病和寄生虫病的流行。另外，由于病原体—动物环境之间的平衡破坏，两种乃至数种病原体先后混合感染所致的疾病正在增加，这就大大增加了诊断的难度。

畜群的检查，不仅在于早期诊断疾病，防止疾病蔓延，更重要的是通过检查，对疾病进行预测预报，防患于未然。畜群检查和疾病诊断的关键在于掌握"既要看到树木，又要看到森林"的艺术。要努力识别出畜群中最为重要的问题，决不能一味地关注个别动物的没有代表性的症状。因此，畜群检查的程序为：

1.严格的群体观察 严格观察的目的是客观地掌握疾病的发生状况，不仅要观察病畜，还要观察健康群或健康动物，了解饲料配方、管理、环境卫生、畜舍通风、免疫接种、药物使用、生产性能等情况。在养殖场一般应有计划经常或定期进行检查。

2.个体检查 对单个的病畜进行详细的临床检查。确定疾病的主要症状和主要侵害器官。

3.流行病学调查 主要确定发病率、发病年龄、发病季节、死亡率、地域、繁殖性能、疫苗接种情况、应激反应等。

4.病理学检查 畜群发病后应尽可能进行尸体剖检和组织学检查，了解机体组织、器官和细胞形态的改变。根据特征性的病变，结合流行病学特点和临床症状，一般能做出初步诊断。

5.实验室检查 对一些群发性疾病，有时仅靠临床检查和病理学检查很难确诊。如营养缺乏性疾病必须检测饲草料和动物体内相应的营养指标；中毒性疾病应对饲草料、饮水、胃内容物及相关的组织器官进行毒物分析；传染病应通过微生物学、血清学和变态反应等确定诊断；寄生虫病应进行虫卵和虫体检查确诊。因此，实验室检查是疾病诊断的重要方法。

3.1.3 病畜登记与病历册记录

(一)病畜登记

病畜来诊时，首先应将病畜种类、性别、品种、年龄、畜名或编号、体重、用途及其他特征等登记于病历记录中，称为病畜登记。病畜登记的目的在于表明个体的特性与特征，在临床上不无重要意义。同时在鉴定家畜、传染病流行时的检疫、治疗无效需要屠宰淘汰的家畜、养殖场的定期检查以及引进家畜、运送高价的种畜和高产家畜时登记也是很重要的。因此，病畜登记应该看做临床工作中的一个不可缺少的环节。登记的主要内容有：

1.动物种类 动物种类不同，因而所患疾病的类别、病程、预后，以及对毒物、药物的敏感性亦不同。

2.性别 动物性别不同，因而在某些疾病方面亦各有特点。

3.品种 动物品种不同，对疾病的抵抗力、耐受性、患病后的严重性亦不同。

4.年龄 幼龄动物对传染病和非传染病较成年动物敏感。

5.毛色 一般认为深色动物较浅色动物对某些皮肤病的抵抗力强。

6.畜名及编号 据此可查明动物的来源、谱系及年龄等。如有特殊标记,亦不应遗漏。

7.体重 主要与用药剂量有关。

8.用途 动物的疾病,有些往往与用途有关,同时在判断疾病预后方面有参考价值。

9.过敏药物 应询问是否有药物过敏史及可能过敏的药物名称,以便临床用药时参考。这一点在宠物门诊更加重要。

(二)病历记录

病历是临床医疗工作过程的全面记录,是兽医师根据问诊、体格检查、实验室检查和特殊检查获得的资料经过归纳、分析整理而写成的。病历能反映疾病的发生、发展、转归和诊疗情况,有时病历也是涉及医疗纠纷及饲料、兽药和生物制品质量或人为中毒事件认定的重要依据。认真详细地填写记录,可以训练兽医师深入细致的观察能力与随时记录资料的良好习惯。将记录材料以辩证唯物主义观点,以科学的分析方法加以总结,就会使理论知识和实践经验不断地加深和丰富起来。

病历书写的基本要求是:

(1)内容要真实。必须客观地、真实地反映病情和诊疗经过,不能臆想和虚构。认真而仔细的问诊,全面而细致的临床检查,辨证而客观地分析以及正确、科学地判断是保证病历质量的关键;

(2)格式要规范。临床上病历记录有特定的格式,兽医师必须按规定的格式进行书写;

(3)描述要精练,用词要恰当。要运用规范的汉语、汉字和通用的兽医学词汇和术语书写病历,力求精练、准确;

(4)书写要全面,尽可能填全各项内容,字迹要清晰,不可潦草,避免涂改。

病历记录的格式一般为三种。不论病历记录的格式如何,它的内容和作用应该说是基本上相同的。

第一种(表 3 - 1)在第一页中分为三栏，第一栏是"病畜登记"，其中分别列举了病畜登记的项目，以便填写时逐项填写。第二栏是"病史"，不分项目，由检查者组织病史资料，自由填写。第三栏是"临床检查"，也不分项目，由检查者将一般检查和分系检查的内容，整理组织后自由填写。第四栏是"诊断"和兽医师签名。第二页分四列，第一列是"日期"；第二列是"经过"，此列中逐日记录病程的变化；第三列是"治疗"，逐日填写所用的疗法与药物及护理；第四列为兽医师签名。

这种病历记录的优点在于"病史"和"临床检查"二栏，活动范围很大，兽医师可根据具体病例，灵活记录，对重点患病器官或系统的状态可作详细的描述，对病程的变化及所用的疗法也可按当时的情况可简可繁，而不受一定格式的拘束。其缺点在于使缺乏临床经验和刚开始工作的兽医师，不易掌握记录的内容，可能对记录的主要项目有所遗漏。

第二种(表 3 - 2)第一页也分四栏，其中第一、二、四栏与第一种格式同，第三栏中则分别列举了一般检查和分系检查的项目。第二页与第一种格式同。

这种记录格式的优点为临床检查各项条目分明，便于逐一填写，不致遗漏主要内容，特别对于初工作的兽医师有很好的帮助。缺点是限制性太大，往往不能对某一系统器官的状态作比较详细的描述。

第三种形式是为专用目的而设计的，常常用于科学研究。这种记录的格式多种多样，可以按研究课题的任务提出许多指定检查项目。除病历记录外，还可附一些特殊检查用的表格，如血液检查表、胃液检查表等。

表 3 - 1 病历记录表

| 门诊号 | | 初诊日期 | 年 月 日 | 住院号 | | 入院日期 | 年 月 日 |
| | | | | | | 出院日期 | 年 月 日 |

| 畜主姓名 | | 住 址 | | | 邮编 | |

| 电话 | | 手机 | | E-mail | |

| 畜别 | | 性别 | | 年龄 | | 毛色 | | 品种 | | 用途 | |

| 体重 | | 其他标志 | | | 过敏的药物 | |

病史

临床检查　　体温　　脉搏　　　　呼吸　　　　营养状况

| 诊断 | | | 兽医师 | |

病历记录表　　　　　　　　　　第 2 页

日　　期	经　　过	治　　疗	兽医师

表 3 - 2 病历记录表

门诊号		初诊日期 年 月 日	住院号		入院日期	年 月 日
					出院日期	年 月 日
畜主姓名		住 址			邮编	
电话		手机		E-mail		
畜别	性别	年龄	毛色	品种	用途	
体重		其他标志		过敏的药物		

病史

临床检查 体温 脉搏 呼吸

体 态

被毛和皮肤
可视黏膜

浅表淋巴结

心血管系统

呼吸系统

消化系统

泌尿生殖系统

神经系统

运动系统

其他

诊断		兽医师	

一个完整的病历记录应包括：病畜登记，病史，一般检查，各系统检查，实验室检查和特殊检查，诊断，治疗及处方等部分。总的说来，应有以下四方面内容：

(1)病畜的一般叙述(即病畜登记及病史)；

(2)临床检查(包括一般检查、各系统检查、实验室检查及特殊检查)；

(3)病历日志(即复诊记录，逐日重点记录初诊后病情的变化和治疗效果或反

应，同时也包括补充的检查结果及诊断、治疗措施);

(4)结论(即诊断)，有些病畜在检查之后暂时无法确诊，应提出初步诊断意见，待进一步检查及会诊后作出最后诊断。

有些检查结果和资料不便完全记录在病历上，或因有特制的记录表，为了保存原始检查结果，必须以附件的形式作为病历的组成部分。主要包括:

(1)体温、呼吸、脉搏曲线表;

(2)血液、尿液、胃内容物、粪便、脑脊液、渗出液与漏出液等的实验室检查结果;

(3)X 线透视或拍片、超声诊断仪检查、内腔镜检查、变态反应、细菌学检查、血液寄生虫检查等报告单;

(4)对病畜的临床症状、病理变化及诊疗过程等拍摄的照片资料;

(5)死亡病畜的尸体剖检记录。

每诊治一个病畜，或者同一种疾病的病历积累了很多以后，应对病历资料进行科学的分析。详尽地分析多年的病历记录，可以查明某一疾病发展和消灭的规律，可以总结经验，并利用各种资料于科学研究。这样，根据记录的实际资料，参考有关文献，综合分析才能对某一疾病的病因、发病机理、临床症状与病程的特点等，有一个清晰全面的概念，同时可以判断和分析自己的诊断与治疗是否合理，进而在总结的基础上提高一步。分析病历应该注意以下要点:

1.确定疾病的性质应将所观察的病例，按一般临床分类法，列入一定的疾病类别之中。

2.病因根据所观察的病例确定相应的发病原因。如果不能正确的肯定，则提出可靠的推断。

3.发病机理该病一般的发病学，尤其是所观察病例的病的发生，应该特别注意,将所观察病例的病程特点与文献中所记录的该病的病理变化及病程加以比较。

4.临床症状该病的典型症状，所观察病例的特点。对于少见的症状以及从未记载过的症状，应特别仔细地加以分析。

5.鉴别诊断简要叙述类似的疾病，然后叙述类似的症状，再叙述类似的疾病不符的症状加以区别。

6.论证所提出的诊断在这一部分中必须利用病史、临床症状及流行病学资料。还要引用实验室检查及特殊检查等补充资料。

7.治疗简要分析该病常用的疗法，特别强调用于该病的特效疗法。不仅要论证治疗方法和药物的选用(特异性的、非特异性的和症状性的)，还要表明各种药剂的特点并阐明应用的理由。如果作手术治疗，应叙述手术方法及局部解剖部位。

8.预后应根据病畜的一般状况、治疗效果，提出预后，并说明应饲养管理的注意事项。

病历分析中可附各种图表，包括病例照片、图片、X 射线照片、超声波图片、心电图及实验室和临床检查结果等。最后，对全部的临床资料和治疗方法进行小结，并对所用的疗法作出认真的估价。

3.1.4 血液检验

血液常用检验项目有：红细胞沉降速率(血沉)、血红蛋白含量及红细胞压积的测定，红细胞计数、白细胞计数及其分类计数等。

(一)血液的采取与抗凝

采血的部位和方法根据检验项目、所需血量和动物种类的不同，可分为毛细血管采血法、静脉采血法和心脏采血法。

1.毛细血管采血法 常用血液检验项目中除血沉测定和红细胞压积测定需较多量的血液外，其他各项测定用血量较少，均可在耳尖、耳缘及耳静脉处按毛细血管法采血。采血前，先将局部剪毛，要尽量剪短，再用酒精棉球消毒，待酒精挥发、干燥后，用消毒的干燥针头迅速刺入消毒部位约 2~3mm 深，让血液自然流出。如血液不易流出时，可在刺入部的上方稍加按压，但勿用力强挤，以免混入过多的组织液。开始流出的第 1 滴血，可用于制作血片；然后用干棉球擦去局部的剩余血液，利用重新流出的第 2 滴血液作红、白细胞计数和血红蛋白测定；若利用第 3 滴血液时，仍然要将第 2 滴血液的剩余部分擦干，使局部皮肤干燥，否则以后流出的血液易分散，不能形成滴状，不易吸取。对犬、猫等小动物耳缘采血时，可在局部剪毛、消毒后，涂布一层凡士林，然后在局部刺入，流出的血液易成滴状，便于吸取。利用毛细血管血液时，取血动作要迅速，可做多项测定，如果操作不熟练，动作缓慢，往往引起血液凝固。利用毛细血管血液作多项测定时，一般应先作红细胞计数测定，后作血红蛋白或白细胞数测定。

2.静脉采血法 马、牛、羊可由颈静脉采血。猪可由前腔静脉采血。鸡可由翼下静脉采血，即用细针头刺入翼下静脉后，任血液自行流出并将其接入试管中。犬、猫可利用小腿外侧跖背外侧静脉或前臂内侧皮下静脉。局部剪毛消毒后，用止血带扎住采血部上端或由助手握住采血部位近心端，使静脉怒张，用消毒、干燥的注射器接上针头，针头斜面向上，先以约30度角穿刺静脉前2~3mm处的皮肤，然后再穿刺静脉壁入静脉腔，待见有血液流入注射筒内后，将针头顺势向静脉腔内推入少许，以防动物骚动时针头滑出静脉。用右手食指将针头固定，左手慢慢抽血，抽血时不可过分用力，以免引起溶血。待抽至所需血量后，先放松止血带，再用消毒棉球按住伤口，拔出针头。除去注射器上的针头，将血液沿管壁缓缓注入清洁的试管内。需抗凝血液时，试管内应加抗凝剂，并立即混匀，以免凝固。

3.心脏采血法 多用于鸡及实验动物需多量血液时。鸡可由胸腔入口处向心脏刺入，刺入心脏时，由于心腔压力较静脉高，血液可自然涌入注射器，兔及鸡等亦可在左侧胸部第1、2肋间，摸到心搏动明显处，针头与胸壁呈垂直方向缓缓刺入，针头进入心腔内时，血液可自然进入注射器。

4.血清快速分离法 如需迅速分离血清(特别对牛)，可将盛血管放入离心机内，以2500r/min的速度离心3min，使红细胞与血浆分离，然后放入37℃温箱内30min促使血块加速凝固、收缩，可迅速分离到较多的血清。

5.血液抗凝法 供检血最好采取后随即进行检验。若不能立即检验，为防止血液凝固，可加入抗凝剂，并应充分混合之。常用的抗凝剂有：

(1)草酸钠：是最常用的抗凝剂，为白色粉末状，每1.5~2.0mg可抗凝1.0mL血液，可用于血液常规检验。但因其对红细胞大小有影响，故不能用作红细胞压积测定，如需测定红细胞压积时，可用双草酸盐抗凝剂或乙二胺四乙酸二钠。

(2)双草酸盐抗凝剂：草酸钾0.8g；草酸铵1.2g；蒸馏水加至100.0mL。溶解后，吸取0.5mL，加于供采血用的试管或小瓶中，置干燥箱内(温度不能超过80℃)，烘干备用(实际含双草酸盐 10mg，可供 5mL 全血抗凝用)。

(3)3.8%枸橼酸钠溶液主要用于血沉测定时的抗凝。

(4)乙二胺四乙酸二钠(EDTA 二钠)：每 10mg 可使 5mL 全血抗凝；或配成 10%溶液，每 2 滴可使 5mL 全血抗凝。

怀疑传染病时，采血过程应防止到处流散，检后的残余血液及所用器皿亦应进行消毒处理。

(二)红细胞沉降速率(血沉)测定血沉测

定是在室温条件下观察抗凝血液内，红细胞于一定时间中的沉降速度。测定血沉，常用方法有两种：

1.魏(Westergren)氏法(表 3－3)

(1)器械

①特制的血沉管为长 30cm、内径 2.5mm 的毛细玻管，管上有 0~200 的刻度，每一刻度间的距离为 1mm，带刻度部分全长为 20cm，其容积为 1mL；并附有特制的血沉管架。

②定时钟。

③5mL 刻度试管(或 5mL 注射器)。

2.试剂 3.8%枸橼酸钠溶液。

3.方法 先用刻度试管装入 3.8%枸橼酸钠溶液 1.0mL，再自静脉采血 4.0mL(总容量至 5.0mL 处)，充分混合后，将此枸橼酸钠血液吸入血沉管至"0"刻度处，擦去管外血液，在室温条件下，垂直放于血沉管架上并记录时间。经 15、30、45、60min，观察红细胞的沉降数值作记录。

表 3－3 健康家畜血沉数值(魏氏法)

家畜种类	15min	30min	45min	60min
马	40~60	70~90	90~120	110~1255
黄牛、奶牛、绵羊、山羊	35	70	90	0.5~1.0
水牛	35	70	90	110

2."六五"型血沉管法(本法需血量较多，主要用于马的大群检疫)

(1)器械 "六五"型血沉管，内径 0.9cm，全长 17~20cm，其容积约为 10mL

的部分，刻有 100 个刻度。

(2)测定时，于血沉管中先加入抗凝剂(草酸钠 0.015~0.02g，或枸橼酸钠粉末 0.04~0.05g)；自颈静脉直接采血至刻度"0"处，立即充分混合；垂直放置，经 15、30、45、60min 各观察一次，分别记录其红细胞沉降的数值。

(3)健康家畜血沉正常值("六五"型血沉管法)见表 3 - 4。

表 3 - 4 健康家畜血沉正常值("六五"型血沉管法)

家畜种类	15min	30min	45min	60min
马	30~35	45~50	50~55	55~60
骡	23	47	52	54
黄牛、奶牛、绵羊、山羊	—	—	—	1.0 以内
水牛	10	30		65

3.临床意义

血沉加快：可见于各种类型的贫血及重度溶血性疾病，当马传染性贫血，梨形虫病时尤为明显；某些发热病、感染性疾病及广泛性炎症时，如结核、猪瘟、化脓性炎症等亦可见之；在风湿症时血沉也加快。

血沉减慢：常见于严重脱水(大出汗、多尿、剧烈腹泻)、马骡的某些腹痛、破伤风等时。

马的流行性脑脊髓炎时，血沉极为缓慢，是一个重要的特征。

(三)血红蛋白含量测定

红细胞遇酸溶解，游离出血红蛋白，并被酸化为褐色的酸性血红素；稀释后与标准色柱比色，即可求得血红蛋白的含量。

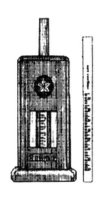

图 3 - 3 萨利氏血红蛋白计

1.器械 萨利氏血红蛋白计，通常以 100mL 血液中含血红蛋白 14.5g 定为 100%。其测定管的两侧有刻度，从下往上，一侧为 2~24 的刻度，表示 100mL 血液中含有血红蛋白的克数；另一侧有 20~160 的刻度，表示血液中血红蛋白的百分数。但各种不同牌号的血红蛋白计颇不一致，有低至以 13.8g 作为 100% 者；也有以高达 17.6g 作为 100% 者，故如以其他牌号血红蛋白计进行测定时，应注明所用测定管之标准，或为求统一，均以 "g%" 表示为宜。其血红蛋白吸管上常有容积为 10 及 20(mm3) 的两个刻度。

2.试剂 0.1mol/L(或 1%~2%)盐酸溶液。

3.方法

(1)于测定管内加入 0.1mol/L(或 1%)盐酸溶液至百分数刻度的 "20" 处(约 5~6 滴)。

(2)用血红蛋白吸管吸取供检血液至 20(或 10)mm3 处；用清洁脱脂棉或纱布拭净血红蛋白吸管尖端外壁附着的血液；迅速将血红蛋白吸管插入测定管底部的盐酸溶液中，缓缓压出血液，并以此盐酸溶液反复洗净管内所附着的血液。

(3)以玻棒充分搅拌，使供检血与盐酸溶液充分混合，静置 10min。

(4)沿管壁向测定管内逐滴加入蒸馏水(或 0.1mol/L 盐酸溶液亦可)，边加边以玻棒搅拌，并与两侧的标准色柱相比较，直至管内液体的颜色与标准色柱一致为止。

(5)读取测定管内液体凹面的刻度数，即为 100mL 血液中所含血红蛋白的克数或百分数。如检血用量为血红蛋白吸管的刻度 "10" 处时，应将读数乘以 2。

4.正常值各种家畜红细胞正常值见表 3 - 5。

表 3 - 5 各种家畜白细胞正常值

家畜种类	血红蛋白值(g/100mL)	家畜种类	血红蛋白值(g/100mL)
马、骡	11.0(9.0~13)	羊	9.8(7.8~11.6)
牛	10.0(9.0~11.0)	猪	10.5(9.5~12)
水牛	8.3(8.0~9.0)	鸡	12.5(10.0~14.5)
犬	14.9(12.0~18.0)		

5.临床意义

血红蛋白含量增多：见于各种原因引起的血液浓缩，如腹泻、呕吐、大出汗及某些中毒等。

血红蛋白含量降低：是各型贫血的特征，如马传染性贫血、牛血红蛋白尿病、梨形虫病及仔猪贫血等；亦可见于各种慢性消耗性疾病，如马鼻疽、牛结核、牛及羊的肝片形吸虫病、仔猪蛔虫病等。

如用"六五"型血沉管测血沉时，经放置2h以上(最好经一昼夜)后，可读取由20~125的一侧刻度的血柱高的刻度数，而概略地表示出血红蛋白的百分单位数。由于不甚精确，只可作为参考。

(四)红细胞计数

红细胞计数是将一定量供检血经一定倍数稀释后，计算其一定容积内的红细胞数，并换算为每立方mm血液内的含量。红细胞计数时血液的稀释方法有试管法和吸管法两种。

目前临床上因使用和洗涤方便，多采用试管法。

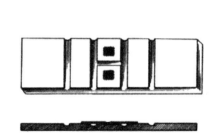
图3-4血细胞计数板构造

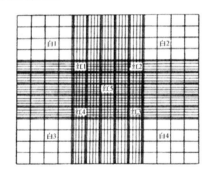
图3-5计数室的刻画线区

1.器械

(1)血红蛋白吸管吸血用，与测定血红蛋白者通用。

(2)血细胞计数板不仅用于红细胞计数，亦可作白细胞、血小板等计数用。计数板种类甚多，目前一般常用者为牛鲍氏和改良牛鲍氏。计数板为特制的厚玻片，上面刻划有计数室两个(图3-4)。每个计数室分9个大方格，大方格每边长度为1mm，每1大方格的面积为1mm2。加盖片后的深度为1/10mm。计数室四角的大方格，每格又等分为16个中方格，用于白细胞计数。中央大方格用双线划分为25个中方格，每个中方格又等分为16个小方格，共计400个小方格，用于红细胞计数(图3-5)。

(3)血盖片为血细胞计数板专用盖玻片，呈长方形，厚度为 0.4mm。

(4)5mL 管。

(5)小试管(75mm×10mm)。

2.稀释液

(1)0.9%氯化钠溶液。

(2)台氏液：3%枸橼酸钠液 99mL；36%中性甲醛 1mL。

(3)复方氯化钠稀释液(海姆氏液)：氯化钠 1.0g；结晶硫酸钠 5.0g；氯化汞 0.5g；蒸馏水 200.0mL；石炭酸品红溶液数滴。

3.方法

(1)取小试管 1 支，先以普通吸管准确吸取红细胞稀释液 4.0mL(按理应加 3.98mL)放于试管中。

(2)稀释血液用血红蛋白吸管准确吸取供检血液至 20mm 处(也可将稀释液和供检血液均取其半量)，用干脱脂棉拭去管尖外壁附着的血液；然后将血红蛋白吸管插入已装稀释液的试管底部，缓缓放出血液；再吸取上清液反复洗净附在吸管内壁上的血液数次；立即振摇试管 1~2min，使血液与稀释液充分混合，即得 200 倍的稀释血液。

(3)充液取清洁、干燥的计数板和血盖片。将血盖片紧密覆盖于血细胞计数板上；并将血细胞计数板置显微镜镜台上，用低倍镜先找到计数室；然后用小吸管取已摇匀的稀释血液一滴，使吸管尖端接触血盖片边缘和计数室空隙处，稀释的血液即可自然引入并充满计数室。

(4)计数室充液后，应静置 1~2min，待红细胞分布均匀并下沉后开始计数。计数红细胞用高倍镜，一般计数中央大方格中四角 4 个及中央 1 个中方格(共 5 个中方格)，即 80 个小方格内的红细胞数。5 个中方格内红细胞的最高和最低数相差不得超过±10%，否则表示血液稀释、混合不均。红细胞在高倍镜下呈圆形，淡黄色，发亮。为避免重复和遗漏，计数时应按一定顺序进行。对于压在线上的红细胞，每格都只计入上方和左侧线上的，而压在下方和右侧线上的红细胞则均不计入。

4.计算

每立方 mm 血液内红细胞总数=X/80×400(小方格总数)×稀释倍数(200 或 100)×10

式中：X 为计数 5 个中方格(80 个小方格)的红细胞数。

如血液稀释 200 倍，为计算方便，也可将计数 5 个中方格(80 个小方格)内的红细胞总数，乘以 10000，即得每 mm3 血液内的红细胞总数。

5.正常值健康家畜红细胞数(万/mm3)见表 3 - 6。

表3 - 6健康家畜红细胞数(万/mm3)

家畜种类	平均数值	变动范围
马	650	600～700
牛(包括水牛)	600	550～700
绵羊	900	800～1100
山羊	1300	1000～1600
猪	600	500～700
鸡	350	250～500
犬	680	550～850

6.临床意义

(1)红细胞增多：可见于各种原因引起的血液浓缩，如大出汗、胸膜炎和腹膜炎的渗出期等。

(2)红细胞减少：多见于各种类型贫血，如马传贫、牛梨形虫病、仔猪营养性贫血、新生动物溶血症、牛血红蛋白尿。

(五)白细胞计数

用冰醋酸将红细胞破坏后，计算每立方 mm 内白细胞总数。

1.器材除需要 1mL 和 0.5mL 吸管外，其他同红细胞计数。

2.稀释液常用 1%冰醋酸，也可用 1%盐酸溶液。稀释液中可加 1%结晶紫数滴，使之呈淡蓝色，以便与红细胞稀释液相区别。

3.方法用 1mL 吸管吸取白细胞稀释液 0.38mL，置于小试管中。用血红蛋白吸血管吸取被检血液至 20mm 处，擦去管外黏附的血液，吹入小试管中，反复吹吸数次，以洗净管内所黏附的白细胞，充分摇震混合，再用毛细管吸取被稀释的血液，充入已盖好玻片的计算室内，静置 1~2min，低倍镜检。计数步骤与红细胞计数相同，数四角处 4 个大方格(每个大方格包括 16 个中方格)内的白细胞总数。

4.计算 按下式计算

$$白细胞数/mm^3=X×50$$

式中：X 为四角大方格内的白细胞总数。

5.临床意义

(1)白细胞增多：可见于多数细菌性感染和炎症，如猪丹毒、猪肺疫、结核、马鼻疽、马腺疫、肺炎、胸膜炎、腹膜炎等。白血病时以白细胞的显著增多为其特征。

(2)白细胞减少：主要见于某些病毒性传染病，如猪瘟、流感等；某些严重疾病的后期，机体高度衰竭时亦可见之；长期应用某些药物(如氯霉素等)，也可引起白细胞减少。

(六)白细胞分类计数

以百分率表示各种类型白细胞间的数量关系，称为白细胞分类计数。分类计数时需要制作血片，并进行染色。

1.血片的制作 取一清洁、干燥、脱脂的玻片，作为载片；另以一盖片(较厚者)或以一端光滑、平整的载片做为推片。

于动物耳尖，针刺采血。用左手的拇指及中指挟持载片，右手持推片。

先取供检血一小滴，放于载片的一端；将推片约倾斜 30~40 度角，使其一端与载片接触，并放于血滴之前；向后拉动推片，使之与血滴接触，待血液扩散开之后，以均等速度轻轻向载片另一端推动，即形成一血膜；迅速自然风干，待染。良好的血片，以薄而均匀为宜。

2.血片的固定 通常用甲醇固定，将干燥血片，置甲醇中 3~5min，取出后自然干燥；亦可用乙醚与酒精等量混合液(10min)或纯酒精(20min)、丙酮液(5min)固定。若用瑞氏法染色时，则无须固定，因瑞氏染液中含有甲醇，在染色同时即起固定作用。

3.血片的染色 通常用瑞氏或姬姆萨氏染色法。

(1)瑞氏染色法。取干燥血液涂片，在血膜两端用蜡笔画线，以节省染液并防止外溢。

置血片于水平的支持架上(一般可用玻璃棒或铁丝自制)。滴加染液(量的多少由血膜大小而定)，直至将血膜盖满为止。待染 1~2min 后，再加 1~1.5 倍缓冲液，并轻轻摇动，或以口吹气，使染液和缓冲液混匀。继续染色 3~5min，用蒸馏水或常水冲洗后，将血片立于置片架上，在空气中任其自然干燥，或用清洁吸水纸将水分吸干，以备镜检。

(2)姬姆萨氏染色法。取已固定的血片，滴加姬姆萨氏应用液，至盖满整个血膜(约 2mL)，根据室温高低和血片厚度，染色 10~30min。用蒸馏水冲洗，干燥，镜检。

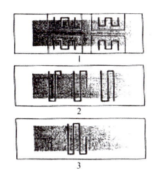

图 3 - 6 血片的分区计数法

1.四区法 2.三区法 3.中央一区法

染色良好的血片呈玫瑰红色。如显灰色及青灰色，表示染色液过碱；呈鲜红色，则表示染色液过酸或染色时间过短。

本法所染血片，清晰鲜艳，各种白细胞易于辨别并适用作血液原虫的检查。

4.血片的镜检与白细胞的分类计数 通常在血片的两端或两端的上、下部分按二区或四区计算法，有秩序地移动血片，计数白细胞总数 100~200 个。一般计数 100 个白细胞(如分二区计数，则每区计 50 个；分四区计数，则每区计 25 或 50 个)，并按各类白细胞所占的百分数计算出其比值。

镜检一般先用低倍镜做大体上的观察，再换用油镜，边检视白细胞并计数，边移动血片而进行之。

5.各类白细胞的形态和染色特征 根据胞浆中有无染色颗粒，将白细胞区分为颗粒细胞和无颗粒细胞。前者又根据其胞浆中染色颗粒的着色特征，分为嗜碱性、嗜酸性及嗜中性白细胞；后者则包括淋巴细胞及大单核细胞。

嗜碱性白细胞较大，呈圆形，或椭圆形，胞浆中有呈深紫色较小的染色颗粒。

嗜中性白细胞中等大小，呈圆形或椭圆形，胞浆中有嗜中性的呈淡玫瑰红色的小颗粒；依其细胞核的形态特征而分为髓细胞、幼稚型、杆状核和分叶核细胞。髓细胞的细胞核色淡、着色不均，呈长圆形或豆形。

幼稚型的细胞核着色较淡，多呈肾形。杆状核细胞的核致密、色深，弯曲呈粗细较均匀的带状、S 形、马蹄形等。分叶核细胞则其核分成 2~6 个分叶不等，并在各分叶间有细丝状连接为其特征。淋巴细胞呈圆形；直径大而胞浆较多者为大淋巴细胞；直径小而胞浆较少者为小淋巴细胞。核呈深蓝紫色、圆形、致密、且常偏位；胞浆呈淡天蓝色，有时在大淋巴细胞的胞浆内有显著的嗜天青颗粒；于核的周围有淡染圈(或称透明带)；小淋巴细胞的胞浆极少，有时仅呈月牙形，位于细胞的一侧。大单核细胞极大，呈不正、多边、多角形，胞浆呈烟灰色、较暗，核呈紫褐色，近似椭圆或不正形。

6.正常值 健康家畜各类白细胞分类数值(%)见表 3 - 7。

表 3 - 7 健康家畜各类白细胞分类数值(%)

畜种类	嗜碱性细胞	嗜酸性细胞	嗜中性细胞			淋巴细胞	大单核细胞
			幼稚型	杆状型	分叶核		
马	0.5	4.5	0.5	4.0	53.0	35.0	3.0
牛	0.5	4.0	1.0	4.0	33.0	56.0	2.0
水牛	0.5	10.0		4.5	35.0	47.0	3.0
猪	0.5	2.5		5.0	35.0	53.0	3.0
羊	0.5	5.5		1.0	35.0	57.0	3.0
犬		4.0		0.8	70.0	20.0	5.2

7.临床意义

(1)白细胞增多

①嗜中性白细胞增多：见于多数细菌性传染病初期，如猪肺疫、牛出血性败血病、马腺疫等；急性炎症过程，如肺炎等；并常见于机体的化脓性感染。

②嗜酸性白细胞增多：多见于某些寄生虫病、过敏性疾病及湿疹等。

③淋巴细胞增多：主要见于某些慢性传染病，如结核、鼻疽时；也可见于淋巴细胞性白血病。

④单核细胞增多：见于败血性疾病，某些梨形虫病(如焦虫病)及李氏杆菌病

时。

(2)白细胞减少

①嗜中性白细胞减少：可见于某些病毒性传染病；药物中毒，如长期应用某些抗生素；也可见于许多严重疾病的末期。

②嗜酸性白细胞减少：当败血症、某些病毒病时可能减少；当显著减少时常提示预后不良。

③淋巴细胞减少：多为嗜中性白细胞增多而造成的相对性变化。

在分析嗜中性白细胞增、减变化时，不仅要结合白细胞总数的增、减变化，并应特别注意嗜中性白细胞的成熟情况。

嗜中性白细胞的成熟情况，以核象的变化为标志。若末梢血液中未成熟的嗜中性白细胞增多，即出现嗜中性髓细胞、幼稚型和杆状核嗜中性白细胞的比例也升高，则称为核左移。

若血液内分叶核嗜中性白细胞大量增多，而且核的分叶数目也增多(大部分为4~5叶或更多分叶)，则称为核右移。

严重的核左移，反映病情危重。如白细胞总数增多的同时，出现核左移，表示骨髓造血机能加强，机体处于积极防御阶段；而白细胞总数减少时见有核左移，则标志骨髓造血机能减退，机体的抗病力降低。至于核右移，乃骨髓造血功能衰退的标志，多由机体高度衰竭而引起，常提示预后宜慎重。

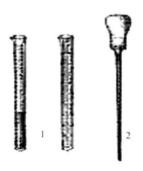

图3-7 温氏红细胞压积容量测定管

1.温氏管 2.充血用的长针头

(七)红细胞压积容量测定

红细胞压积容量(简称比容或 P.C.V.)是将抗凝血装入特制的玻璃管中，以计算红细胞体积占全血体积的百分比，即为比容。

1.器械

(1)温氏(Wintrobe)管管长 110mm，内径 3mm，管壁一侧自上而下标有 0—10 刻度，供测定血沉之用；另一侧自下而上标有 0—10 刻度，供测定比容时用。0—10 之间共有 100 个刻度(图 3 - 7)。

(2)长针头选用封闭长针头(长 15cm)，针尾接以橡皮帽，供充液及冲洗温氏管用。

2.方法

(1)用长针头吸取抗凝血，将针头插入温氏管底部，自下而上注入血液，至刻度"10"处为止。

(2)将此管置电动离心机内，以 3000r/min 速度离心 30min，使红细胞紧压于管之下端。读取红细胞柱的高度，即为红细胞压积值。

3.正常值各种健康家畜红细胞压积数值见表 3 - 8。

表 3 - 8 各种健康家畜红细胞压积数值

家畜种类	平均数值	变动范围
马	35	30~40
牛	35	28~42
羊	39	32~46
猪	34	25~40
犬	46	37~55

4.临床意义

(1)比容增加。多为血液的液体成分减少而比容相对增加，可见于胃肠炎、肠便秘等。比容超过 60%，说明血液高度浓缩。因此，通过比容的测定常可判断脱水的程度，以及确定输液量的多少。

(2)比容减少。多为红细胞减少所致。结合红细胞计数及血红蛋白含量的测定，可计算出红细胞的平均体积，平均血红蛋白含量和饱和指数，有助于对贫血的鉴别诊断。

3.1.5 尿液检验

尿液检验不仅可以发现泌尿系统的疾病，而且可为临床诊断提供有关糖代谢障碍、肝功能和酸碱平衡紊乱等资料。常用检验项目包括用物理学方法，检查其物理性状，如尿色、透明度、气味、比重等；以化学方法，测定其反应、蛋白质、酮体及潜血；以及用显微镜检查尿沉渣。

(一)尿液标本的采集和保存

可用清洁容器或集尿器搜集自然排出的尿液，必要时也可用导尿方法采取。采集的尿液标本应立即检验。如不能立即检验时，可加入少量防腐剂，如于 100mL 供检尿中，加入福尔马林 3~4 滴或麝香草酚 0.1g。

(二)尿液物理性质的测定

尿液物理性质的检查包括尿色、透明度、气味、密度等。尿密度可用尿密度计测量。

1.方法 将尿液沿玻筒壁缓缓倒入特制的尿密度筒(或量筒)内，液面须离筒口 1/30m 左右，且勿使液面产生泡沫，如有泡沫，应以滤纸除去。然后将尿密度计小心地放入盛尿的量筒中，勿使与筒壁、筒底相接触，而应漂浮于尿液中，待密度计稳定后，自液面读取密度计的相应刻度数，即为测得的尿密度。

若尿量太少不便测量时，可将尿液用常水等量或数倍量稀释后测定，然后将测得的密度值的最后两位数乘以稀释倍数，即得尿液的真正密度。

尿密度计上的刻度是以尿温 15℃ 为标准而制订的。故当尿温每高于标准温度 3℃ 时，密度应增加 0.001；反之，每低 3℃ 时，应减 0.001。

2.正常值 健康家畜尿密度变动范围如下：

猪：1.018~1.022 马：1.025~1.055

牛：1.025~1.050 羊：1.015~1.070

健康家畜尿液密度的大小，与尿中固体物质的含量成正比，其中影响最大的是尿素和氯化钠。一般尿比重值与排尿量呈反比。尿密度降低，可见于引起尿量增多的各种疾病；尿比重升高，多见于引起尿量减少的各种疾病。

(三)尿液的化学检验

1.尿的 pH 值

(1)方法。最简便的方法是用 pH 试纸，一端蘸取少许尿液，然后与所附有的标准比色纸进行比色，其相应的数值即为供检尿的 pH。

(2)尿液的反应及其病理变化。家畜尿液的反应，依饲料性质而有不同。草食动物正常为碱性，马尿的 pH 约为 7.8，牛尿则约为 8.7；而猪尿则依饲料性质为转移，或为碱性或呈酸性(喂富蛋白质饲料时呈酸性反应；喂给植物性饲料时呈碱性反应)。

草食动物尿呈酸性反应，可见于高热性疾病、佝偻病、骨软症及长期饥饿；其碱性增高多由于膀胱炎、尿道阻塞而引起尿液的氨发酵所致。

2.尿中蛋白质的测定

(1)煮沸法

①原理。蛋白质遇热发生凝固而出现混浊。

②方法。取中试管一支，加供检尿(如为碱性尿，需加少许 10%醋酸，使之成为弱酸性)5~10mL，于酒精灯上加热至沸，如呈白色混浊或出现絮状沉淀，则为蛋白尿阳性。

为区别由碳酸盐或磷酸盐而生成的假阳性混浊现象，可滴加醋酸溶液数滴。若滴酸后混浊消失，为假阳性反应；若滴酸后不消失并混浊加重或产生沉淀，则为阳性反应。

(2)磺柳酸法(磺酸水杨酸法)本法较灵敏。

①原理。磺柳酸为生物碱试剂，酸性环境中，其阴性离子可与阳性电荷的蛋白质结合成不溶性蛋白盐而沉淀。

②试剂。通常用 20%磺柳酸溶液。在马也可用 10%的磺柳酸溶液。

③方法。取滤过尿 5mL 于试管内，加 20%磺柳酸溶液数滴，如尿中含有蛋白质或蛋白胨，即出现白色混浊或沉淀。由蛋白胨产生的混浊，于加热后可消失，放冷后重复出现。蛋白质沉淀加热也不消失。

(3)试纸法

①原理。根据指示剂的"蛋白质误差"的原理，在一定的 pH 条件下，由于

尿中蛋白质的作用可使试纸条上的试剂产生绿色。阴性结果为黄色。根据尿中蛋白质含量的多少，阳性结果时可呈现黄绿、绿和蓝绿等不同颜色。

②试纸。市售的尿蛋白质检验试纸。在良好的存放条件下，有效期可达2~3年。

③方法。由试纸瓶中取出试纸条(取后立即扭紧瓶盖以防瓶内试纸受潮影响有效期)，将试纸插入新鲜的未经离心的尿液中，立即取出试纸并在容器壁上沾去多余的尿液，迅速与瓶签上的标准比色板比色判定。

(4)临床意义。健康家畜的尿中，只有蛋白的痕迹，用一般方法难以检出，通常可认为不含蛋白。只当喂饲大量蛋白饲料或妊娠动物、新生幼畜等可呈现一时性蛋白尿。

病理性蛋白尿主要见于急性肾炎及肾病；此外，膀胱、尿道的炎症时亦可出现轻微的蛋白尿。多数的急性热性传染病(猪瘟、猪丹毒、多种动物的流感、马腺疫、胸疫、传染性贫血以及梨形虫病、鼻疽、结核等病)，某些饲料中毒时，也可出坝蛋白尿。

3.尿中潜血的检验

若尿中仅有少量血液或血红蛋白，并不足以引起肉眼可见的颜色变化时称为潜血，可用化学方法检验之。

(1)联苯胺法

①原理。血红蛋白中的铁，具有过氧化酶的作用，可分解过氧化氢放出氧，使联苯胺氧化呈绿色或蓝色。

②试剂。联苯胺冰醋酸饱和液，3%过氧化氢溶液。

③方法。取供检尿3~5mL置洁净试管中煮沸，以破坏其他可能存在的过氧化酶。冷却后加入联苯胺冰醋酸饱和液数滴，再加3%过氧化氢溶液数滴，混合，数秒钟即可呈现反应。

如尿中含有磷酸盐类，再加联苯胺冰醋酸饱和液及过氧化氢，可发生乳白色沉淀，影响结果判定。此时可先将煮沸后的供检尿冷却，再滴加冰醋酸，使尿呈酸性为止。然后加乙醚3mL，加塞振摇之，静置片刻，醚层即分离。如醚层呈胶体状，可加乙醇数滴以促其分离(因在酸性条件下，尿内血红蛋白可溶于乙醚内)。

取滤纸一小片(滤纸应先试验，需不呈阳性反应者方可应用)，滴加醚提出液数滴。待醚蒸发后，再滴加联苯胺冰醋酸饱和液数滴，稍待片刻，再滴加3%过氧化氢数滴即可。

(4)结果判定。若供检尿(或按上述处理后的滤纸)呈绿色或蓝色，为阳性反应。颜色的深度(绿、蓝绿、蓝色、深蓝)，可表示反应的强弱(+、++、+++、++++)。若5min后仍不变色，则为阴性反应。

(2)试纸法

①原理。血红蛋白中的铁质具有过氧化酶的作用，使试药中的过氧化物分解，而邻一联甲苯胺氧化并呈蓝色或绿色。

②试纸。市售尿潜血试纸。本试纸选用邻一联甲苯胺作呈色剂，可避免联苯胺有致癌作用的缺点。

③方法。将试纸沾入尿中，按说明书规定的时间与标准比色板比色，判定结果。斑点状的绿色或蓝色说明尿中有完整的红细胞，弥漫性的绿色或蓝色为血红蛋白或肌红蛋白。

(3)临床意义 尿中潜血反应阳性，可见于肾及尿路的出血性疾病；以及各种溶血性疾病(如焦虫病、牛的血红蛋白尿症、钩端螺旋体病、新生仔猪和骡驹的溶血病等)。

为区分血尿与血红蛋白尿，可按表3-9方法鉴别。

表3-9 血尿与血红蛋白尿鉴别表

鉴别方法	血尿	血红蛋白尿
肉眼观察	常混浊不透明	常透明
静止后	有红色沉淀	无红色沉淀
显微镜检查	可发现完整红细胞	无完整红细胞
屡次过滤	脱色	不脱色

4.尿中酮体的检验

酮体是β-羟丁酸、乙酰乙酸和丙酮的总称。它们都是脂肪代谢的中间产物，当大量脂肪分解而导致这些物质氧化不全时，可使血中浓度增高而由尿排出，称为酮尿。反刍兽患病时，应注意检验尿中有无酮体。

(1)郎(Lange)氏法

①原理。丙酮或乙酰乙酸与亚硝基铁氰化钠作用后，再与氨液接触可产生紫红色化合物，冰醋酸可抑制肌酐产生类似的反应。

②试剂。亚硝基铁氰化钠；冰醋酸；浓氨水(28%)③方法。取被检尿约2mL于小试管内，加入亚硝基铁氰化钠结晶数小粒，振荡使其溶解，再加冰醋酸0.2mL(3~4滴)，混匀后，将试管倾斜，沿管壁缓缓加入浓氨水0.5~1mL，在两液交界处呈现紫红色环即为阳性。判定结果时根据颜色产生的时间，可作粗定量判断。

立即出现深紫红色环(+++)；逐渐出现紫红色环(++)；10min内出现淡紫色环(+)；10min后不显色(一)。

(2)改良罗特拉(Rothera)氏法

①原理。丙酮和乙酰乙酸在一定的pH环境中，与亚硝基铁氰化钠及硫酸铵作用，形成紫色化合物。

②试剂。改良罗氏粉剂：亚硝基铁氰化0.5g；无水碳酸钠10.0g；硫酸铵20.0g将上述三种药物研磨混匀(不宜太细)，贮于棕色瓶中备用。若放置过久变黄，说明已失效。

③方法。取粉剂约0.1g于载玻片上或反应盘内，加新鲜尿2~3滴使粉剂完全被尿液浸透。

④结果判定。粉剂呈紫红色为阳性反应，5min后仍不显色者为阴性。根据显色快慢与色泽深浅，亦可用(+-+++)号表示。

(3)试纸法。市售酮体试纸可按说明书使用。

(四)尿沉渣的检查

尿沉渣的成分主要有两类：无机沉渣多为各种盐类结晶；有机沉渣包括红细胞、白细胞、上皮细胞、管型(尿圆柱)及微生物等。尿沉渣，特别是有机沉渣，在泌尿器官疾病的诊断上有重要的意义。

1.尿沉渣标本的制作和镜检

(1)取新鲜混匀的尿液约10mL于试管内，以2000r/min的速度离心沉淀3~5min，或任其自然沉淀。标本为明显脓尿或血尿时，则不必离心，但应注明未离心沉淀。

(2)离心沉淀后吸出上清液于另一试管中(作蛋白质测定用)，沉淀管内剩余约0.2mL，摇匀沉渣，倾于玻片上加盖片后镜检。

(3)先用低倍镜将涂片全面观察一遍，寻找有无细胞、管型及结晶。再用高倍镜仔细辨认。光线应用弱光，过强时可使透明管型漏检。

(4)检查细胞至少应观察 10 个高倍镜视野，管型至少应观察 20 个低倍镜视野。

(5)报告方法细胞以高倍视野所见最低和最高数字表示，如白细胞 0~5 个/高倍视野，也可用符号(+-++++)表示。管型以低倍视野所见最低和最高数字表示，如透明管型 0~1 个/低倍视野，或用符号(+-++++)表示。

(6)每次操作步骤，如离心沉淀的尿量、离心速度、时间和上清液剩余的量，以及检查视野数等均应做到一致，便于前后比较，有助于观察病情变化。

2.尿沉渣中的细胞成分红细胞新鲜红细胞为淡黄绿色，略有折光性，在高渗尿内可皱缩成桑葚形或星状，在低渗尿内则胀大，甚至可使血红蛋白溢出，成为大小不同的空环形，称红细胞淡影。

正常尿中很少见到红细胞。若超过 4~5 个/高倍视野，而尿的外观无血色者，称为镜下血尿。见于急性或慢性肾小球肾炎、急性膀胱炎、肾结石、肾盂肾炎等。

白细胞尿中白细胞主要为中性粒细胞，胞浆清晰整齐，在新鲜酸性尿中，或加1%醋酸处理后，则可见到清晰的细胞核。白细胞退化变性后，外形多不规整，胞浆内充满颗粒，常将核覆盖而看不到时，称脓细胞。

正常尿中可有少量白细胞。如超过 5~8 个/高倍视野时，说明泌尿器官有炎症。如尿中出现大量白细胞或脓细胞，说明泌尿器官有化脓性炎症或脓肿破裂。

上皮细胞其来源不同，形态亦各异。

(1)肾上皮细胞

①形态呈圆形或多边形，大小近似白细胞或比白细胞略大 1/3，含有一个大而圆形的核，胞浆内含小颗粒。

②临床意义肾上皮细胞主要来自肾小管。正常尿液中可能有少量出现。当肾小球肾炎时可大量出现，其细胞内并可含脂肪滴。

(2)尿路上皮及肾盂上皮

①形态尿路上皮约比白细胞大2~4倍，形态不一，可呈梨形、梭形或带尾形，尿路上皮常有一圆形或椭圆形的较大的核；有呈典型的高脚杯形者为肾盂上皮细胞。

②临床意义尿路上皮细胞来自肾盂、输尿管及膀胱颈部，高脚杯形的细胞主要来自肾盂。这些细胞大量出现时，表示尿路黏膜的炎症比较严重。

(3)扁平上皮细胞(膀胱上皮)

①形态。表层为大而扁平，中层为纺锤形，深层为圆形的细胞含有小而明显的圆或椭圆形的核。

②临床意义。此细胞来自膀胱、尿道浅层。大量出现说明膀胱或尿道黏膜的表层有炎症。

图3-8 尿沉渣中的上皮细胞

1.肾上皮 2.尿路上皮 3.肾盂上皮 4.膀胱上皮

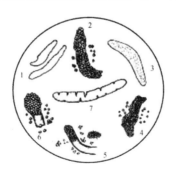

图3-9 尿沉渣中的各种管型模式图

1.透明管型 2.上皮管型 3.颗粒管型 4.血细胞管型 5.脂肪管型 6.混合管型 7.蜡样管型

图 3 - 10 碱性尿液中的无机沉渣   图 3 - 11 尿沉渣

(4)管型(尿圆柱)管型是蛋白质在肾小管内凝聚而成的圆柱状物体，当尿内有多量管型出现时，表示肾实质有病理性变化。

根据管型的构造不同，又可分为许多种，如透明管型、颗粒管型、脂肪管型、蜡样管型、细胞管型等。细胞管型中又有红细胞、白细胞、上皮细胞等管型。常见管型的形态及临床意义如下。

①透明管型为无色透明内部结构均匀的圆柱状体，两边平行，两端钝圆，偶尔含有少量细颗粒。因其透明度大易被忽略，需在弱光下观察。尿中多量出现时，说明肾实质有轻度病变。

②颗粒管型管型内含有颗粒，其量超过 1/3 时，称颗粒管型。根据颗粒的大小，又分为粗颗粒与细颗粒两种类型。细颗粒管型见于慢性肾炎或急性肾炎后期。粗颗粒管型见于慢性肾小球肾炎或某些原因引起的肾小管损伤时。

③细胞管型红细胞与白细胞管型的意义与尿中细胞成分的意义相同。上皮细胞管型表示有肾小管病变，常见于急性肾炎、重金属和化学物质中毒时。

④脂肪管型管型内有多量大小不等，圆形折光性强的脂肪滴。见于慢性肾炎及类脂性肾病。

⑤蜡样管型常呈浅灰色或蜡黄色、有折光性、质较厚、外形宽大、易断裂、断端呈直角、边缘常有缺口，有时呈扭曲状。表示肾脏有长期而严重的病变。

(5)无机沉渣 正常时，马尿中的无机沉渣较多。碱性尿中的无机沉渣主要为碳酸钙；酸性尿中的无机沉渣，则主要为草酸钙。磷酸铵镁(三重磷酸盐)呈无色、两端带有斜面的三棱柱状体。如新鲜尿中多量出现，可提示膀胱炎或肾盂炎。尿中无机沉渣的检查，对尿结石的早期诊断有一定意义。

3.1.6 粪便检验

粪便检验包括一般性质的检验、显微镜检验、化学检验等三方面的内容。前两方面的内容分别由消化系统检查中粪便感观检查和寄生虫病临床病原诊断技术的内容叙述，本节主要介绍化学检验中的酸碱度检验和潜血检验

(一)粪便的酸碱度检验

取广范围试纸一条贴在被检粪便上，根据试纸颜色改变情况，判定其 pH。如粪便过于干涸时，可先将试纸用中性蒸馏水浸湿，然后贴在被检粪便上测定。家畜粪便的酸碱度与饲料性质有关。草食兽粪便表面为碱性反应，粪球内部呈酸性或弱酸性反应。杂食兽的粪便，在一般饲喂混合性饲料时为碱性反应，有的为中性或酸性反应。当肠内糖发酵旺盛或脂肪消化不全时，由于形成多量的有机酸，粪便呈强酸性；当肠内蛋白质腐败分解旺盛时，由于形成游离氨，而呈现强碱性反应。

(二)粪便中的潜血检验

1.方法 取洁净棉签两根，滴以生理盐水。一支棉签上涂粪，另一支作对照。均置酒精灯上加温片刻，以破坏可能存在的它种过氧化酶；待冷，各加 1%联苯胺冰醋酸溶液及 3%过氧化氢液各 2 滴，观察颜色出现的快慢及深浅。亦可在玻片上用玻璃铅笔划两个一角硬币大小的圆圈，一个圈内涂粪，另一个作对照；均置酒精灯上加温待冷后，各加联苯胺冰醋酸液(或加固体粉剂少许及 1%冰醋酸液 1~2 滴)及 3%过氧化氢 2 滴，判定结果。

2.结果判定 如涂粪棉签呈蓝色，而对照棉签颜色不变，为阳性反应；如两支棉签均呈蓝色，为假阳性反应；如两支棉签均不变色，为阴性反应。

检验结果可按以下规定记录：

加试剂后立即出现深蓝或深绿色者为最强阳性反应(++++)。

加试剂后初现浅蓝色，半 min 内渐现深蓝或深绿色者，为强阳性反应(+++)。

加试剂半 min 后、1min 内出现绿蓝色者为阳性反应(++)。

加试剂 1min 后、2min 内出现绿色者为弱阳性反应(+)。

加试剂 2min 后、5min 内缓缓出现浅绿色者为痕迹反应(±)。

若 5min 后仍不出现浅蓝或浅绿色者为阴性(-)。

3.临床意义粪便潜血阳性，见于胃肠道的出血性疾病，牛黏膜病、犬细小病毒性肠炎及犬钩虫病等。

3.1.7 瘤胃内容物的检验

瘤胃内容物的检验内容主要有一般感观检查、pH 测定和纤毛虫检查等。

(一)瘤胃内容物的采取

用量较少时，可用长针头在左侧肌窝部穿刺抽取。亦可在反刍时，用手将刚吐出的食团由口腔内取出，榨取瘤胃液。

用量较多或动物反刍废绝时，一般都要通过插入胃导管抽取。由口腔插入粗口径的胃导管，确证进入瘤胃内后，将牛头压低用唧筒抽吸，有时亦可自行流出。特制的细胃导管，长 2.5m，直径 1.5cm，在其前端约 40cm 部分有许多直径约 5mm 的侧孔，抽吸时不易为饲料堵塞。抽取后的瘤胃内容物，在一般感观检查后，可用二层纱布滤去粗纤维，作为检查纤毛虫用。

(二)一般感观检查

1.气味正常时具有芳香气味。瘤胃酸中毒时，由于乳酸增多，常呈酸臭。氨过多时，有腐败臭。

2.颜色正常为淡绿色或绿色，以青贮料为主时，呈黄褐色。瘤胃酸中毒时，常呈乳灰白色。

3.粘稠度正常瘤胃液有一定的粘稠度。在瘤胃酸中毒和第四胃移位时，常呈稀薄水样。

(三)酸碱度的测定

取新采集的瘤胃液，先用广范围 pH 试纸，后用精密 pH 试纸测定。正常瘤胃液的 pH 约在 6.5~7.5 之间，低于 6.5 或高于 7.5 时，应考虑为异常。pH6.0 以下或 8.0 以上，应考虑乳酸过多或氨过多。瘤胃酸中毒时 pH 可降至 4.0~4.8。

(四)纤毛虫检查

1.纤毛虫活力检查

(1)方法取新采集的瘤胃液,用两层纱布滤过后,滴在载玻片上涂成薄层后,用低倍镜观察10个视野,计算每个视野中纤毛虫的平均数,并计算其中有活动力的纤毛虫百分数。

采集后的纤毛虫,由于受温度的影响,其活力逐渐下降,最好使用显微镜保温装置,如无条件时,可将玻片在酒精灯上稍加温后立即镜检。

(2)结果一般认为采取后直至45min,其活力为4.6%~5.0%。

2.纤毛虫计数

(1)方法 有条件时应用特制加深的血细胞计数板,一般情况下可利用普通的血细胞计数板加以改制(即在计数板两侧凸起部沾以薄玻片,使计数池深度达0.5或1.0mm)。将滤过的瘤胃液直接滴在计数板上,再加上盖片,按白细胞计数法计数。但计算时不应乘稀释倍数,并应换算为每mL瘤胃液中的纤毛虫数。

(2)结果 正常时每mL瘤胃液中约含40万个纤毛虫,如低于1万个,即可提示为消化器官疾病或消化功能紊乱。

(五)纤维素消化试验

1.器材与试剂

(1)器材小铅锤(可用螺母代替)、棉线或纯纤维素、烧杯。

(2)试剂 10%葡萄糖溶液。

2.操作方法

(1)纤维素法取10mL瘤胃过滤液,加10%葡萄糖0.2mL,再加入1g纯纤维素,置于39℃水溶液中,静置,观察纤维素消化时间。健康牛为48~54h,若大于60h,说明消化机能减退。

(2)挂线法棉线1根,一端拴上小铅锤,悬挂于瘤胃过滤液中,观察棉线消化的时间。

3.1.8 投药技术

(一)灌角及药瓶投药法

1.应用 灌角及药瓶投药法，是将药物用水溶解或调成稀粥样，以及中草药的煎剂等装入灌角或药瓶等灌药器内经口投服。各种动物均可应用。

2.用具 灌角，竹筒，橡皮瓶或长颈酒瓶；盛药盆等。

3.方法

(1)牛的灌药法。多用橡皮瓶或长颈酒瓶，或以竹筒代用。

①一人牵住牛绳，抬高牛头或紧拉鼻环或握住鼻中隔使牛头抬起，必要时使用鼻钳进行保定。

②术者左手从牛的一侧口角插入、打开口腔并轻压舌头；右手持盛满药液的药瓶自另侧口角伸入并送向舌背部(图)；抬高药瓶后部轻轻振抖，并轻压橡皮瓶使药液流出；吞咽中继续灌服直至灌完。

(2)猪的灌药法。较小的猪灌服少量药液时可用药匙(汤匙)或注射器(不接针头)。较大的猪，若药量大可用胃管投入，亦很方便、安全。

灌药时令一人将猪的两耳抓住，把猪头略向上提，使猪的口角与眼角连线近水平，并用两腿夹住猪背腰部。另一人用左手持木棒把猪嘴撬开，右手用汤匙或其他灌药器，从舌侧面靠颊部倒入药液，待其咽下后，再灌第二匙；如含药不咽，可摇动口里的木棒，刺激其咽下。

(二)片剂、丸剂、舔剂投药法

1.应用 片、丸状或粉末状的药物以及中药的饮片或粉末，尤其对苦味健胃剂，常用面粉、糠麸等赋形药制成糊剂或舔剂，经口投服以加强健胃的效果。

2.用具 舔剂一般可用光滑的木板或一竹片；丸剂、片剂可徒手投服，必要时用特制的丸剂投药器。

3.方法

(1)动物一般站立保定。

(2)对牛、马，术者用一手从一侧口角伸入打开口腔，对猪则用木棍撬开口腔；另手持药片、药丸或用竹片刮取舔剂自另侧口角送入其舌背部。

(3)取出木棒，口腔自然闭合，药物即可咽下。

(4)如有丸剂投药器，则事先将药丸装入投药器内；术者持投药器自动物一侧口角伸入并送向舌根部，迅即将药丸打(推)出；抽出投药器，待其自行咽下。

(5)必要时投药后灌饮少量的水。

(三)胃管投药法

1.应用　当水剂药量较多，药品带有特殊气味，经口不易灌服时，一般都需用胃管经鼻道或口腔投给。此外胃导管亦可用于食道探诊(探查其是否.通)、瘤胃排气、抽取胃液或排出胃内容物及洗胃，有时用于人工喂饲。

2.用具　软硬适宜的橡皮管或塑料管，依动物种类不同而选用相应的口径及长度；特制的胃管其末端闭塞而于近末端的侧方设有数个开口者，更为适宜。

3.方法

(1)牛可经口或经鼻插入胃管。

①经口插入时，先将牛进行必要的保定，并给牛戴上木质开口器，固定好头部。

②将胃管涂润滑油后，自开口器的孔内送入，尖端到达咽部时，牛将自然咽下。

③确定胃管插入食管无误后，接上漏斗即可灌药。

(4)灌完后慢慢抽出胃管，并解下开口器。

(2)猪经口插入胃管。

①先将猪进行保定，视情况而采取直立、侧卧或站立方式。一般多用侧卧保定。

②用开口器将口打开(无开口器时，可用一根木棒中央钻一孔)，然后将胃管沿孔向咽部插入。

③当胃管前端插至咽部时，轻轻抽动胃管，引起吞咽动作，并随吞咽插入食道。

④判定胃管确实插入食道后，接上漏斗即可灌药。

⑤灌完后慢慢抽出胃管，并解下开口器。

(四)胃管插入食道的判断

判断胃管是否插进食道，检验方法很多。但无论使用何种检查方法，都必须综合加以判定和区别，防止发生判断上的错误。

(五)饲料、饮水及气雾给药法

1.拌料给药 即将药物均匀地拌入料中，让畜禽采食时，同时吃进药物。该法简便易行，节省人力，减少应激，效果可靠，主要适用于预防性用药，尤其适应于长期给药。但对于病重的畜禽，当其食欲下降时，不宜应用。

(1)准确掌握其拌料浓度按照拌料给药标准，准确、认真计算所用药物剂量，若按畜禽每 kg 体重给药，应严格按照个体体重，计算出畜禽群体体重，再按照要求把药物拌进料内。

应特别注意拌料用药标准与饲喂次数相一致，以免造成药量过小起不到作用或药量过大引起畜禽中毒的现象发生。

(2)确保用药混合均匀在药物与饲料混合时，必须搅拌均匀，尤其是一些安全范围较小的药物，以及用量较少的药物，如呋喃唑酮、喹乙醇等，一定要均匀混合。为了保证药物混合均匀，通常采用分级混合法，即把全部用量的药物加到少量饲料中，充分混合后，加到一定量饲料中，再充分混匀，然后再拌入到计算所需的全部饲料中。大批量饲料拌药更需多次逐步分级扩充，以达到充分混匀的目的。切忌把全部药量一次加入到所需饲料中，简单混合法会造成部分畜禽药物中毒而大部分畜禽吃不到药物，达不到防止疾病的目的或贻误病情。

(3)密切注意不良作用有些药物混入饲料后，可与饲料中的某些成分发生拮抗作用。这时应密切注意不良作用，尽量减少拌药后不良反应的发生，如饲料中长期混合磺胺药物，就容易引起鸡维生素或缺乏。这时就应适当补充这些维生素。

2.饮水给药将药物溶解到畜禽的饮水中，让畜禽在饮水时饮入药物，发挥药理效应，这种方法常用于预防和治疗疾病。尤其在畜禽发病，食欲降低而仍能饮水的情况下更为适用，但所用的药物应是水溶性的。

(1)药前停饮，保证药效。对于一些在水中不容易被破坏的药物，可以加入到饮水中，让畜禽长时间自由饮用；而对于一些容易被破坏或失效的药物，应要求畜禽在一定时间内都饮入定量的药物，以保证药效。为达到目的，多在用药前，让畜(禽)群停止饮水一段时间。

一般寒冷季节停饮，气温较高季节停饮，然后换上加有药物的饮水，让畜禽在一定时间内充分喝到药水。

(2)准确认真，按量给水。为了保证全群内绝大部分个体在一定时间内都能喝到一定量的药水，不至由于剩水过多造成吸入个体内药物剂量不够，或加水不够，饮水不均，某些个体缺水，而有些个体饮水过多，就应该严格掌握畜禽一次饮水量，再计算全群饮水量，用一定系数加权重，确定全群给水量，然后按照药物浓度，准确计算用药剂量，把所需药物加到饮水中以保证药饮效果。因饮水量大小与畜禽的品种，畜禽舍内的温度、湿度，饲料性质，饮用方法等因素密切相关，所以畜禽群体不同时期饮水量不尽相同。

(3)合理施用，加强效果。一般来说，饮水给药主要适用于容易溶解在水中的药物，对于一些不易于溶解的药物可以采用适当的加热、加助溶剂或及时搅拌的方法，促进药物溶解，以达到饮水给药的目的。

3.气雾给药使用能使药物气雾化的器械，将药物分散成一定直径的微粒，弥散到空间中，让畜禽通过呼吸作用吸入体内或作用于畜禽皮肤、黏膜及羽毛的一种给药方法。也可用于畜禽群消毒。注意不应使用有刺激性的药物，以免引起畜禽呼吸道发炎。一般地讲，应用气雾给药时应注意以下事项：

(1)恰当选择气雾用药，充分发挥药物效能为了充分利用气雾给药的优点，应该恰当选择所用药物。应无刺激性，容易溶解于水。同时还应根据用药目的不同，选用吸湿性不同的药物。若欲使药物作用于肺部，应选用吸湿性较差的药物，而欲使药物作用于呼吸道，就应选择吸湿性较强的药物。

(2)准确掌握气雾剂量，确保气雾用药效果在应用气雾给药时，不要随意套用拌料或饮水给药浓度。为了确保用药效果，在使用气雾给药前应按照畜禽舍空间情况，使用气雾设备要求，准确计算用药剂量，以免过大或过小，造成不应有的损失。

(3)严格控制雾粒大小，防止不良反应发生在气雾给药时，雾粒直径大小与用药效果有直接关系。气雾微粒越细，越容易进入肺泡内，但与肺泡表面的黏着力小，容易随呼气排出，影响药效。但若微粒越大，则不易进入肺泡内，容易落在空间或停留在动物的上呼吸道黏膜，也不能产生良好的用药效果。同时微粒过大，还容易引起畜禽的上呼吸道炎症。此外，还应根据用药目的，适当调节气雾微粒直径。如要使药物达到肺部，就应使用雾粒直径小的雾化器。反之，要使药物主要作用于上呼吸道，就应选用雾粒较大的雾化器。雾粒直径大小主要是由雾化设备的设计功效和用药距离所决定。

3.1.9 注射技术

注射法是将药物直接注入动物体内，可避免胃肠内容物的影响，能迅速发生药效。此法药量较准确且可节省药物。

(一)皮内注射法

1.应用主要用于某些变态反应诊断(如牛的结核菌素皮内反应)或做药物过敏试验等。

2.用具通常用结核菌素注射器或的小注射器、短针头。

3.部位多在颈侧中部。

4.方法按常规消毒后，先以左手拇指与食指将术部皮肤捏起并形成皱褶；右手持注射器，使之与皮肤呈角，刺入皮内(约)，注入规定量的药液即可。如推注药液时感到有一定阻力且注入药液后局部形成一小球状隆突，即为确实注入于真皮层的标志。拔出注射针，术部消毒，但应避免压挤局部。

(二)皮下注射法

1.应用 将药液注入于皮下结缔组织内，经毛细血管、淋巴管吸收而进入血液循环。

因皮下有脂肪层，吸收较慢，一般须经呈现药效。

2.用具 一般选用的注射器，9 号、号针头。

3.部位 应选皮肤较薄而皮下疏松的部位，大动物多在颈侧；猪在耳根后或股内

4.方法 动物实行必要的保定，局部剪毛、消毒。

术者用左手捏起局部的皮肤，使成一皱褶；右手持连接针头的注射器，由皱

褶的基部刺入，一般针头可刺入(如针头刺入皮下则可较自由地拔动)；注入需要量的药液后，拔出针头，局部按常规消毒处理。刺激性强的药品不能做皮下注射；药量多时，可分点注射，注射后最好对注射部位轻度按摩或温敷。

(三)肌肉注射法

1.应用肌肉内血管丰富，药液吸收较快，一般刺激性较强、吸收较难的药剂(如水剂、乳剂、油剂的青霉素等)均可注射；多种疫苗的接种，常做肌肉注射。因肌肉组织致密，仅能注入较小的剂量。

2.用具一般的注射器具。

3.部位选肌肉层厚并应避开大血管及神经干的部位。大动物多在颈侧、臀部，猪在耳后、臀部或股内部，禽类在胸肌部。

4.方法保定，局部按常规消毒处理。

术者左手固定于注射局部，右手持连接针头的注射器，与皮肤呈垂直的角度，迅速刺入肌肉，一般刺入深度可至；改用左手持注射器，以右手推动活塞手柄，注入药液；注毕，拔出针头，局部进行消毒处理。

为安全起见，对大家畜也可先以右手持注射针头，直接刺入局部，然后以左手把住针头和注射器，右手推动活塞手柄，注入药液。

为防止针头折断，刺入时应与皮肤呈垂直的角度并且用力的方向应与针头方向一致；注意不可将针头的全长完全刺入肌肉中，一般只刺入全长的2/3即可，以防折断时难于拔出；对强刺激性药物不宜采用肌肉注射，注射针头如接触神经时，动物骚动不安，应变换方向，再注药液。

(四)静脉注射法

1.应用 药液直接注入于静脉内，随血液而分布全身，可迅速发生药效，当然其排泄也快，因而在体内的作用时间较短；能容纳大量的药液，并可耐受刺激性较强的药液。

主要用于大量的补液、输血；注入急需奏效的药物(如急救强心等)；注射刺激性较强的药物等。

2.用具 少量注射时可用较大的注射器(50.0~100.0mL)，大量输液时则应用输液瓶(500.0mL)和一次性输液胶管。

3.静脉注射的部位及方法

(1)牛、羊的静脉注射。多在颈静脉实施。由于牛的皮肤较厚,所以刺入时,应用力并突然刺入。其方法是:局部剪毛、消毒,左手拇指压迫颈静脉的下方,使颈静脉怒张;明确刺入部位,右手持针头瞄准该部后,以腕力使针头近似垂直地迅速刺入皮肤及血管,见有血液流出后,将针头顺入血管,接连注射器或输液胶管,即可注入药液。

(2)猪的耳静脉注射法。将猪站立或横卧保定,耳静脉局部按常规消毒处理。一人用手指捏压耳根部静脉处或用胶带于耳根部结扎,使静脉充盈、怒张(或用酒精棉反复于局部涂擦以引起其充血);术者用左手把持猪耳,将其托平并使注射部位稍高,右手持连接针头的注射器,沿耳静脉管使针头与皮肤呈角,刺入皮肤及血管内,轻轻抽活塞手柄如见回血即为已刺入血管,再将注射器放平并沿血管稍向前伸入;解除结扎胶带或撤去压迫静脉的手指,术者用左手拇指压住注射针头,右手徐徐推进药液,注完为止。

(3)狗、猫的静脉注射。狗多在后肢外侧面小隐静脉或前肢正中静脉实施,猫多用后肢内侧面大隐静脉。

(1)后肢外侧面小隐静脉注射法。此静脉在后肢胫部下的外侧浅表皮下。由助手将狗侧卧保定,局部剪毛、消毒。用胶皮带绑在狗股部,或由助手用手紧握股部,即可明显见到此静脉。右手持连有胶管的针头,将针头向血管旁的皮下先刺入,而后与血管平行刺入静脉,接上注射器回抽。如见回血,将针尖顺血管腔再刺进少许,撤去静脉近心端的压迫,然后注射者一手固定针头,一手徐徐将药液注入静脉。

(2)前肢正中静脉注射法。此静脉比后肢小隐静脉还粗一些,而且比较容易固定,因此一般静脉注射或取血时常用此静脉。注射方法同前述的后肢小隐静脉注射法。

(3)猫后肢内侧面大隐静脉注射法。此静脉在后肢膝部内侧浅表的皮下。助手将猫背卧后固定,伸展后肢向外拉直,暴露腹股沟,在腹股沟三角区附近,先用左手中指、食指探摸股动脉跳动部位,在其下方剪毛消毒;然后右手取连有号针头的注射器,针头由跳动的股动脉下方直接刺入大隐静脉管内。注射方法同狗的后肢小隐静脉注射法。

(五)腹腔注射法

1.应用　由于腹膜腔能容纳大量药液并有吸收能力，故可做大量补液，常用于猪、狗及猫。

2.部位　牛在右侧胺窝部；马在左侧胺窝部；较小的猪则宜在两侧后腹部。

3.方法

(1)将猪两后肢提起，做倒立保定；局部剪毛、消毒。

(2)术者一手把握猪的腹侧壁；另一手持连接针头的注射器(或仅取注射针头)于距耻骨前缘处的中线旁，垂直刺入(2~3cm)。

(3)注入药液后，拔出针头，局部消毒处理。

《动物临床诊疗职业技能训练》项目，以动物医院门诊为训练背景，着重训练与动物诊疗密切相关的专业技能。这些技能包括病畜临床基本检查、实验室检验和治疗技术三个部分内容，共计 11 项训练任务。

动物临床基本检查技术，重点训练接诊和门诊记录、患病动物的一般检查和特殊检查技能，要求在技能训练的过程中熟练使用体温计、听诊器等工具，掌握体温、呼吸、脉搏数的测定方法，通过问诊、视诊、触诊、叩诊、听诊和嗅诊等手段对门诊病例进行一般检查和系统检查，切实掌握门诊病例的基本信息，为后续进一步的诊断和治疗打下基础。在完成训练任务的过程中，应做到检查操作规范，检查内容完整，收集信息正确，在此基础上正确进行患病动物登记和病历册填写。

在完成基本检查后根据进一步检查或确诊需要，对患病动物进行特殊检查，可采集动物的体液、分泌物和排泄物进行实验室检验，如血液检验、尿液检验、粪便检查、瘤胃内容物检查等。在实验室检验任务训练中，应了解动物医院实验室检验仪器设备的功能，规范操作方法，尽可能减少检验误差，能够解读取得的检验数据并与动物生理值进行比较，进一步查明患病部位，寻找确切致病原因，为有针对性地采取治疗措施提供依据。

在得出初步诊断结论的基础上，按需选择化学药物，开写兽药处方或采取物理治疗对患病动物进行有效的治疗。本项目中，设计了常见的动物疾病治疗技能，如给药技术、注射技术等常规治疗技术，这些技术对于应用化学药物进行治疗是必须要求掌握的内容，应反复训练至娴熟掌握，并能在实际工作中灵活应用。

动物临床诊疗职业技能是开展动物疾病诊治的基础。在训练的过程中，应明确诊疗思路，规范诊疗方法，强化辨证论治的逻辑思维能力，从整体上培养兽医职业素养，提高职业能力。

3.2　宠物疾病诊治职业技能训练

3.2.1 动物保定与注射技术

(一)动物保定注意事项

1.接近和保定动物时最好有动物主人在场并应首先向其问询该动物有无攻击行为等恶癖，以确保检查者和被检查动物的安全。

2.检查者不能持棍棒或其他闪亮和发声的器械，检查时忌一哄而上，禁止恐吓及其他有害刺激，以免使动物产生惊恐而影响检查结果。

3.鼻捻子、耳夹子、颈套、保定栏等保定器具使用时应正确和熟练。

4.接近犬、猫等小动物时，若病情较轻，可牵引着走几圈，以消除恐惧感。也可呼唤犬、猫的名字，从其前侧方视线内徐徐接近犬猫。用手掌轻轻抚摸胸背部，消除敌意。待安静时进行保定和诊疗活动。

5.检查者着装应规范。

(二)犬、猫的常用保定方法

1.徒手保定法此法适用于性情温驯或经特殊训练的犬。保定人员一手抓住犬的下颌部，另一手于犬的耳下方固定头部，可防止头的左右摇动和回头伤人。

2.嵌口法(绷带保定法)采用 1m 左右的绷带条，在绷带中间打一活结圈套，将圈套从鼻端套至犬鼻背中间(结应在下颌下方)，拉紧圈套，使绷带条的两端在口角两侧向头背两侧延伸，在两耳后打结。

3.口笼保定法有皮革制口笼和铁丝口笼之分。口笼的规格有大中小三种，选择合适的口笼给犬戴上并系牢。保定人员抓住脖圈，防止将口笼抓掉。

4.颈钳保定法主要用于凶猛咬人的犬。颈钳柄长 1m 左右，钳端为两个半圆形钳嘴，使之恰能套入犬的颈部。保定时，保定人员抓住钳柄，张开钳嘴将犬颈部套入后再合拢钳嘴，以限制犬头的活动。

5.化学保定法 846 合剂在犬猫保定和麻醉中最常用，适用于各种手术及腹部触诊检查。

(三)动物的注射技术

1.皮下注射适用于易溶解无强刺激性的药品及疫苗等。部位：犬、猫在颈背部。方法：局部剪毛消毒，用左手的拇指和中指捏起皮肤，食指压其顶点，使形成三角凹窝。右手持注射器，迅速将针头刺入凹窝中心的皮肤内，深 2cm 左右，回抽注射器不见回血时，注入药液。药液多时应分点注射，注射完毕拔出针头，局部涂以碘酊。

2.肌肉注射凡是肌肉丰富的部位，均可进行肌肉注射。犬、猫在脊柱两侧的腰部肌肉或股部肌肉。局部消毒，将针头迅速刺入肌肉内，抽拔活塞无回血后缓慢注入药液。注射时，不要将针头全刺入肌肉内，以免折断时不易取出。

3.静脉注射犬、猫均可在颈静脉沟上 1/3 与中 1/3 交界处进行静脉注射。犬还可在腕关节以上的前内侧或腕关节以下掌中部前内侧的静脉，或跗关节外侧上方的静脉、股内侧的静脉等注射。剪毛消毒后，以手指压在注射部位近心端静脉上，待血管膨隆后，选择与静脉粗细相适宜的针头，以 15~45 度角刺入血管内，见到回血后，将针头顺血管走向推进约 1cm，将药液徐徐注入。注射完毕，左手拿干棉球压紧针孔，右手迅速拔出针头，最后涂以碘酊。

4.静脉滴注按上法刺入针头，当血液流出后，迅速连接排净空气的输液胶管和输液瓶，放低输液瓶，见回血时，将输液瓶提高，药液即流入静脉内。注意几点：注射前应检查注射器、针头及药液；注射前应先排尽空气；沉着穿刺，如有血肿，应另选静脉穿刺；避免注到血管外，如有外溢，应立即停止注射，并热敷或局部注射生理盐水；需长期反复静注的，应由小到大、由远及近地选注射部位。如有静脉炎不可再在该部注射。

5.腹腔注射当犬、猫心力衰竭，静脉注射出现困难时，可通过腹膜腔进行补液。在犬、猫的下腹部耻骨前缘前方3~5cm腹白线的侧方。将犬、猫两后肢提起，使肠管下移。

在耻骨前缘3~5cm腹中线侧方(1.5cm)左右，针头垂直刺入。注射时一定要固定好针头，以防刺伤腹腔脏器。一般注射无刺激性药物如生理盐水和葡萄糖溶液等。

6.胸膜腔注射左侧第8肋间，肩关节水平线下。犬侧卧保定。左手将术部皮肤稍向侧方移动，使刺入胸腔的针孔与皮肤的针孔错开。右手持注射器，在靠近肋骨前缘处垂直皮肤慢慢刺入。针头通过肋间有一定阻力，进入胸腔则阻力消失，有空虚感。刺入深度为2~3cm(犬)或1~1.5cm(猫)，然后注入药液。注射前应回抽注射器。如有回血，应将针头稍向深部刺入，确定到达胸腔后再注入药液。注意针头不要刺入过深，以免损伤肺脏。如有胶管连接注射器应先夹闭胶管，防止空气进入胸腔，造成气胸。

7.气管内注射常在颈腹侧上三分之一下界的正中线上，于第四至第五气管环间为注射部位。犬侧卧保定，固定头部，充分伸展颈部后，局部剪毛消毒，右手持针垂直刺入针头，深约1~1.5cm，刺入气管后则阻力消失，抽动活塞有气体，然后慢慢注入药液。注射的药液应为可溶性并容易吸收的，否则有引起异物性肺炎的危险。其剂量不宜过多(一般犬为1.0~1.5mL，猫在0.5~1.0mL为宜)；所注药物温度应与体温相等；为了防止或减轻咳嗽，可先注射2%普鲁卡因0.2~1mL以降低气管黏膜的敏感。

3.2.2 宠物手术与麻醉技术

(一)局部麻醉

局部麻醉是利用局部麻醉药物有选择性地暂时性地阻断感觉神经末梢、神经纤维以及神经干的神经冲动的传导作用，从而使神经所分布或支配的相应部位组织的感觉暂时性丧失的一种麻醉方法，称为局部麻醉。

1.常用的局部麻醉药

(1)盐酸普鲁卡因：为临床上常用的局部麻醉药，其特点为毒性小，对感觉神经亲和力强，使用安全，药效迅速，注入组织后 1~3min 即可呈现麻醉作用，但是药效维持时间短，一般在 45~60min，其渗透组织的能力弱，一般不作表面麻醉。在临床上盐酸普鲁卡因常用 0.5%~1%作浸润麻醉；用 2%~5%溶液作传导麻醉；用 2%~3%溶液作脊髓麻醉；用 4%~5%溶液作关节腔封闭麻醉。

在临床上为了延长局部麻醉药的作用时间，减少创口出血，降低组织对局部麻醉吸收过多、过快，常在局部麻醉药中每 250~500mL 加入 0.1%肾上腺素溶液 1mL，以延长局部麻醉药的作用时间。

(2)盐酸利多卡因：其特点为麻醉强度与毒性在 1%浓度以下与普鲁卡因相似，2%浓度，麻醉强度提高 2 倍，具有较强的穿透性和扩散性，作用时间快、持久，可维持 1h 以上，对组织无刺激性，但毒性较普鲁卡因稍大。在临床上盐酸利多卡因也可用作多种局部麻醉，用 2.5%溶液作表面麻醉，用 2%溶液作传导麻醉，用 0.25%~0.5%溶液作浸润麻醉，用 2%溶液作硬膜外腔麻醉。

(3)盐酸丁卡因：局部麻醉作用强，迅速，穿透力强。常用于表面麻醉.其毒性较普鲁卡因强 12~13 倍，麻醉效果强 10 倍。常用 0.5%用于角膜麻醉，用 1%~2%口鼻黏膜麻醉。

2.局部麻醉方法

(1)表面麻醉：利用麻醉药的渗透作用，使其透过黏膜而阻滞浅在的神经末梢功能，称表面麻醉，如口鼻，直肠，黏膜麻醉。

(2)浸润麻醉：沿手术切口线皮下注射或部分分层注射局部麻醉药，阻滞神经末梢的功能，称之为浸润麻醉。常用 0.25%~1%普鲁卡因。注射方法：先将针头插至所需深度，然后一边拔针一边推药液，如图 3 - 12、图 3 - 13 所示。

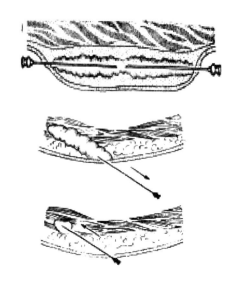

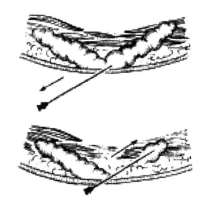

图 3‑12 浸润麻醉注射的方法　　　　　　图 3‑13 直线浸润麻醉

　　麻醉方式有直线浸润麻醉，菱形浸润麻醉，扇形浸润麻醉，基部和分层浸润麻醉等，见图 3‑14、图 3‑15、图 3‑16。

　　　　　　　　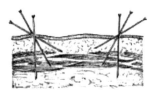

图 3‑14 菱形浸润麻醉　　　　图 3‑15 基部浸润麻醉　　　　图 3‑16 分层浸润麻醉

(二)全身麻醉

1.全身麻醉定义　采用注射给药的方式，使动物的中枢神经呈现抑制状态，动物全身肌肉呈现松弛，对外界刺激反应暂时消失或减弱，但生命中枢(呼吸和心跳)保持正常状态，称为全身麻醉。全身麻醉药通常先开始抑制大脑皮层功能，随着剂量加大，逐渐抑制间脑、中脑、桥脑、脊髓，最后可引起延髓呼吸中枢抑制。随着不同部位的中枢神经系统的抑制，会有一定的体征表现，根据体征的表现判断麻醉的深度。

2.麻醉深度的类型

(1)浅麻醉：动物麻醉后表现欲睡状态，各种反射活动降低或部分消失，茫然站立，头颈下垂，肌肉轻微松弛。

(2)深麻醉：动物进入睡眠状态，瞳孔缩小，各种反射消失。舌头拉出口腔外，不能缩回，肌肉松弛，心跳变慢，呼吸慢而深，阴茎脱出等。

(3)中度麻醉：介于浅麻醉与深麻醉之间。临床上常用控制药物剂量来控制麻醉深度，药量要适当安全，若剂量过大，可抑制生命中枢(呼吸、心跳中枢等)造成对生命威胁，应引起注意。

(4)复合麻醉：根据手术需要和不同的麻醉深度，减少麻药毒副作用，扩大麻药应用范围，选用几种麻药配合使用，称复合麻醉。若将两种麻药混合注入，称混合麻醉，如水合氯醛—硫酸镁(或酒精)；若间隔一定时间先后使用两种以上麻醉药，称合并麻醉，在进行合并麻醉时，于使用麻醉剂之前。先用一种中枢神经抑制药达到浅麻醉。再用麻醉剂以维持麻醉深度。前者称为基础麻醉(如为了减少水合氯醛的有害作用并增强其麻醉强度，可在用麻醉药之前先注射氯丙嗪做基础麻醉，然后注射水合氯醛作为维持麻醉或强化麻醉以达到所需麻醉的深度。即用一种麻醉药作基础麻醉(先抑制中枢达到浅麻醉)，然后用另一种麻醉药作维持麻醉(维持麻醉深度)。在采用全身麻醉的同时配合应用局部麻醉，称为配合麻醉法，如浅麻醉配合局部麻醉。在大手术过程中常需用中度麻醉药物量结合追加麻醉药物量。

但注意不能达到中毒量，随时注意呼吸节律、心跳、血压变化，若呈现呼吸节律不规则，心跳加快，血压下降，应立即停药，需要急救中毒。

(三)宠物临床使用的非吸入性麻药

1.速眠新 速眠新又称846合剂，为一种新型速效、肌肉松弛的麻醉药。各种动物都可作全身麻醉药使用，尤其是小动物、鹿临床上广泛应用，但该药尚未录入药典。

临床上以肌肉注射，使用剂量为每 kg 体重，杂种犬 0.1mL，纯种犬 0.08mL，猫、兔 0.04mL，牛为每 100kg 体重 1~1.5mL。

速眠新的特效拮抗剂是苏醒灵 3 号，苏醒灵 3 号静脉注射 30s、肌肉注射 1~5min 就能起作用。苏醒灵 3 号与速眠新用量比为 1.5∶1(v/v)，苏醒灵的用量稍比速眠心麻醉药量大些。

2.舒泰

生产厂商：法国维克

剂量分类：舒泰榀 20，舒泰榀 50，舒泰榀 100

对应剂量：20mg/mL，50mg/mL，100mg/mL(表 3‑10)

有效成分：唑氟氮草、噻环乙胺

表 3‑10 舒泰的麻醉剂量参考表

种类	麻前给药	麻醉剂	追加药物
小手术(30min 内)	阿托品或格隆溴铵	舒泰 4 mg/kg,静注 7 mg/kg,肌注	不需要追加
大手术(超过 30min)	阿托品或格隆溴铵	舒泰 7mg/kg,静注 10mg/kg 肌注	舒泰 2～3 mg/kg, 静注
健康动物大手术	阿托品或格隆溴铵 舒泰 5mg/kg 肌注	舒泰 5mg/kg,静注	舒泰 5mg/kg,静注
老龄动物大手术	阿托品或格隆溴铵 舒泰 2.5mg/kg 静注	舒泰 5mg/kg,静注	舒泰 2.5 mg/kg, 静注

3.2.3 宠物术后护理技术

(一)术后禁食禁水 12h 以上。由于麻醉药影响，动物苏醒后口咽部相关肌群还处于半麻痹状态，饲喂食物或水可能会引起食物和水呛入气管，危及生命。由于动物手术后机体抵抗力容易降低，所以需要补充足够的营养，当动物完全清醒可以饲喂食物后，建议给予一些易消化高营养的食物，如处方罐头或营养膏等。对于某些特殊的如胃肠手术，需要术后停食停水至少 3 天，然后再根据恢复状况先适量喂些水，如无异常反应，再饲喂一些流体食物和易消化食物，如营养膏、处方罐头，或者主人可以煮点稀粥，里边加点蛋黄来饲喂。术后根据动物恢复情况大约一周可以饲喂粮食。

(二)术后动物体温一般会降低，抵抗力会减弱，所以需要注意术后保暖。

(三)术后动物自我控制力会降低，尽量不要将它们放在高处，以防止发生摔伤。术后动物机体会比较虚弱，抵抗力会减弱，所以术后一周要尽量少带它们外出，并且要控制它们的过量运动和及时补充营养。

(四)要控制动物舔食、抓挠伤口，推荐使用伊丽莎白项圈，并根据具体情况，在医师指导下确定佩戴时间。一般术后 7 天拆线，但建议主人根据手术部位和种类的不同情况，在医师指导下做好消炎抗感染，最好在术后第三天到医院复查，观察伤口愈合情况。

3.2.4 犬的常见外科手术

(一)公犬的去势术

1.适应证　本手术适用于犬的睾丸癌或经一般治疗无效的睾丸炎症。两侧睾丸都切除用于良性前列腺肥大和绝育。去势术又用于改变公犬的不良习性，如发情时的野外游走、和别的公犬咬斗、尿标记等。公犬去势后不改变公犬的兴奋性，不引起嗜睡，也不改变犬的护卫、狩猎和玩耍表演能力。

2.术前准备　术前对去势犬进行全身检查，注意有无全身变化，如体温升高、呼吸异常等，如有应待恢复正常后再行去势。还应对阴囊、睾丸、前列腺、泌尿道进行检查。若泌尿道、前列腺有感染，应在去势前一周进行抗生素药物治疗。直到感染被控制后再行去势。去势前剃去阴囊部及阴茎包皮鞘后 2/3 区域内的被毛。

3.麻醉与保定　全身麻醉。仰卧保定，两后肢向后外方伸展固定，充分显露阴囊部。

4.术式

(1)显露睾丸。术者用两手指将两侧睾丸推挤到阴囊底部，使睾丸位于阴囊缝际两侧的阴囊最低部位。从阴囊最低部位的阴囊缝际向前的腹中线上,做一 5~6cm 皮肤切口，依次切开皮下组织。术者左手食指、中指推顶一侧阴囊后方，使睾丸连同鞘膜向切口内突出，并使包裹睾丸的鞘膜绷紧，固定睾丸，切开鞘膜，使睾丸从鞘膜切口内露出。术者左手抓住睾丸，右手用止血钳夹持附睾尾韧带，并将附睾尾韧带从附睾尾部撕下，右手将睾丸系膜撕开，左手继续牵引睾丸，充分显露精索。

(2)结扎精索，切断精索，去掉睾丸。用三钳法，在精索的近心端钳夹第一把止血钳，在第一把止血钳的近睾丸侧的精索上，紧靠第一把止血钳钳夹第二、三把止血钳。用 4-0 号丝线，紧靠第一把止血钳钳夹精索处进行结扎，当结扎线第一个结扣接近打紧时，松去第一把止血钳，并使线结恰位于第一把止血钳的精索压痕处，然后打紧第一个结扣和第二个结扣，完成对精索的结扎，剪去线尾。在第二把与第三把钳夹精索的止血钳之间，切断精索。

用镊子夹持少许精索断端组织，松开第二把钳夹精索的止血钳，观察精索断端有无出血，在确认精索断端无出血时，方可松去镊子，将精索断端还纳回鞘膜管内。在同一皮肤切口内，按上述同样的操作，切除另一侧睾丸。在显露另一侧睾丸时，切忌切透阴囊中隔。

(3)缝合阴囊切口用2-0铬制肠线或4号丝线间断缝合皮下组织，用4-7号丝线间断缝合皮肤，外打以结系绷带。

术后治疗与护理术后阴囊潮红和轻度肿胀，一般不用治疗。伴有泌尿道感染和阴囊切口有感染倾向者，在去势后应给予抗菌药物治疗。

(二)母犬的绝育手术

1.适应证母犬绝育，卵巢囊肿、卵巢肿瘤等疾病。

2.术前准备手术刀、剪毛剪、止血钳、缝针、缝线、棉球、注射器、846麻醉剂、2%碘酊、75%酒精、0.1%新洁尔灭、止血纱布、泡手桶、小磅秤、手术台、手术灯。

3.步骤称重。全身麻醉，0.1mg/kg重，846合剂。仰卧保定。腹正中线的脐部至耻骨前缘，清洗、剃毛。消毒。

4.术式由脐后1~3cm处沿腹白线，向后做4~8cm长的切口。分离皮下组织直至于腹膜，提起并剪开腹膜，充分暴露腹腔。用食指进行腹腔探查，将卵巢或输卵管钩住并拉至创口。用2把止血钳穿过子宫阔韧带无血管处，夹住卵巢两侧的输卵管和卵巢系膜，分别结扎输卵管、部分子宫阔韧带及卵巢系膜，摘除卵巢。同法摘除另一侧卵巢。卵巢子宫一并切除，牵拉双侧子宫角显露子宫体，分别在两侧的子宫体阔韧带上穿一根线结扎子宫角至子宫体之间的阔韧带。将子宫与子宫韧带分离。双重钳夹子宫体，分别结扎夹钳后方的子宫体，于双钳之间切除子宫体和卵巢。闭合腹壁切口，整理创缘，分层缝合，切口涂2%碘酊并撒布消炎粉。装腹绷带。

5.术后护理全身抗感染。麻醉后可能有数日不思饮食，主人不要强灌。其他注意事项同去势术。

(三)犬的声带摘除手术

1.适应证 消除或降低犬的叫声。

2.术前准备 一把双钝头小号弯剪、手术刀、剪毛剪、止血钳、缝针、缝线、棉球、注射器、846麻醉剂、2%碘酊、75%酒精、0.1%新洁尔灭、泡手桶、小磅秤、手术台、手术灯、止血纱布、止血敏、阿托品、抗生素。全身麻醉。仰卧保定，头颈伸展，头的位置低于喉部。

3.术式

(1)喉切开法 喉室声带切除术以甲状软骨突起为手术切开部位。

(2)口腔摘除法 不切开喉，在口腔内摘除声带。首先用压舌板压低会厌软骨尖端，暴露喉的入口，"V"字形的声带位于喉口里边的喉腹面的基部。用一弯形长止血钳，钳夹声带的背面、腹面和后面，剪开钳夹处黏膜并切除。电灼止血或用纱布压迫止血。术后要将犬的头部位置放低，并尽量减少引起动物咳嗽的因素。

(四)术后护理

术后为防止声带创面出血，可注射止血剂，并将其头部放低。6日后拆线。

(五)犬的胃切开术

1.适应证 取出胃内异物，摘除胃内肿瘤。

2.术前准备 一般软组织切开、止血、缝合器械。仰卧保定，全身麻醉。

3.术式 剑状软骨与脐连线的腹正中线。于剑状软骨与脐连线的腹正中线切开腹壁腹膜。将胃的大半部轻轻拉出。胃的周围用大隔离巾与腹腔及腹壁隔离，以防切开胃时污染腹腔。切开胃大弯部(要注意避开血管)，创缘用舌钳牵拉固定，防止胃内容物浸入腹腔。

必要时扩大切口，取出胃内异物或探查胃内各部(贲门、胃底、幽门窦、幽门)进行其他手术。

用温青霉素生理盐水冲洗或擦拭胃壁切口，然后作全层连续缝合及第二层的连续内翻水平褥式浆膜肌层缝合。再用温青霉素生理盐水冲洗胃壁，后将其还纳于腹，腹壁常规闭合。

4.术后护理　术后 48h 开始给予少量易消化的流食，静脉补充营养物质。连续应用抗生素 5~7d。10 日后拆线。

(六)犬的膀胱切开术

1.适应证　膀胱结石、膀胱肿瘤。

2.术前准备　导尿管，一般软组织切开、止血缝合器械。仰卧固定，全身麻醉。

3.术式　切开皮肤、腹直肌。外科镊子夹住腹膜切一小口，用组织钳把腹膜固定在腹直肌上，以防止腹膜滑脱，再继续切开腹膜与皮肤创同长，用创钩向左右拉开。手指伸入腹腔探查，膀胱内充满尿液时，易触及膀胱体，膀胱空虚退到骨盆腔内，手指伸向骨盆腔，触到核桃大表面有皱襞感的即为膀胱。将膀胱拉到创口。如尿充满时，用装有细针头的注射器，避开膀胱血管刺入膀胱尖吸出尿液，膀胱缩小后用组织钳固定膀胱尖并向上牵拉，避开或钳住膀胱壁血管，在膀胱尖切开 2~3cm。用麦粒钳或锐匙除去结石。若有膀胱肿瘤的，可在膀胱尖或膀胱体切开 4~6cm，翻转膀胱黏膜面，除去肿瘤。探查结束后，用生理盐水冲洗膀胱腔，以肠线连续缝合膀胱切口的全层，再作浆膜肌层内翻缝合。常规闭合腹腔。

4.术后护理　术后按常规给予抗生素。10 日后拆线。

3.2.5 宠物常见内科病诊治

(一)肠炎

1.病因　主要是由于犬觅食了腐败或污染的食物，或者误食了毒饵、刺激性药物、异物等，还可能是由于继发于某些传染病、寄生虫病。

2.临床症状

腹泻是肠炎的主要症状，病初即可见到。粪便呈液体样，具有恶臭，后期则常混有黏液、血液和泡沫等。腹陪听诊，可听到肠蠕动音增强，或听到雷鸣音，腹部紧张，腰背弯曲。炎症波及十二指肠前部或胃时，病犬常伴发呕吐。如病犬出现里急后重的症状时，说明炎症已波及结肠。小肠发生出血时，犬粪便呈黑绿色或黑色。若感染细菌时，症状有轻微或中等发热，体温可高达 38~38.5℃。随着病情的发展，病犬可出现脱水及酸中毒的症状，此时，病犬常卧于地，皮肤缺乏弹性，眼球下陷，结膜发绀、脉搏增数，尿量减少，色暗。

3.防治措施

(1)食物疗法。应禁食24h，只给少量饮水，之后可喂给糖盐水米汤(每100mL米汤中加入食盐1g，多维葡萄糖10g)，或给以肉汤、淀粉糊、牛奶、豆浆等，然后逐步变干，直至完全恢复正常饮食为止。

(2)清理胃肠。应使用缓泻剂如硫酸钠、人工盐适量内服。

(3)消炎止泻。用黄连素0.1~0.5g/kg体重，每日三次给病犬内服。磺胺脒0.1~0.3g/kg体重，分2~3次内服；酞酰磺胺噻唑0.1~0.3g/kg体重，分3~4次内服。抗生素可选用金霉素、土霉素以及氯霉素。对非细菌性肠炎，当积粪已基本排除，粪便无酸臭味，但仍腹泻不止的病犬，应给予收敛药物以止泻，如活性炭0.5~2g，鞣酸蛋白0.5~2g，次硝酸铋0.3~1g，每日内服3次。

(4)强心补液。为了防止脱水与电解质失调，应给予病犬静脉滴注射林格尔氏液100~500mL，维生素C 100~500mg，25%葡萄糖液20mL，每日静脉滴注1~2次，也可静脉滴注乳酸复方氯化钠溶液。

(5)对症治疗。可补给维生素B、维生素C和维生素K，特别是排血便的病犬，应补给维生素K。

(二)大叶性肺炎

大叶性肺炎是整个肺叶发生的急性炎症。因其炎性渗出物主要为纤维素，故又称纤维素性肺炎或格鲁布性肺炎。

1.病因　本病由感染或变态反应等原因引起。感染主要由肺炎双球菌、链球菌和葡萄球菌等感染所致。有些传染病可继发大叶性肺炎。感冒、长途运输、环境卫生差、吸入刺激性气体等，均是重要诱因。

2.症状　体温迅速升高到40℃左右，脉搏加快，达100~150次/min，呼吸频率可达50~80次/min，呈混合性呼吸困难；黏膜充血、黄染，精神差，时常发出短痛咳，常流出红黄色或铁锈色的鼻液。肺部听诊，在充血和渗出期，出现呼吸音减弱，可听到湿性罗音和捻发音。

肝变期出现支气管呼吸音，溶解期又可听到湿性罗音和捻发音。X线检查，病变部出现明显而广泛的阴影。

3.治疗

(1)抗菌消炎以青霉素 G 为主，2 万~4 万单位/kg 体重，每天 4 次肌肉注射，到体温恢复正常后再用 3~4 日。

(2)对症治疗咳嗽时可用镇咳、祛痰药；发热时可用物理降温或肌注退热药；呼吸困难时应输氧气。当伴发胸膜炎时，则须反复抽出胸腔内的渗出液，同时在胸腔内注入抗生素。

(3)抗休克可采用皮质激素类药物。

(三)产后搐搦症

产后搐搦症是一种以低血钙为特征的代谢性疾病。表现为肌肉气强直性痉挛，意识障碍。本病在产前、分娩过程中及分娩后均可发生，但以产后 2~4 周期伺发病最多，且多见于泌乳量高的母犬。

1.病因 缺钙是导致发病的主要原因。胎儿骨骼的形成和发育需要从母体摄取大量的钙，产后随乳汁也要排出部分钙。如果母犬得不到钙的及时补充，体内就会缺钙，缺钙引起神经肌肉的兴奋性增高，最终导致肌肉的强直性收缩。

2.诊断要点 一般是突然发病，没有先兆，病初呈现精神兴奋症状，病犬表现不安，胆怯，偶尔发出哀叫声，步样笨拙，呼吸促迫。不久出现抽搐症状，肌肉发生间歇性或强直性痉挛，四肢僵直，步态摇摆不定，甚至卧地不起，体温升高(40℃以上)，呼吸困难，脉搏加快，口吐白沫可视黏膜呈蓝紫色。从出现症状到发生痉挛，短的约 15min，长的约 12h，经过较急，如不及时救治，多于 1~2 日后窒息死亡。快速诊断十分重要，结合临床症状，检测血钙含量，如血钙低于 0.67mmol/L(6mg/100mL)即可确诊。

3.防治措施

静脉注射 10%葡萄糖酸钙 5~20mL(须缓慢注入)，同时静脉注射戊巴比妥钠(剂量为 2~4mg/kg 体重)或盐酸氯丙嗪(剂量 1.1~6.6mg/kg 体重·次，肌肉注射)控制痉挛。母犬口服钙片或在食物中添加钙剂。

为预防产后搐搦症，在分娩前后，食物中应提供足量钙，维生素 D 和无机盐等。泌乳期间要注意日粮的平衡和调剂。

(四)贫血

贫血是指单位容积的血液中红细胞数量减少或血红蛋白含量降低的临床表现。贫血分出血性贫血(急性出血和慢性出血)、溶血性贫血(由于感染、化学因素,治疗措施不当等)和造血机能障碍及原料不足引起的贫血(见于其他疾病时)。

1.病因 出血性贫血见于外伤,肝、脾破裂,血友病的出血性素质,肾或膀胱结石引起的尿道出血,钩虫病时肠道的严重出血等。溶血性贫血见于巴贝西原虫感染或溶血性链球菌病,铅中毒,新生仔狗的溶血性贫血(由免疫因子引起)血型不符的输血,持续发烧等。造血机能障碍和造血原料缺乏性贫血见于饲料中缺乏蛋白质、缺铁、缺维生素,以及 X 射线、放射性物质、苯、重金属和严重感染所致的骨髓造血机能衰竭等。

2.症状 一般表现精神淡漠、虚弱、易疲乏,可见黏膜及皮肤苍白,末梢冷,心率、脉搏快,呼吸增数。急性失血还有血压降低,甚至休克。溶血性贫血尚见黄疸,肝、脾肿大。

3.治疗 如系大出血应立即结扎或压迫止血;慢性出血用维生素 K3 肌注;输血(全血或血浆);重症贫血犬可静注右旋糖酐、高渗葡萄糖。缺铁性贫血应口服硫酸亚铁糖衣片、枸橼酸铁铵;肌注维生素 B12 或肝精。再生障碍性贫血可肌注丙酸睾丸酮等。此外,加强护理,给予富含蛋白质、氨基酸和各种矿物质的易消化饲料,均有利于病犬康复。

3.2.6 宠物常见外科病诊治

(一)创伤

1.病因 有刺创、切创、砍创、撕创和咬创等。

2.诊断要点 创伤的主要症状为出血、疼痛、撕裂。严重的创伤可引起机能障碍,如四肢的创伤可引起跛行等。

3.治疗

(1)新鲜创伤:在剪毛、消毒、清洗创伤附近的污物、泥土后,根据受伤程度,采取相应措施。如小创伤可直接涂擦碘酒、5%龙胆紫液等。创伤面积较大,出血严重及组织受损较重时，首先以压迫法或钳压法或结扎法止血，并修整创缘，切除挫伤的坏死组织，清除创内异物，然后进行必要的缝合等。

(2)陈旧创或感染创：应以 3%~5%过氧化氢溶液洗涤，创口周围 3~4cm 处剪毛或剃毛。对皮肤消毒后，涂以 5%碘酒，然后根据刨伤性质及解剖部位进行创伤部分或全部切除.如创缘缝合时，必须留有渗出物排泄口，并装纱布引流。也可装防腐绷带或实行开放治疗。治疗中应根据病犬精神状态，作全身治疗。

(二)肠套叠

1.病因

(1)犬过度饥饿，乳温过低，或饲料质量不好，饮了过冷的冰水等。

(2)继发于某些传染病、寄生虫病。

2.诊断要点 突然发生剧烈的腹痛，病犬高度不安，甚至卧地打滚，应用镇静剂也不能使之安静。病初排稀粪，常混有多量黏液或血丝，严重时可排出黑红色稀便，后期排粪停止；至发生肠管坏死时，病犬转为安静，腹痛似乎消失，但精神仍然委顿，出现虚脱症状。当小肠套叠时，常发生呕吐。触摸腹部，有时可摸到套叠的肠管如香肠样，压迫该肠段，疼痛明显。

如无并发症，体温一般正常，如继发肠炎、肠坏死或腹膜炎时，则体温升高。可根据突然发生剧烈腹痛，排出黏液或暗红色血便，腹壁触摸时，可摸到香肠样、有疼痛感的肠段，应用镇静剂无效等，诊断为本病。如能做 X 射线检查，有利于本病的确诊。

3.防治措施 少数轻症病犬，经过对症治疗，如镇静、灌肠等，能自行恢复。否则，应尽早实施手术整复。

3.2.7 宠物常见传染病诊治

(一)犬瘟热

1.病因犬瘟热主要危害幼犬。其病原体是犬瘟热病毒。病犬以呈现双相热型、鼻炎、严重的消化道障碍和呼吸道炎症等为特征。少数病例可发生脑炎。病犬的各种分泌物、排泄物(鼻汁、唾液、泪液、心包液、胸水、腹水及尿液)以及血液、脑脊髓液、淋巴结、肝、脾、脊髓等脏器都含有大量病毒，并可随呼吸道分泌物及尿液向外界排毒。健康犬与病犬直接接触或通过污染的空气或食物而经呼吸道或消化道感染。除幼犬最易感染外，毛皮动物中的狐、水貂对犬瘟热也十分易感。

2.诊断要点

(1)流行特点：本病寒冷季节(10月至翌年4月间)多发，特别多见于犬类比较集聚的单位或地区。一旦犬群发生本病，除非在绝对隔离条件下，否则其他幼犬很难避免感染。哺乳仔犬由于可从母乳中获得抗体，故很少发病。通常以3月龄至1岁的幼犬最易感。

(2)临床特征：体温呈双相热型(即病初体温升高达39~41℃左右，持续1~2天后降至正常，经2~3天后，体温再次升高)；第二次体温升高时(少数病例此时死亡)出现呼吸道症状，病犬咳嗽，喷嚏，流浆液性至脓性鼻汁，鼻镜干燥，眼睑肿胀，化脓性结膜炎，后期常可发生角膜溃疡；下腹部和股内侧皮肤上有米粒大红点、水肿和化脓性丘疹；常发呕吐；初便秘，不久下痢，粪便恶臭，有时混有血液和气泡。少数病例可见足掌和鼻翼皮肤角化过度。约有10%~30%的病犬出现神经症状(痉挛、癫痫、抽搐等)。本病的致死率可高达30%~80%。

如与犬传染性肝炎等病混合感染时，致死率更高。由于本病常与犬传染性肝炎等病混合感染及继发感染细菌，使症状复杂化，因此，单凭上述症状只可作出初步诊断。

3.防治措施

(1)定期预防接种。目前我国生产的犬瘟热疫苗是细胞培养弱毒疫苗。为了提高免疫效果，应按以下免疫程序进行。仔犬6周龄为首次免疫时间，8周龄进行第二次免疫,10周龄进行第三次免疫。以后每年免疫1次，每次的免疫剂量为2mL，可获得一定的免疫效果。鉴于12周龄以下幼犬的体内存在有母源抗体，可明显影响犬瘟热疫苗的免疫效果，因此，对12周龄以下的幼犬，最好应用麻疹疫苗(犬瘟热病毒与麻疹病毒同属麻疹病毒属病毒，有共同抗原性)，其具体免疫方法是，当幼犬在1月龄及两月龄时，各用麻疹疫苗免疫1次，其免疫剂量为每犬肌肉注射1mL(2.5人份)，至12~16周龄时，用犬瘟热疫苗免疫。据某些单位报道，用此免疫程序免疫时，可获得较好的免疫效果。

(2)加强兽医卫生防疫措施，各养殖场应尽量做到自繁自养。在本病流行季节，严禁将个人养的犬带到犬集结的地方。

(3)彻底消毒犬舍、运动场地：犬舍及其运动场地应以3%烧碱溶液或10%福尔马林消毒。

附：应用犬瘟热病毒(CDV)快速检测试纸卡检测犬瘟热

(一)检测原理

犬瘟热病毒CDV快速检测试纸卡将胶体金免疫层析原理应用于犬瘟热病毒的快速测定。在试纸卡中，抗犬瘟热病毒抗体偶联到胶体金颗粒上，另一个抗犬瘟热病毒抗体固定在纤维素滤膜上。如果样品不含有犬瘟热病毒，胶体金抗体偶联物与固定抗体间不形成结合物，在膜上不显示检测线，检测结果为阴性。如果样品中含有犬瘟热病毒，犬瘟热病毒结合在胶体金抗体偶联物上，然后与固定抗体的结合，显示检测线，检测结果为阳性。

(二)试纸卡产品组成

试纸卡(1块)；装有样品稀释液的试管(1支)；一次性样品收集棉签(1支)；干燥剂(1块)。

(三)样本收集

1.该试纸采集样品为血浆/血清，眼部及结膜分泌物，鼻液，唾液，尿液。

2.采集样品时注意多部位同时收集新鲜及有效样品，充分在试管中搅拌稀释，取其上清。

(四)检测步骤

1.用生理盐水沾湿的棉签收集犬眼部及结膜分泌物，鼻液，唾液，尿液。如是血清/血浆则直接用滴管(滴加1滴血清，再加3滴稀释液)。

2.将棉签浸入装有样品稀释液的试管，充分搅拌混匀后，用一次性滴管取上清液。

3.取出试纸，开封后平放在桌面，用滴管往试纸卡加样窗口逐滴加入3~5滴混合液。

4.加样后计时，5~10min判定结果。

(五)结果判定

阴性(-)：检测线(T)无色，控制线(C)显色

阳性(+)：检测线(T)和控制线(C)都显色

无效：控制线(C)无色，表示使用方法不正确或试纸卡失效，结果无效。请对照使用

说明书，用新的试纸卡重新测定。

(六)注意事项

1.本产品犬瘟热病毒 CDV 快速检测试纸卡为一次性使用。打开包装后，请在当日尽快使用。

2.样品一般须当即进行检测，否则应冷藏保存；超过 24h 的，应该冷冻保存。

3.犬瘟热病毒 CDV 快速检测试纸卡原包装在室温(20~25℃)下储存,置于阴凉避光干燥处，有效期为 12 个月。

(二)犬传染性肝炎

1.病因 本病是由犬传染性肝炎病毒引起的一种急性败血性传染病。主要侵害 1 岁以内的幼犬，常引起急性坏死性肝炎，在临床上常与犬瘟热混合感染，使病情更加复杂严重。

本病几乎在世界各地都有发生，是一种常见的犬病。

病初病毒主要存在于病犬的血液中，以后在各种分泌物、排泄物中都有大量病毒，并排出体外，污染外界环境。病愈后还可从尿中排毒达 6~9 个月之久。因此，病犬和带毒犬是本病的传染源。健康犬主要通过消化道感染，也可经胎盘传染。该病毒抵抗力相当强，低温条件下可长期存活，在土壤中经 10~14d 仍有致病力，在犬窝中也能存活较长时间。但加热能很快将病毒杀死。

2.诊断要点

(1)流行特点：不分品种、性别、季节都可发生，但以 1 岁以内的幼犬和冬季多见。

(2)临床特征：初期症状与犬瘟热很相似。病犬精神沉郁，食欲不振，渴欲明显增加，甚至出现两前肢浸入水中狂饮，这是本病的特征性症状。病犬体温升高达 40℃以上，并持续 4~6d。呕吐与腹泻较常见，若呕吐物和粪便中带有血液，多

预后不良。多数病犬剑状软骨部有痛感。急性症状消失后 7~10d，部分犬酌角膜混浊，呈白色乃至蓝白色角膜翳，称此为"肝炎性蓝眼"，数日后即可消失。齿龈有出血点。该病虽叫肝炎，但很少出现黄疸。若无继发感染，常于数日内恢复正常。

3.防治措施

(1)平时要搞好犬舍卫生，自繁自养，严禁与其他犬混养。

(2)尽早隔离病犬，并用高免血清或成年犬血清治疗,每天 1 次,每次 10~30mL。此外，每日应静脉注射 50%葡萄糖液 20~40mL，维生素 C 250mg 或三磷酸腺苷(ATP)15~20mg，每日 1 次，连用 3~5d。口服肝泰乐片。要节制饮水，可每 2~3h 喂 1 次 5%葡萄糖盐水。

(3)预防注射犬五联弱毒苗(狂犬病、犬瘟热、副流感、传染性肝炎、细小病毒性肠炎)和犬肝炎、肠炎二联苗。对 30~90 日龄的犬接种 3 次，90 日龄以上的犬接种两次，每次间隔 2~4 周。每次注射用量：五联苗 2mL，二联苗为 1mL，可获 1 年的免疫期。犬传染性肝炎氢氧化铝灭活疫苗，对预防本病有良好的免疫效果。1.5~2 月龄的犬，以 15d 的间隔接种两次灭活苗，每次 1mL；至少可获 6 个月的免疫力，对犬有良好的安全性，无任何局部和全身反应。

(三)犬细小病毒病

1.病因 本病是犬的一种急性传染病。临床上多以出血性肠炎或非化脓性心肌炎为其主要特征。有时其感染率可高达 100%，致死率为 10%~50%。犬、猫和貂的细小病毒具有一定的抗原相关性。病犬是本病的主要传染源，病犬的粪、尿、呕吐物和唾液中含毒量最高。病犬不断向外排毒而感染其他健康犬。康复犬粪便中长期带毒。因此，犬群中一旦发病，极难彻底清除。除犬外，狼、狐、浣熊也可自然感染。本病主要通过直接或间接接触而感染。犬细小病毒对外界因素抵抗力较强，于 60℃环境可存活 1h，80℃可耐 30min，于偏酸(氢离子浓度 1 000 微 mol/L，即 pH3)环境和偏碱(氢离子浓度 1mol/L，即 pH9)环境中病毒仍有感染性。该病毒对 0.5%的福尔马林或 0.5%的氧乙酸较敏感，对氯仿和乙醚不敏感。如果将含毒粪便和肠管冷藏于低温环境，其感染性可长期保持。

2.诊断要点

(1)流行特点：病的流行无明显季节性，但在寒冷的冬季较为多见。刚断奶不久的幼犬多以心肌炎综合征为主，青年犬多以肠炎综合征为主。

(2)临床特征本病在临床上主要以两种形式出现，即肠炎型和心肌炎型。

①肠炎型：潜伏期为7~14日，一般先呕吐后腹泻，粪便呈黄色或灰黄色，内含多量黏液和伪膜。病后2~3日，粪便呈番茄汁样，混有血丝，并有特殊腥味。此时病犬精神沉郁，食欲废绝，体温升至40℃以上，渴欲增加。有的病犬到后期体温低于常温，可视黏膜苍白，尾部及后腹部常被粪便污染，严重者肛门松弛并开张。

②心肌炎型：幼犬呼吸困难，心悸亢进，可视黏膜苍白，体质衰竭，常突然死亡。通常可根据上述流行特点、临床症状作出初步诊断。在临床上应注意观察病犬是否有呕吐和腹泻。

如果要进一步确诊，应早期采取病犬腹泻物，用0.5%的猪红细胞悬液，在4℃或25℃按比例混合均匀，观察其对红细胞的凝集作用。

3.防治措施

(1)平时应搞好免疫接种。国内生产的犬细小病毒病灭活疫苗都与其他疫苗联合使用。使用犬五联弱毒疫苗时，对30~90日龄的犬应注射3次，90日龄以上的犬注射两次即可，每次间隔为2~4周。每次注射1个剂量(2mL)，以后每半年加强免疫1次。使用犬肝炎、肠炎二联苗时，对30~90日龄犬应免疫3次，90日龄以上的犬免疫两次，每次间隔为2~4周，每次注射1mL。

(2)当犬群暴发本病后，应及时隔离，对犬舍和饲具，用2%~4%烧碱、1%福尔马林、0.5%过氧乙酸或5%~6%过氯酸钠(32倍稀释)反复消毒。对无治愈可能的犬，应尽早扑杀，焚烧深埋。

(3)对轻症病例，应采取对症疗法和支持疗法。对于肠炎型病例，因脱水失盐过多，及时适量补液显得十分重要。为了防止继发感染，应按时注射抗生素。也可应用抗犬细小病毒高免血清进行治疗，其用量为：每犬皮下或肌肉注射5~10mL，每日或隔日注射1次，连续2~3次。

(四)犬冠状病毒病

1.病因

本病是犬的一种急性胃肠道传染病，其临床特征为腹泻。病原是冠状病毒，主要存在于病犬的胃肠道内，并随粪便排出，污染饲料和周围环境。因此，本病主要经消化道感染。病毒对外界环境的抵抗力较强。粪便中的病毒可存活 6~9 日，污染物在水中可保持数天的传染性。因此，犬群中一旦发生本病，很难在短时间内控制其流行和传播。病毒对热敏感，紫外线、来苏儿、0.1%过氧乙酸及 1%克辽林等都可在短时间内将病毒杀死。

2.临床症状

幼犬症状重剧，呕吐和腹泻是本病的主要症状，病初呕吐持续数天，至出现腹泻后，呕吐减轻或停止。腹泻物呈糊状、半糊状乃至水样，橙色或绿色，水样便中常含有黏液和血液。

病犬精神沉郁、喜卧、厌食，但体温一般不高。成年犬症状轻微。

本病多发于寒冷的冬季，传播迅速，数日内常成窝暴发；本病的发生虽无品种、年龄、性别之分，但在犬群中流行时，通常都是幼犬先发病，然后波及其他年龄的犬。幼犬的发病率和致死率均高于成年犬。

本病的临床症状和流行病学与轮状病毒感染相似，而且常与轮状病毒、犬细小病毒等混合感染，诊断较为困难。

3.防治措施

本病目前尚无特效疫苗供免疫用，主要采取一般性综合措施，可参照犬轮状病毒感染。

3.2.8 宠物常见寄生虫病诊治

(一)蚤

是一种吸血性体外寄生虫，犬一旦感染上跳蚤，将影响其正常生活。蚤对犬的危害主要有两方面：一是蚤能传播传染病和寄生虫病，二是蚤对皮肤有强烈的刺激性，引起剧烈的痒感，犬用力地抓搔，会引起皮肤的损伤，并且骚扰犬不能很好地休息，引起食欲降低，体重减轻。

1.病原及其生活史

在蚤的一生中，大部分时间并不生活在犬身上。由于跳蚤怕光，常常是隐藏在犬窝的垫料里或地板裂隙中，至吸血和产卵时才寄生到犬身上。一只雌蚤能产100~200个卵。蚤卵呈两头尖的椭圆形，白色，非常小，肉眼很难看清。随着犬的运动，蚤卵可脱落，从而散布于犬的活动区域。蚤从卵中孵出到成虫，大约需要21天，在较冷的气候下，时间可能延长。新孵出的蚤可以在没有食物的情况下生活数周，静候犬的到来。

2.诊断要点

本病的临床症状主要是瘙痒。病犬表现为搔抓、摩擦和啃咬被毛，引起脱毛、断毛和擦伤，重症的皮肤磨损处有液体渗出，甚至形成化脓创。有时可引起过敏反应，形成湿疹。发现犬有上述症状，就要仔细检查颈部及尾根部被毛，检查时，逆毛生长方向梳起被毛，观察毛根部及皮肤，如发现跳蚤或蚤粪即可确诊。也可用一张湿润的白纸，放在犬身下，然后用梳子梳毛，蚤的排泄物即不断地掉到白纸上，由此即可确诊。

3.防治措施

市售的跳蚤粉和一般的杀虫剂均可杀灭跳蚤的成虫，但跳蚤卵具有很强的抗药性，很难杀死。必须连续喷洒数次，一般是每周1次，连续1个多月才行。在杀灭犬体蚤的同时，必须对犬活动区域，特别是犬的用具进行彻底的消毒。犬窝的铺垫物全部更换，更换下来的物品要烧毁。皮肤有擦伤的犬要清创、消毒和防感染。剧痒不止的犬，可注射地塞米松和苯海拉明止痒。平时注意搞好犬体卫生，常洗澡、勤梳理，多晒太阳，是防止蚤的有效办法。另外，采用防蚤项圈也是个好办法。这种项圈里面含有杀蚤药，项圈上有许多小孔，药物通过小孔泄出，撒布犬体的大部，遇蚤即可发挥其驱除或杀灭作用。但要注意有的犬长期使用会引起皮肤过敏。

(二)犬蠕形螨病

犬蠕形螨病又称毛囊虫病或脂螨病。是由犬蠕形螨寄生于皮脂腺或毛囊而引起的一种常见而又顽固的皮肤病。多发于5~10月龄的幼犬。

1.病原及其生活史 犬蠕形螨呈半透明乳白色，虫体狭长如蠕虫样，体长为0.25~0.3mm，宽约0.04mm，从外形上可区分为前、中、后3个部分。口器位于前部呈蹄铁状，中部有4对很短的足，各足由5节组成；后部细长，表面密布横纹。犬蠕形螨全部发育过程都在犬体上进行，包括卵、幼虫、若虫，成虫4个阶段，若虫有3期。犬蠕形螨多半在发病皮肤毛囊的上部寄生，尔后转入底部，很少寄生于皮脂腺内。除寄生于毛囊内外，还能生活在犬的组织和淋巴结内，并有部分在其中繁殖。

2.诊断要点

(1)临床分型

①鳞屑型：多发生于眼睑及其周围、口角、额部、鼻部及颈下部，肘部、趾间等处。患部脱毛，并伴以皮肤轻度潮红和发生银白色具有黏性的皮屑，皮肤显得略微粗糙而龟裂，或者带有小结节。后来皮肤呈蓝灰白色或红铜色，患部几乎不痒，有的长时间保持不变，有的转为脓疱型。

②脓疱型：多发于颈、胸、股内侧及其他部位，后期蔓延全身。体表大片脱毛，大片红斑，皮肤肥厚，往往形成皱褶。有弥漫性小米至麦粒大的脓疱疹，脓疱呈蓝红色，压挤时排出脓汁，内含大量蠕形螨和虫卵，脓疱破溃后形成溃疡，结痂，有难闻的恶臭。脓疱型几乎也没有瘙痒。若有剧痒，则可能是混合感染。最终死于衰竭、中毒或脓毒症。

(2)实验室检查：切破皮肤上的结节或脓疱，取其内容物做涂片镜检，发现虫体即可确诊。

3.防治措施 隔离治疗病犬，并用杀螨药对被污染的场所及用具进行消毒。选用下述药物进行治疗：双甲醚，应用浓度为250mg/L，体表浴洗。伊维菌素200μg/kg体重，皮下注射，伊维菌素为杀线虫和杀蜘蛛昆虫广谱驱虫药，故对可疑同时患有心丝虫病的病犬慎用，以免因杀死心脏内的心丝虫，引起堵塞而发生意外。14%碘酊，涂布患部。对重症病犬除局部应用杀虫剂外，还应全身应用抗菌药物，防止继发感染。

(三)犬螨病

1.病原 犬螨病是由犬疥螨或犬耳痒螨寄生所致，其中以犬疥螨危害最大。本病广泛分布于世界各地,多发于冬季,常见于皮肤卫生条件很差的犬。

2.病原及其生活史

(1)犬疥螨:浅黄色,呈圆形,背面隆起,腹面扁平。雄螨大小为$(0.2\sim0.23)$mm $\times(0.14\sim0.19)$mm,雌螨大小为$(0.33\sim0.45)$mm$\times(0.25\sim0.35)$mm。腹面有4对粗短的足,雄螨第一、二、四对足和雌螨第一二对足尖端有带柄的吸盘,吸盘喇叭形,柄长,不分节。

(2)犬耳痒螨:呈椭圆形,雄螨大小为$0.32\sim0.38$mm,雌螨大小为$0.43\sim0.53$mm。口器短圆锥形。足4对,较长,雄螨每对足末端和雌螨第一二对足末端均有带柄的吸盘,柄短,不分节。

犬疥螨和犬耳痒螨的全部发育过程都在动物体上度过,包括卵、幼虫、若虫、成虫4个阶段,其中雄螨为1个若虫期,雌螨为两个若虫期。螨病主要由于健康犬与病犬直接接触或通过被螨及其卵污染的犬舍、用具等间接接触引起感染。也可通过管理人员或兽医人员的衣服和手传播病原。

3.诊断要点

(1)临床症状:疥螨病,幼犬症状严重,先发生于鼻梁、颊部、耳根及腋间等处,后扩散至全身。起初皮肤发红,出现红色小结节,以后变成水疱,水疱破溃后,流出黏F黄色油状渗出物,渗出物干燥后形成鱼鳞状痂皮。患部剧痒,病犬常以爪抓挠患部或在地面以及各种物体上摩擦,因而出现严重脱毛。耳痒螨寄生于犬外耳部,引起大量的耳脂分泌和淋巴液外溢,且往往继发化脓。有痒感,病犬不停地摇头、抓耳、鸣叫,在器物上摩擦耳部,甚至引起外耳道出血。有时向病变较重的一侧做旋转运动,后期病变可能蔓延到额部及耳壳背面。

(2)实验室检查:症状不够明显时,可采取患部皮肤上的痂皮,检查有无虫体。检查方法:在病健交界处,用手术刀刮取痂皮,直到稍微出血为止,将刮到的病料装入管内,加入10%苛性钠(或苛性钾)溶液,煮沸,待毛、痂皮等固体物大部分溶解后,静置20min,由管底吸取沉渣,滴在载玻片上,用低倍显微镜检查。

4.治疗

犬疥螨病应先用温肥皂水刷洗患部,除去污垢和痂皮后,再任选下列药物的一种涂擦:溴氰菊酯(5%溴氰菊酯乳油,商品名倍特)使用浓度为50mg/L,巴胺磷

(商品名赛福丁)使用浓度为125~250mg/L，二嗪农(地亚农，商品名螨净)使用浓度为2000~4000mg/L，双甲醚使用浓度为250mg/L。

治疗犬耳痒螨时，应先向耳内滴入石蜡油，轻轻按摩，以溶解并消除耳内的痂皮，再用加有杀螨药的油剂(例如雄黄10g、硫黄10g、豆油100mL，将豆油烧开加入研细的雄黄和硫黄，候温)局部涂擦。也可应用伊维菌素或灭虫丁注射液，用量为200μg/kg体重，皮下注射。在治疗病犬同时，应以杀螨药物彻底消毒犬舍和用具，将治疗后的病犬安置到已消毒过的犬舍内饲养，由于大多数治螨药物对螨卵的杀灭作用差，因此，需治疗2~3次，每次间隔5d，以杀死新孵出的幼虫。

5.预防

(1)犬舍要宽敞、干燥、透光、通风良好。应经常打扫，定期消毒(至少每两周1次)，饲养管理用具也应定期消毒。

(2)建立和加强外来犬的检疫制度。

(3)病犬和健康犬应隔离饲养和管理。对于隔离治疗完毕的病犬，需再隔离看管3~4周，确实痊愈后方可同健康犬接触。

(四)犬巴贝斯虫病

本病是一种经硬蜱传播的血液原虫病，呈全球性分布。

1.病原及其生活史犬巴贝斯虫病的病原有3种

(1)犬巴贝斯虫虫体较大，一般长4~5μm，最长可达7μm。典型虫体为双梨籽形，两虫尖端以锐角相连，每个红细胞内的虫体数目为1~16个。

(2)吉氏巴贝斯虫体很小，多呈环形。卵为圆形，呈梨籽形的很少。一个红细胞内最多可寄生30个虫体。

(3)韦氏巴贝斯虫除体形略大外，形态与犬巴贝斯虫相似，或许为犬巴贝斯虫的同义名。

2.诊断要点

(1)流行病学调查：当地是否有传播本病的蜱，当时是否为蜱的活动季节。病犬是否有遭到蜱叮咬的病史或在其体上抓到过蜱。

(2)临床症状：犬巴贝斯虫病，主要表现为高热，黄疸，呼吸困难。有些病犬脾脏肿大，触之敏感。尿中含蛋白质，间或含血红蛋白。吉氏巴贝斯虫病常呈慢性经过，仅病初发热或为间歇热。病犬高度贫血，但无黄疸。虽食欲良好，却高度消瘦，尿含蛋白质或兼有微量的血红蛋白。病犬常死于衰竭。如能耐过，则于3~6周后贫血逐渐消失而康复。

(3)实验室检查：采病犬耳尖血作涂片，姬氏液染色后检查，如发现典型虫体即可确诊。

3.治疗

应用三氮脒(贝尼尔、血虫净)，用量为3.5mg/kg体重，皮下或肌肉注射，每天1次，连用两天。或用咪唑苯脲，用量为5mg/kg体重，1次皮下或肌肉注射或间隔24h再用1次，或5~7mg/kg体重肌肉注射，间隔14日再用1次。

4.预防

(1)在疫区，要做好犬体的防蜱灭蜱工作。可应用杀虫药，如25ppm溴氰菊酯溶液，每隔7~10d喷淋1次犬体。

(2)对病犬应做到早发现，早诊断，早治疗。发现病例后，可应用三氮脒、咪唑苯脲的治疗剂量对其他健康进行药物预防。

(五)犬弓形虫病

1.病原及其生活史

弓形虫病的病原是龚地弓形虫，简称弓形虫。它的整个发育过程需要两个宿主。猫是弓形虫的终宿主，在猫小肠上皮细胞内进行类似于球虫发育的裂体增殖和配子生殖，最后形成卵囊，随猫粪排出体外，卵囊在外界环境中，经过孢子增殖发育为含有两个孢子囊的感染性卵囊。弓形虫对中间宿主的选择不严，已知有200余种动物，包括哺乳类、鸟类、鱼类、爬行类和人都可以作为它的中间宿主。猫也可以作为弓形虫的中间宿主。

在中间宿主体内，弓形虫可在全身各组织脏器的有核细胞内进行无性繁殖。动物吃了猫粪中的感染性卵囊或含有弓形虫速殖子或包囊的中间宿主的肉、内脏、渗出物、排泄物和乳汁而被感染。速殖子还可通过皮肤、黏膜感染，也可通过胎盘感染胎儿。

2.诊断要点

(1)临床症状：多数为无症状的隐性感染。幼年犬和青年犬感染较普遍而且症状较严重，成年犬也有致死病例。症状类似犬瘟热、犬传染性肝炎，主要表现为发热、咳嗽、厌食、精神萎靡、虚弱，眼和鼻有分泌物，黏膜苍白，呼吸困难，甚至发生剧烈的出血性腹泻。少数病犬有剧烈呕吐，随后出现麻痹和其他神经症状。怀孕母犬发生流产或早产，所产仔犬往往出现排稀便、呼吸困难和运动失调等症状，血液检查；急性期，红、白细胞减少，中性粒细胞增多。中性粒细胞减少和单核细胞增多者较少见。慢性病例的白细胞总数增多，主要为嗜中性粒白细胞增多，血小板减少，但没有出血倾向。

(2)实验室检查：仅依靠临床症状很容易与犬瘟热特别是神经型犬瘟热相混淆。因此，在进行流行病学分析、临床症状等综合判定后，还必须以检出病原体或证实血清中抗体滴度升高才能确诊。

3.治疗对急性感染病例，可用磺胺嘧啶(SD)，每 kg 体重用 70mg，或甲氧苄氨嘧啶(TMP)，每 kg 体重用 14mg，每天两次口服，连用 3~4 天。由于磺胺嘧啶溶解度较低，较易在尿中析出结晶，内服时应配合等量碳酸氢钠，并增加饮水。此外，可应用磺胺－6－甲氧嘧啶(磺胺间甲氧嘧啶、制菌磺、SMM、DS－36)或磺酰氨苯砜(SDDS)。

4.预防 不喂生肉，并防止犬捕食啮齿类动物，防止猫粪污染饲料及饮水。

(六)犬蛔虫病

本病是由犬蛔虫和狮蛔虫寄生于犬的小肠和胃内引起的。在我国分布较广，主要危害 1~3 月龄的仔犬，影响生长和发育，严重感染时可导致死亡。

1.病原及其生活史 犬蛔虫(犬弓首蛔虫)呈淡黄白色，头端有 3 片唇，体侧有狭长的颈翼膜。犬蛔虫钓特点是在食道与肠管连接处有一个小胃。雄虫长 50~110mm，尾端弯曲：雌虫长 90~180mm，尾端直。狮蛔虫(狮弓蛔虫)颜色。形态与犬蛔虫相似，但无小胃，雄虫长 35~70mm，雌虫长 30~100mm。

犬蛔虫卵随粪便排出体外，在适宜条件下发育为感染性虫卵。3 月龄以内的仔犬吞食了感染性虫卵后，在肠内孵出幼虫，幼虫钻入肠壁，经淋巴系统到肠系膜淋巴结，然后经血流到达肝脏，再随血流到达肺脏，幼虫经肺泡、细支气管、支气管，再经喉头被咽入胃，到小肠进一步发育为成虫，全部过程 4~5 周。年龄大的犬吞食了感染性虫卵后，幼虫随血流到达身体各组织器官中，形成包囊，幼虫保持活力，但不进一步发育，体内含有包囊的母犬怀孕后，幼虫被激活，通过胎盘移行到胎儿肝脏而引起胎内感染。胎儿出生后，幼虫移行到肺脏，然后再移行到胃肠道发育为成虫，在仔犬出生后 23~40d 已出现成熟的犬蛔虫。新生仔犬也可通过吸吮初乳而引起感染，感染后幼虫在小肠中直接发育为成虫。狮蛔虫虫卵在外界适宜的条件下，发育为感染性虫卵，被犬吞食后，幼虫在小肠内逸出，进而钻入肠壁内发育后返回肠腔，经 3~4 周发育为成虫。

2.诊断要点

(1)临床症状：逐渐消瘦，黏膜苍白。食欲不振，呕吐，异嗜，消化障碍，先下痢而后便秘。偶见有癫痫性痉挛。幼犬腹部膨大，发育迟缓。感染严重时，其呕吐物和粪便中常排出蛔虫，即可确诊。

(2)实验室检查：可采用饱和盐水浮集法或直接涂片法，检查粪便内的虫卵进行确诊。

3.防治措施

(1)定期检查与驱虫：幼犬每月检查 1 次，成年犬每季检查 1 次，发现病犬，立即进行驱虫。可用左咪唑，每 kg 体重 10mg 内服。或用甲苯咪唑，每 kg 体重 10mg，每天服两次，连服两天。或用噻嘧啶(抗虫灵)每 kg 体重 5~10mg，内服。或用枸橼酸哌嗪(驱蛔灵)每 kg 体重 100mg，内服。

(2)搞好清洁卫生：对环境、食槽、食物的清洁卫生要认真搞好，及时清除粪便，并进行发酵处理。

(七)犬心丝虫病

本病是由犬心丝虫寄生于犬的右心室及肺动脉(少见于胸腔、支气管内)引起循环障碍、呼吸困难及贫血等症状的一种丝虫病。除感染犬外，猫及其他野生肉食动物也可被感染。

1.病原及其生活史 犬心丝虫(又名犬恶丝虫)，呈黄白色细长粉丝状。雄虫长 120~160mm，尾部呈螺旋状卷曲，雌虫长 250~300mm。胎生的幼虫叫微丝蚴，寄生于血液内，体长 307~322μm，无鞘。

犬心丝虫完成生活史需犬蚤、按蚊或库蚊作为中间宿主。寄生在右心室的雌虫产出能自由活动的微丝蚴，进入血液，蚤、蚊吸血时把微丝蚴吸入体内，发育成感染性幼虫，进入蚤、蚊的喙内，当蚤、蚊吸血时，幼虫从喙逸出钻入终宿主的皮内，经皮下淋巴液或血液而循环到心脏及大血管内。

2.诊断要点

(1)临床症状：最早出现的症状是慢性咳嗽，但无上呼吸道感染的其他症状，运动时加重，或运动时病犬易疲劳。随着病情发展，病犬出现心悸亢进，脉细弱并有间歇，心内有杂音。肝区触诊疼痛，肝肿大。胸、腹腔积水，全身浮肿。呼吸困难。长期受到感染的病例，肺原性心脏病十分明显.末期，由于全身衰弱或运动时虚脱而死亡。病犬常伴发结节性皮肤病，以瘙痒和倾向破溃的多发性灶状结节为特征。皮肤结节为血管中心的化脓性肉芽肿炎症，在化脓性肉芽肿周围的血管内常见有微丝蚴。X线摄影可见右心室扩张，主动脉、肺动脉扩张。

(2)实验室镜检：根据病史调查和临床症状观察可作出初步诊断，最后确诊应于夜晚采外周血液做镜检，找到微丝蚴。

3.防治措施

(1)驱虫

①驱杀成虫：应用硫胂酰胺钠，剂量为 2.2mg/kg 体重，静脉注射，1 日两次，连用两日。

静脉注射时应缓缓注入，药液不可漏出血管外，以免引起组织发炎及坏死。或用盐酸二氯苯胂，剂量为 2.5mg/kg 体重，静脉注射，每隔 4~5 日一次，该药驱虫作用较强，毒性小。

②驱微丝蚴：用左咪唑，用量为 10mg/kg 体重，口服，连用 15d，治疗第六天后检验血液，当血液中检不出微丝蚴时，停止治疗。或用伊维菌素，用量为 0.05~0.1mg/kg 体重，1 次皮内注射。或用倍硫磷，每 kg 体重皮下注射 7%溶液 0.2mL，必要时间隔 2 周重复 1~2 次。还应根据病情，进行对症治疗。

(2)防止和消灭中间宿主：防止和消灭蚤、蚊是预防本病的重要措施。也可采用药物预防，乙胺嗪(海群生)内服剂量 6.6mg/kg 体重，在蚊、蝇活动季节应连续用药。对微丝蚴阳性犬，严禁使用乙胺嗪，必须先用药杀灭成虫和微丝蚴后，才能开始用乙胺嗪进行预防。

3.2.9 宠物常见真菌病诊治

(一)皮肤真菌病

1.病原 皮肤真菌病或称表面真菌病,是指真菌侵染表皮及其附属构造(毛、角、爪)的真菌疾病。病原真菌的种类很多,但引起犬皮肤真菌病的主要是犬小孢子菌。有时也可分离到须毛癣菌、疣状毛癣菌和石膏状小孢子菌。皮肤真菌对外界因素的抵抗力极强,尤其对干燥更是如此。在日光照射或于0℃以下时,可存活数月之久,附着在犬舍器具、桩柱等上面的皮屑中的真菌,甚至经过5年仍可保持其感染力。但在垫草和土壤里的真菌,可被其他生物因素所消灭,只有较幼年的石膏状小孢子菌、须毛癣菌等才能在土壤中繁殖。

犬皮肤真菌病的传播主要是通过动物间的互相接触,或通过污染的物体而传播。在养犬数量较多且较密集的情况下,也可通过空气传播。体外寄生虫,如虱、蚤、蝇、螨等在传播上也有重要意义。此外,大、小家鼠对须毛癣菌病的传播,土壤对石膏状小孢子菌病的传播上都起一定作用。

2.诊断要点

(1)流行特点:病的发生及其危害的程度,常取决于个体的素质。幼犬和体质较差的犬,其症状明显且较严重。

(2)临床特征:主要在头、颈和四肢的皮肤上发生圆形断毛的秃斑,上面覆以灰色鳞屑,严重时,许多癣斑连成一片。病程较长。对于典型病例,根据临床症状即可确诊。轻症病例,症状不明显,须采取病料,即自病健交界处用外科刀或镊子刮取一些毛根和鳞屑,做显微镜检查。

3.防治措施

(1)搞好犬皮肤构清洁卫生,经常检查被毛有无癣斑和鳞屑。

(2)加强对犬的管理,避免与病犬接触。

(3)发现病犬要及时隔离治疗。灰黄霉素25~50mg/kg体重,分2~3次内服,连服3~5周,对本病有很好的疗效。在用全身疗法的同时,患部剪毛,涂制霉菌素或多聚醛制霉菌素钠软膏,可使患犬在2~4周内痊愈。

(4)在治疗的同时,应特别注意犬舍器具、拴犬的桩柱等的消毒。2%~3%氢氧化钠溶液、5%~10%漂白粉溶液、1%过氧乙酸、0.5%洗必泰溶液等，都有很好的杀灭真菌的效果，可选用。

(二)深部真菌病

深部真菌病是指侵害皮肤、黏膜和内脏的真菌所引起的感染。病原菌的种类有很多种。

这些病原菌广泛存在于土壤、动物粪便、乳汁中，犬主要通过接触污染的土壤或经呼吸道、消化道而感染，只有少数真菌具有接触传染性。深部真菌病可发生于体内各脏器，其病变特征是：肉芽肿性炎症、坏死、脓肿、溃疡、瘘管、结缔组织增生和形成结节。饲料中广泛添加抗菌药物，可能是犬发生深部真菌病的重要原因。

1.组织胞浆菌病 其病原为荚膜组织胞浆菌。生长在土壤中，主要经呼吸道感染，病犬主要呈现持久、不易治愈的顽固性咳嗽和腹泻，无痰液排出。病犬厌食、消瘦、不规则发热、呕吐、皮炎，腹壁触诊常可发现肿大的肠系膜淋巴结。慢性病例有时可见颊黏膜发生溃疡，扁桃体肿大。临床上发现犬呈现难以治愈的咳嗽或腹泻时，即应考虑本病。如有条件应以荚膜组织胞浆菌素做皮内试验，还可做胸部 X 线透视、血清补体结合试验、琼脂扩散试验等进行诊断。两性霉素 B 对本病有很好的疗效，总用量为 4mg/kg 体重，分为 10 次，每隔 2d 注射 1 次，临用前先以注射用水溶解，再用葡萄糖盐水稀释成 0.1%(mg)后静脉注射。

总量不能超过 5mg/kg 体重，否则可损害肾脏。克霉唑(抗真菌 1 号)对本病也有良好的疗效，剂量为 0.75~1.5g，分两次内服。

2.球孢子菌病 其病原为球孢子菌。主要经呼吸道感染。病犬的肺脏及支气管或纵隔淋巴结发生肉芽肿，病犬呈现体温升高，咳嗽，呼吸困难，食欲不振，消瘦和腹泻。侵害关节时，即呈现跛行和肌肉萎缩。本病在犬群中传播迅速。当犬中出现可疑症状时，应进一步进行胸部 X 线照相，有条件时可做球孢子菌素皮内试验及血清补体结合试验。治疗方法同组织胞浆菌病。

3.芽生菌病 其病原为皮炎芽生菌。本病可分为全身型和皮肤型两种。全身型主要表现为肺脏的疾病，病犬精神沉郁、发热、厌食、消瘦及咳嗽。剖检病死犬时，肺脏各叶都有结节和脓肿，肺脏呈现灰白色或淡红色斑纹状，并有局灶性或弥漫性硬变。肉芽肿结节的中心发生坏死，但不钙化。病变向周围蔓延时，可使支气管和纵隔淋巴结肿大、化脓，甚至引起胸膜炎。皮肤型芽生菌病表现为单发性或多发性皮肤肉芽肿，最后则在中心液化坏死和发生溃疡。胸部 X 线照片所见到的肺部未钙化结节或硬变，有助于该病的诊断。最好对皮肤结节做活组织检查。从脓汁、痰液中镜检时，发现有单个的或出芽的球形细胞且细胞壁厚而有折光性(双层轮廓)时，即可确诊。本病一旦扩散，难以治愈。早期可用两性霉素 B 治疗。

对皮肤结节可施行手术摘除。

4.隐球菌病 其病原为新型隐球菌，它存在于泥土中，可从土壤、鸟粪、水果和乳汁中分离到。

犬的隐球菌病主要侵害脑、脑膜、鼻旁窦以及肺、脾、肌肉、关节、皮肤等部位，引起病犬的运动失调，转圈运动，行为异常，跛行，感觉过敏和鼻漏。剖检时，于鼻旁窦、鼻甲骨，鼻腔以及脑有小的化脓灶，脑膜有黏液脓性炎症。耳、眼睑和脚等部位可见皮下肉芽肿。在临床上发现病犬有不明原因的呼吸道和中枢神经系统的症状时，应考虑到隐球菌病的可能性。

如能进一步做病原检查、血清学试验及病理组织学检查，均有助于本病的确诊。治疗方法同组织胞浆菌病。

5.孢子丝菌病 病原为申克氏孢子丝菌，经创伤感染。病变主要侵犯皮肤，常发生于肢端，并沿淋巴管蔓延，形成典型的带状肿。原发部位为坚实、无弹性、可移动、无压痛的结节或肉芽肿，结节部被毛脱落后，可看到附有渗出物，干涸后形成结痂，有的结节可形成脓肿，破溃后形成溃疡。根据上述症状可怀疑为本病。为了确诊，可从未破溃的脓肿内采取病料，进行分离培养，若分离到病原菌，即可确诊。

碘化物对本病有特效。可用碘化钾内服，日量 4.4mg/kg 体重.也可静脉注射碘化钠。

口服灰黄霉素，每日剂量为 20mg/kg 体重，连用 2~3 周，皮肤溃疡处可用 0.2%碘溶液(加 2%碘化钾)温敷。局部涂敷 5%~10%碘化钾软膏常可收到良好的疗效。

6.念珠菌病(鹅口疮) 其病原为白色念珠菌。常存在于健康动物的消化道内。幼龄和体质衰弱，特别是长期饲喂抗菌添加剂或长期使用抗生素治疗的动物，都易感染发病。病犬的临床特征是在口腔和食道黏膜上形成一个大的或数个小的隆起的软斑，软斑表面覆盖有黄白色伪膜，剥离后露出容易出血的充血面。对有上述症状的病犬，从黏膜和皮肤病变处刮取标本镜检，如发现酵母细胞和缠结的菌丝体，即可确诊。早期发现、早期治疗对提高疗效具有重要意义，其治疗方法可参照组织胞浆菌病。为了预防本病，最重要的是除去各种诱因，长期使用抗菌添加剂的应停止饲喂。抗苗剂使用时间过长的也应停止使用，以避免念珠菌的生长。也可不定期口服制霉菌素，剂量为 60~100 万 IU/d，连续服用 5~7 天。

小结

宠物疾病诊治职业技能训练项目是针对宠物医院临床诊治工作而设置的实训项目，所涉及的诊疗基本技术已经在动物医院综合技能训练项目中阐述，鉴于两者的相同之处，在本项目中不再赘述。在开始项目训练前，建议先阅读和复习前述项目的基本内容。

本项目设计了八个技能训练任务，分别从宠物保定与注射给药、麻醉技术与手术护理、常见外科手术、宠物常见内科病、常见传染病、常见寄生虫病和常见真菌病等不同的角度，对宠物疾病诊治提出了要求，所列举的病种是宠物疾病诊治岗位上的常见病、多发病，通过训练学生应对宠物疾病诊治有一个整体的把握，能够在实际的工作岗位上加以充分的应用。

宠物保定与注射给药是宠物疾病诊治的常规操作，要求熟练掌握，灵活应用，同时注意安全。

一次完整的外科手术必须包含术前、术中和术后三个相互关联的步骤，麻醉和术后护理分别是宠物外科手术的前提和后续工作，药物麻醉剂量是否准确，术后护理是否细致，直接关系到手术的成败，而宠物外科疾病的诊治也与此相同。

在宠物内科疾病、传染病和寄生虫病以及真菌病的诊治过程中，应尽可能通过动物的一般诊断方法完整地收集患病宠物的发病信息，并通过临床检查和实验室检查等方法，明确动物的发病原因，只有针对病因的治疗才是真正有效的治疗。

第4章 肉联厂职业技能训练

4.1 生猪屠宰检疫

(一)检疫项目

1.入场(厂、点)入场检查查证验物、询问及临床检查。

2.屠宰检疫检疫申报、宰前检查、同步检疫。

3.检疫处理及记录

(二)检疫合格标准

1.入场(厂、点)时,具备有效的《动物检疫合格证明》,畜禽标识符合国家规定。

2.无规定的传染病和寄生虫病。

3.需要进行实验室疫病检测的,检测结果合格。

4.履行规定的检疫程序,检疫结果符合规定。

(三)入场(厂、点)监督查验

1.查证验物 查验入场(厂、点)生猪的《动物检疫合格证明》和佩戴的畜禽标识。

2.询问 了解生猪运输途中有关情况。

3.临床检查 检查生猪群的精神状况、外貌、呼吸状态及排泄物状态等情况。

4.结果处理

(1)合格：《动物检疫合格证明》有效、证物相符、畜禽标识符合要求、临床检查健康，方可入场，并回收《动物检疫合格证明》。场(厂、点)方须按产地分类将生猪送入待宰圈，不同货主、不同批次的生猪不得混群。

(2)不合格：不符合条件的，按国家有关规定处理。

5.消毒 监督货主在卸载后对运输工具及相关物品等进行消毒。

(四)检疫申报

场(厂、点)方应在屠宰前 6h 申报检疫，填写检疫申报单。官方兽医接到检疫申报后，根据相关情况决定是否予以受理。受理的，应当及时实施宰前检查；不予受理的，应说明理由。

受理方式为现场申报。

(五)宰前检疫

1.临床检查 屠宰前 2h 内，官方兽医应按照《生猪产地检疫规程》中的临床检查方法实施检查(表 4－1)。

(1)群体检查。分为静态、动态、食态检查。按生猪不同产地、入场批次，分批分圈进行检查。

①静态观察：检疫人员深入圈舍，在不惊扰生猪群的情况下，仔细观察精神状态、外貌、呼吸状态、睡卧姿势，注意有无咳嗽、流涎、气喘、呻吟、昏睡、嗜眠、独立一隅等病态。

②动态观察：将生猪哄起，观察有无行走困难、离群掉队、屈背弓腰、步态蹒跚、喘息咳嗽及行动反常等情况。

③食态观察：观察采食和饮水状态。注意有无少食、贪饮、假食、废食或吞咽困难。同时注意观察排便姿势，以及粪尿色泽、形态、气味等是否正常。

凡经上述检查呈现异常的生猪，标上记号，出具《隔离观察通知书》，予以隔离，留待进一步检查。

(2)个体检查。经群体检查隔离的病畜，应逐头通过视诊、听诊、触诊方法，进行详细的个体检查。

①视诊：观察病畜的精神、行为、姿态，被毛有无光泽，有无脱毛，观察皮肤、蹄、趾部、趾间有无肿胀、丘疹、水疱、脓疱及溃疡等病变。检查可视黏膜

是否苍白、潮红、黄染，注意有无分泌物，并仔细检查排泄物的状态。

②听诊：直接听取病畜的叫声、咳嗽声，借助听诊器听诊心音、肺呼吸音和胃肠蠕动音。

③触诊：用手触摸检查屠畜的脉搏、耳、角和皮肤的温度，触摸浅表淋巴结的大小、硬度、形状和有无肿胀，胸部和腹部有无压痛点，皮肤有无肿胀、疹块、结节等。

检测体温，对可疑患有屠畜检疫对象的，或有其他临床表现的，必要时进行实验室检查。

(3)检查内容。除了按生猪产地检疫规程检查疫病以外，还需要对其他生猪疫病进行检查(表 4 - 2)。

表 4 - 1 按生猪产地检疫规程的临床检查

临诊表现	怀疑感染的疫病
发热、精神不振、食欲减退、流涎；蹄冠、蹄叉、蹄踵部出现水疱，水疱破裂后表面出血，形成暗红色烂斑，感染造成化脓、坏死、蹄壳脱落，卧地不起；鼻盘、口腔黏膜、舌、乳房出现水疱和糜烂。	口蹄疫水泡病
高热、倦怠、食欲不振、精神委顿、弓腰、腿软、行动缓慢；间有呕吐、便秘腹泻交替；可视黏膜充血，出血或有不正常分泌物、发绀；鼻、唇、耳、下颌、四肢、腹下、外阴等多处皮肤点状出血，指压不褪色。	猪瘟
高热；眼结膜炎、眼睑水肿；咳嗽、气喘、呼吸困难；耳朵、四肢末梢和腹部皮肤发绀；偶见后躯无力，不能站立或共济失调。	高致病性猪蓝耳病
高热稽留；呕吐；结膜充血；粪便干硬呈粟状，附有黏液，下痢；皮肤有红斑(大红斑、小红斑)、疹块，指压褪色。	猪丹毒
高热；呼吸困难，继而哮喘；口鼻流出泡沫或清液；颈下咽喉部急性肿大、变红、高热、坚硬；腹侧、耳根、四肢内侧皮肤出现红斑，指压褪色。	猪肺疫
咽喉、颈、肩胛、胸、腹、乳房及阴囊等局部皮肤出现红肿热痛、坚硬肿块，继而肿块变冷、无痛感，最后中央坏死形成溃疡；颈部、前胸出现急性红肿，呼吸困难、咽喉变窄、窒息死亡。	猪炭疽

表4-2 按生猪屠宰检疫规程的临床检查

临诊表现	怀疑感染的疫病
高热,耳、颈、腹下、四肢内侧出现紫斑。 一肢或多肢关节发炎,关节周围肌肉肿胀,跛行,有痛感。听诊心脏可有杂音。 磨牙、空嚼或嗜睡。站立困难,共济失调、四肢划水样或后肢麻痹,昏迷而死。	猪Ⅱ型链球菌病
站立一隅或伏卧,背弓起,颈伸直,头下垂至地,呈连续痉挛性咳嗽。呼吸次数剧增, 呈明显腹式呼吸,严重者张口伸舌喘气。 体温一般正常。	猪支原体肺炎
病猪发热,呼吸困难,耳缘、下腹和四肢末端发绀。 四肢腕、趾关节肿胀发炎,疼痛,跛行,共济失调,临死前侧卧或四肢划水样。	副猪嗜血杆菌病
体温升高,呼吸困难,眼结膜发炎,有脓性分泌物。 耳根、胸前和腹下皮肤有紫斑,淤血或出血,并有黄疸。 腹痛、下痢,初便秘后腹泻,排灰白色或黄绿色恶臭粪便。病猪消瘦,皮肤有痂状湿疹。	猪副伤寒
临诊表现不明显,心脏听诊可能有磨擦音。	猪浆膜丝虫病
猪体感染虫体较少,则无明显症状。只有在猪体抵抗力低下,感染大量虫体时,出现消瘦、贫血、衰竭、前肢僵硬、声音嘶哑、咳嗽、呼吸困难及发育不良。	猪囊尾蚴病
自然感染时,多不出现症状,仅在宰后检疫发现。	旋毛虫病

2.结果处理

(1)合格的,出具《准宰通知书》,准予屠宰。

(2)不合格的,按以下要求处理。

①发现有口蹄疫、猪瘟、高致病性猪蓝耳病、炭疽等疫病症状的,限制移动,并按照《中华人民共和国动物防疫法》、《重大动物疫情应急条例》、《动物疫情报告管理办法》和《病害动物和病害动物产品生物安全处理规程》(GB16548-2006)等有关规定处理。

②发现有猪丹毒、猪肺疫、猪Ⅱ型链球菌病、猪支原体肺炎、副猪嗜血杆菌病、猪副伤寒等疫病症状的,患病猪按国家有关规定处理,同群猪隔离观察,出具《隔离观察通知书》,确认无异常的,准予屠宰;隔离期间出现异常的,按《病害动物和病害动物产品生物安全处理规程》(GB16548-2006)等有关规定处理。

③怀疑患有规定疫病及临床检查发现其他异常情况的,按相应疫病防治技术规范进行实验室检测,并出具检测报告。实验室检测须由省级动物卫生监督机构指定的具有资质的实验室承担。

④发现患有规定以外疫病的,隔离观察,确认无异常的,准予屠宰;隔离期

218

间出现异常的，按《病害动物和病害动物产品生物安全处理规程》(GB16548-2006)等有关规定处理。

⑤确认为无碍于肉食安全且濒临死亡的生猪，视情况进行急宰，并出具《急宰通知书》。

(3)监督场(厂、点)方对处理患病生猪的待宰圈、急宰间以及隔离圈等进行消毒，并指导作好消毒记录。

(六)同步检疫

1.检疫方法以感官检查为主，必要时进行实验室检验。

(1)视检。通过观察胴体的皮肤、肌肉、胸腹膜、脂肪、骨骼、关节、天然孔和内脏器官的色泽形状、组织性状等有无异常，从而判断有无检疫对象和病变性质，或为剖检提供方向。

(2)触检。利用手触摸受检组织和器官，感觉其弹性、硬度以及深部有无隐蔽性或潜在性的变化，从而作出判断。

(3)剖检。借助检疫刀具等将屠体剖开，观察胴体和内脏器官的深层组织的变化，从而作出判断。适用于对淋巴结、肌肉、脂肪和内脏器官的检查。

(4)嗅检。通过嗅闻胴体和组织器官有无特殊气味，从而判断肉品的品质和食用价值，为确定实验室检验提供指导。

当感官检查不能对疫病性质作出判断时，必须进行实验室检验。

2.检疫要求

(1)必须遵守生猪屠宰检疫规程，迅速、准确地做好同步检疫工作。

(2)每位检疫人员应配备两套检疫工具以便替换、消毒。

(3)在规定部位切开，且切口大小深浅适度，以免破坏肉品的整洁性。

(4)肌肉的切开应顺肌纤维方向进行，一般不得横断。

(5)检查淋巴结时，尽可能从切割面寻找，沿淋巴结长轴切开。

(6)切开病变组织时，要防止污染肉品、环境和检疫人员的手。

3.检疫程序　与屠宰操作相对应，对同一头猪的头、蹄、内脏、胴体等统一编号进行检疫。

(1)头蹄及体表检查

①视检体表的完整性、颜色，检查有无猪瘟、高致病性猪蓝耳病、猪丹毒、猪肺疫、猪副伤寒、猪Ⅱ型链球菌病、副猪嗜血杆菌病等疫病引起的皮肤病变、关节肿大等。

②观察吻突、齿龈和蹄部有无水疱、溃疡、烂斑等，检查有无猪口蹄疫、水泡病。

③放血后褪毛前，沿放血孔纵向切开下颌区，直到颌骨高峰区，剖开两侧下颌淋巴结(图4‐1)，视检有无肿大、坏死灶(紫、黑、灰、黄)，切面是否呈砖红色，周围有无水肿、胶样浸润等，检查有无咽炭疽。

④剖检两侧咬肌(图4‐2)，充分暴露剖面，检查有无猪囊尾蚴。

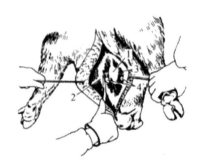

图4‐1 猪头颈部淋巴结

1.咽喉隆起 2.下颌骨 3.颌下腺 4.下颌淋巴结

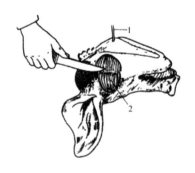

图4‐2 咬肌检疫

1.检疫钩 2.咬肌

(2)内脏检查 取出内脏前，观察胸腔、腹腔有无积液、黏连、纤维素性渗出物。检查脾脏、肠系膜淋巴结有无肠炭疽。取出内脏后，检查心脏、肺脏、肝脏、脾脏、胃肠、支气管淋巴结、肝门淋巴结等。

①心脏 视检心包,切开心包膜(图4-3),检查有无变性、心包积液、渗出、淤血、出血、坏死等症状。在与左纵沟平行的心脏后缘房室分界处纵剖心脏,检查心内膜、心肌、血液凝固状态、二尖瓣及有无虎斑心、菜花样赘生物、寄生虫等。检查有无猪丹毒、猪囊虫及恶性口蹄疫时的"虎斑心"。

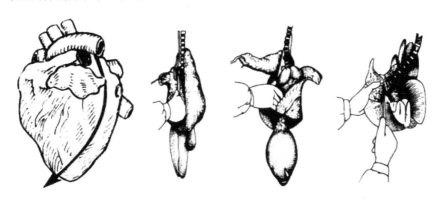

图4-3心脏检疫术式　　　　　　　图4-4肺脏检疫术式

②肺脏视检肺脏(图4-4)形状、大小、色泽,触检弹性,检查肺实质有无坏死、萎陷、气肿、水肿、淤血、脓肿、实变、结节、纤维素性渗出物等。剖开一侧支气管淋巴结,检查有无出血、淤血、肿胀、坏死等。必要时剖检气管、支气管。检查有无肺呛水、肺丝虫、猪肺疫、支原体肺炎、传染性胸膜肺炎。

③肝脏视检肝脏(图4-5)形状、大小、色泽,触检弹性,观察有无淤血、肿胀、变性、黄染、坏死、硬化、肿物、结节、纤维素性渗出物、寄生虫等病变。剖开肝门淋巴结,检查有无出血、淤血、肿胀、坏死等。必要时剖检胆管。

图4-5肝检疫术式

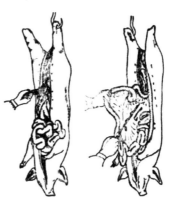

图4-6脾、肠系膜淋巴结悬挂检疫术式

④脾脏 视检脾(图4-6)形状、大小、色泽，触检弹性，检查有无肿胀、淤血、坏死灶、边缘出血性梗死、被膜隆起及黏连等。必要时剖检脾实质。检查猪瘟、炭疽、猪丹毒等疫病。

⑤胃和肠 视检胃(图4-7)肠浆膜，观察大小、色泽、质地，检查有无淤血、出血、坏死、胶冻样渗出物和黏连。对肠系膜淋巴结(图4-6、图4-8)做长度不少于20cm的弧形切口，检查有无淤血、出血、坏死、溃疡等病变。必要时剖检胃肠，检查黏膜有无淤血、出血、水肿、坏死、溃疡。检查有无肠炭疽、猪瘟、猪丹毒、猪肺疫、猪Ⅱ型链球菌病、猪副伤寒等疫病。

图4-7 猪胃检疫术式

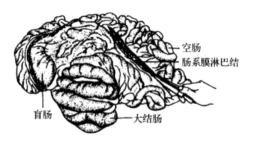

图4-8 猪肠系膜淋巴结平案检疫术式

(3)胴体检疫

①整体检查。检查皮肤、皮下组织、脂肪、肌肉、淋巴结、骨骼以及胸腔、腹腔浆膜有无淤血、出血、疹块、黄染、脓肿和其他异常等(图4-9)。

②淋巴结检查。剖开腹部底壁皮下、后肢内侧、腹股沟皮下环附近的两侧腹股沟浅淋巴结(图4-10)，检查有无淤血、水肿、出血、坏死、增生等病变。必要时剖检腹股沟深淋巴结、髂下淋巴结及髂内淋巴结(图4-11)。观察淋巴结病变，初步判定有无炭疽、猪瘟、猪丹毒、猪肺疫、弓形虫病等疫病。

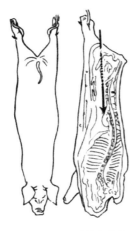
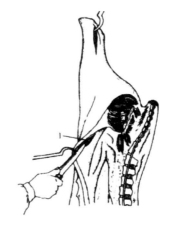

图 4-9 胴体检疫术式 　　　　　　　　图 4-10 猪腹股沟浅淋巴结检疫

③腰肌。沿荐椎与腰椎结合部两侧肌纤维方向切开 10cm 左右切口，检查有无猪囊尾蚴。

④肾脏。剥离两侧肾被膜(图 4-11)，视检肾脏形状、大小、色泽，触检质地，观察有无贫血、出血、淤血、肿胀等病变。必要时纵向剖检肾脏，检查切面皮质部有无颜色变化、出血及隆起等。初步判定有无猪瘟、猪丹毒、猪副伤寒、钩端螺旋体病等疫病。

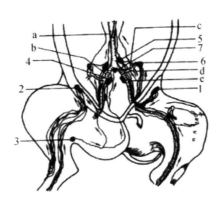

图 4-11 猪体后半部淋巴结示意图

1.髂下淋巴结 2.腹股沟浅淋巴结 3.腘淋巴结 4.腹股沟深淋巴结 5.髂内淋巴结 6.髂外淋巴结

a.腹主动脉 b.髂外动脉 c.旋髂深动脉 d.旋髂深动脉分支

图 4 - 12 肾脏检疫术式

(4)旋毛虫检疫 取左右膈脚各 30g 左右，与胴体编号一致，先撕去肌膜作肉眼检查，然后在样品上，剪取 24 个肉粒，压片后分别进行镜检，如发现有旋毛虫，根据编号查对相应的胴体、头部和内脏，出具《动物检疫处理通知单》，监督屠宰场(厂、点)进行销毁(表 4 - 3)。

(5)复检 官方兽医对上述检疫情况进行复查，综合判定检疫结果。

表 4 - 3 生猪同步检疫及处理

项目		同步检疫病变特征	怀疑疫病	不合格处理
体表头蹄检查	体表	脓性结膜炎,出血斑点。 广泛红斑,疹块。 头颈下红肿。 发斑、关节肿大。	口蹄疫、猪瘟、高致病性猪蓝耳病、猪丹毒、猪肺疫、猪副伤寒、猪Ⅱ型链球菌病、副猪嗜血杆菌病	上报疫情 隔离观察 采样送检 实验确诊
	头蹄	水疱、溃疡、烂斑。下颌淋巴结肿大、坏死呈砖红色,周围水肿、胶样浸润。 咬肌中有乳白色半透明米粒大小包囊。	口蹄疫、水泡病。 咽炭疽。 猪囊尾蚴病。	按 GB16548 监督无害化处理 风险追溯控制扑灭
内脏检查	胸腹腔	积液、黏连、纤维素性渗出物	猪肺疫、猪Ⅱ型链球菌病、副猪嗜血杆菌病等。	刚剖开胸腹腔时发现胴体及内脏病变立即销毁。
	脾脏肠系膜淋巴结	脾脏极度肿大、出血。 肠系膜淋巴结出血肿大,周边胶样浸润。	肠炭疽、猪Ⅱ型链球菌病等。	

项目		同步检疫病变特征	怀疑疫病	不合格处理
内脏检查	心	变性、出血、溃疡、化脓、胶样水肿、二尖瓣有菜花样赘生物、米猪肉、虎斑心、"绒毛心"、心包上有丝虫。	口蹄疫、猪丹毒、猪Ⅱ型链球菌病、猪囊虫病、副猪嗜血杆菌病猪浆膜丝虫病。	上报疫情 隔离观察 采样送检 实验确诊 按GB16548监督无害化处理(销毁、化制)风险追溯控制扑灭。
	肺	肺实质坏死、姜陷、气肿、水肿、淤血、脓肿、坏疽。肺有肝样变、纤维素性胸膜肺炎。支气管淋巴结、出血、淤血、肿胀、坏死。	高致病性猪蓝耳病、猪肺疫、猪Ⅱ型链球菌病、猪支原体肺炎、副猪嗜血杆菌病、传染性胸膜肺炎、猪肺疫等。	
	肝	肝脏有淤血、肿胀、变性、黄染、坏死、硬化、结节、纤维素性渗出物。肝门淋巴结出血、淤血、肿胀、坏死。	猪弓形虫病、猪伪狂犬病等。	
	脾	脾出血性梗死、肿大、淤血、出血、坏死。	猪瘟、猪丹毒、猪Ⅱ型链球菌病。	
	胃肠	胃肠浆膜、黏膜有淤血、水肿、出血、坏死、溃疡。肠系膜淋巴结淤血、出血、坏死、溃疡等病变。	猪瘟、猪丹毒、猪副伤寒、猪Ⅱ型链球菌病、副猪嗜血杆菌病。	
胴体检查	整体检查	皮肤、浆膜、黏膜为渗出性出血。充血、淤血、水肿、疹块、黄染、脓肿、实质器官变性、坏死及炎症变化。肺、脾、肾的转移性脓肿。	猪瘟、猪丹毒、猪肺疫、猪副伤寒、猪Ⅱ型链球菌病、副猪嗜血杆菌病等病原引起败血症。 脓毒败血症。	
	淋巴结	淤血、水肿、出血、化脓、坏死、增生。	猪瘟、高致病性猪蓝耳病、猪丹毒、猪肺疫、弓形虫病、猪Ⅱ型链球菌病、副猪嗜血杆菌病等。	
	腰肌	发现囊尾蚴包囊	猪囊尾蚴病	
	肾脏	贫血、出血、淤血、肿胀、坏死等病变。	猪瘟、高致病性猪蓝耳病、猪丹毒、猪肺疫、伪狂犬病、猪Ⅱ型链球菌病等。	
旋毛虫检查	膈肌	显微镜检查膈肌肉中发现卷曲的旋毛蚴虫。	猪旋毛虫病。	

(6)结果处理

①合格的，由官方兽医出具《动物检疫合格证明》，加盖检疫验讫印章，对分割包装的肉品加施检疫标志。

②不合格的，发现患有规定疫病或以外疫病的，由官方兽医出具《检疫处理通知单》，监督场(厂、点)方对病猪胴体及副产品按《病害动物和病害动物产品生物安全处理规程》(GB16548)处理，对污染的场所、器具等按规定实施消毒，并做好《生物安全处理记录》。

③监督场(厂、点)方做好检疫病害动物及废弃物无害化处理。

(7)官方兽医在同步检疫过程中应做好卫生安全防护。

4.检疫记录

(1)官方兽医应监督指导屠宰场(厂、点)方做好待宰、急宰、生物安全处理等环节各项记录。

(2)官方兽医做好入场监督查验、检疫申报、宰前检查、同步检疫等环节记录。

(3)检疫记录应保存 12 个月以上。

4.2 家禽屠宰检疫

(一)检疫项目

1.入场(厂、点)入场检查查证验物、询问及临床检查。

2.屠宰检疫检疫申报、宰前检查、同步检疫。

3.检疫处理及记录

(二)检疫合格标准

1.入场(厂、点)时,具备有效的《动物检疫合格证明》符合国家规定。

2.无规定的传染病和寄生虫病。

3.需要进行实验室疫病检测的,检测结果合格。

4.履行规定的检疫程序,检疫结果符合规定。

(三)入场(厂、点)监督查验

1.查证验物查验入场(厂、点)家禽《动物检疫合格证明》。

2.询问了解家禽运输途中有关情况。

3.临床检查检查家禽的精神状况、外貌、呼吸状态及排泄物状态等情况。

4.结果处理

(1)合格。《动物检疫合格证明》有效、证物相符、临床检查健康,方可入场,并回收《动物检疫合格证明》。场(厂、点)方须按产地分类将送入待宰圈,不同货主、不同批次的不得混群。

(2)不合格。不符合条件的,按国家有关规定处理。

5.消毒监督货主在卸载后对运输工具及相关物品等进行消毒。

(四)检疫申报申报受理

场(厂、点)方应在屠宰前6h申报检疫，填写检疫申报单。官方兽医接到检疫申报后，根据相关情况决定是否予以受理。受理的，应当及时实施宰前检查；不予受理的，应说明理由。

受理方式为现场申报。

(五)宰前检查

1.临床检查官方兽医应按照《家禽产地检疫规程》中"临床检查"部分实施检查(表4-4)。个体检查的对象包括群体检查时发现的异常禽只和随机抽取的禽只(每车抽60~100只)。

表4-4 按《家禽产地检疫规程》的临床检查

项目 种类	临诊表现	怀疑感染的疫病
禽	突然死亡、死亡率高;病禽极度沉郁,头部和眼睑部水肿,鸡冠发绀、脚鳞出血和神经紊乱;鸭鹅等水禽出现明显神经症状,腹泻,角膜炎、甚至失明。	高致病性禽流感
鸡	体温升高、食欲减退、神经症状;缩颈闭眼、冠髯暗紫;呼吸困难;口腔和鼻腔分泌物增多;嗉囊肿胀;下痢;产蛋减少或停止;少数禽突然发病,无任何症状而死亡。	新城疫
鸡	呼吸困难、咳嗽;停止产蛋,或产薄壳蛋、畸形蛋、褪色蛋。	传染性支气管炎
鸡	呼吸困难、伸颈呼吸,发出啰啰声或咳嗽声;咳出血凝块。	传染性喉气管炎
鸡	下痢,排浅白色或淡绿色稀粪;肛门周围的羽毛被粪污染或沾污泥上;饮水减少、食欲减退;消瘦、畏寒;步态不稳;精神委顿;头下垂、眼睑闭合;羽毛无光泽。	传染性法氏囊病
鸡	食欲减退、消瘦、腹泻、体重迅速减轻,死亡率较高;运动失调、劈叉姿势;虹膜褪色、单侧或双眼灰白色混浊所致的白眼病或瞎眼;颈、背、翅、腿和尾部形成大小不一的结节或瘤状物。	马立克氏病
鸡	食欲减退或废绝,畏寒、尖叫,排乳白色稀薄黏腻粪便,肛门周围污秽,闭眼呆立、呼吸困难;偶见共济失调、运动失衡;肢体麻痹等神经症状	鸡白痢
鸭	体温升高、食欲减退或废绝、翅下垂、脚无力,共济失调、不能站立;眼流浆性或脓性分泌物;眼睑肿胀或头部浮肿;绿色下痢,食竭虚脱。	鸭瘟
鹅	突然死亡;精神萎靡,倒地两脚划动,迅速死亡;厌食、嗉囊松软,内有大量液体和气体;排灰白或淡黄绿色混有气泡的稀粪;呼吸困难,鼻端流出浆性分泌物;喙端色泽变暗。	小鹅瘟
禽	冠、肉髯和其他无羽毛部位发生大小不等的疣状块;皮肤增生性病变;口腔、食道、喉或气管黏膜出现白色节结或黄色白喉膜病变。	禽痘
鸡	精神沉郁、羽毛松乱、不喜活动、食欲减退、逐渐消瘦;泄殖腔周围羽毛被稀粪沾污;运动失调、足和翅发生轻瘫;嗉囊内充满液体,可视黏膜苍白;排水样稀粪、棕红色粪便、血便、间歇性下痢;群体均匀度差;产蛋下降。	鸡球虫病

2.结果处理

227

(1)合格的，出具《准宰通知书》，准予屠宰，回收《动物检疫合格证明》。

(2)不合格的，按以下规定处理。

①发现有高致病性禽流感、新城疫等疫病症状的，限制移动，并按照《动物防疫法》、《重大动物疫情应急条例》、《动物疫情报告管理办法》和《病害动物和病害动物产品生物安全处理规程》(GB16548)等有关规定处理。

②发现有鸭瘟、小鹅瘟、禽白血病、禽痘、马立克氏病、禽结核病等疫病症状的，患病家禽按国家有关规定处理(表4-5)。

③怀疑患有规定疫病及临床检查发现其他异常情况的，按相应疫病防治技术规范进行实验室检测，并出具检测报告。实验室检测须由省级动物卫生监督机构指定的具有资质的实验室承担。

④发现患有规定以外疫病的，隔离观察，确认无异常的，准予屠宰；隔离期间出现异常的，按《病害动物和病害动物产品生物安全处理规程》(GB16548)等有关规定处理。

(3)消毒 监督场(厂、点)方对患病家禽的处理场所等进行消毒。监督货主在卸载后对运输工具及相关物品等进行消毒。

(六)同步检疫

1.屠体检查

(1)体表。检查色泽、气味、光洁度、完整性及有无水肿、痘疮、化脓、外伤、溃疡、坏死灶、肿物等。

(2)冠和髯。检查有无出血、水肿、结痂、溃疡及形态有无异常等。

(3)眼。检查眼睑有无出血、水肿、结痂，眼球是否下陷等。

(4)爪。检查有无出血、淤血、增生、肿物、溃疡及结痂等。

(5)肛门。检查有无紧缩、淤血、出血等。

2.抽检 日屠宰量在1万只以上(含1万只)的，按照1%的比例抽样检查，日屠宰量在1万只以下的抽检60只。抽检发现异常情况的，应适当扩大抽检比例和数量。

(1)皮下。检查有无出血点、炎性渗出物等。

(2)肌肉。检查颜色是否正常，有无出血、淤血、结节等。

(3)鼻腔。检查有无淤血、肿胀和异常分泌物等。

(4)口腔。检查有无淤血、出血、溃疡及炎性渗出物等。

(5)喉头和气管。检查有无水肿、淤血、出血、糜烂、溃疡和异常分泌物等。

(6)气囊。检查囊壁有无增厚浑浊、纤维素性渗出物、结节等。

(7)肺脏。检查有无颜色异常、结节等。

(8)肾脏。检查有无肿大、出血、苍白、尿酸盐沉积、结节等。

(9)腺胃和肌胃。检查浆膜面有无异常。剖开腺胃,检查腺胃黏膜和乳头有无肿大、淤血、出血、坏死灶和溃疡等;切开肌胃,剥离角质膜,检查肌层内表面有无出血、溃疡等。

(10)肠道。检查浆膜有无异常。剖开肠道,检查小肠黏膜有无淤血、出血等,检查盲肠黏膜有无枣核状坏死灶、溃疡等。

(11)肝脏和胆囊。检查肝脏形状、大小、色泽及有无出血、坏死灶、结节、肿物等。检查胆囊有无肿大等。

(12)脾脏。检查形状、大小、色泽,有无出血和坏死灶、灰白色或灰黄色结节等。

(13)心脏。检查心包和心外膜有无炎症变化等,心冠状沟脂肪、心外膜有无出血点、坏死灶、结节等。

(14)法氏囊(腔上囊)。检查有无肿大、出血、干酪样坏死等。

(15)体腔。检查内部清洁程度和完整度,有无赘生物、寄生虫等。检查体腔内壁有无凝血块、粪便和胆汁污染和其他异常等。

表 4 - 5 禽同步检疫及处理

项 目		同步检疫病变特征	怀疑疫病	检疫处理
屠体检查	体表	水肿、痘疮、化脓、外伤、溃疡、坏死灶、肿物等。	禽白血病、鸭瘟、禽痘、马立克氏病。	上报疫情采样送检隔离消毒实验确诊按GB16548监督无害化处理风险追溯控制扑灭
	冠髯	出血、水肿、结痂、溃疡等。	高致病性禽流感、鸭瘟、禽痘。	
	眼	出血、水肿、结痂、眼球下陷等。	禽痘、马立克氏病。	
	爪	出血、淤血、增生、肿物、溃疡及结痂等。	高致病性禽流感、禽痘、禽结核病。	
	肛门	紧缩、淤血、出血等。	鸡球虫病。	
抽检	皮下	出血点、炎性渗出物等。	高致病性禽流感、鸭瘟。	
	肌肉	颜色异常、出血、淤血、结节等。	马立克氏病。	
	鼻腔	淤血、肿胀和异常分泌物等。	高致病性禽流感、禽痘。	
	口腔	淤血、出血、溃疡及炎性渗出物等。	新城疫、鸭瘟、禽痘。	
	喉头气管	水肿、淤血、出血、糜烂、溃疡和异常分泌物等。	高致病性禽流感、新城疫、禽痘。	
	气囊	囊壁增厚、浑浊、纤维素性渗出物、结节等。	高致病性禽流感、新城疫。	
	肺脏	充血、水肿、渗出纤维素、结节。	高致病性禽流感、新城疫。	
	肾	肿大、出血、苍白、尿酸盐沉积、结节、肿瘤。	禽白血病、马立克氏病。	
	胃肠	充血、出血、肥厚、溃疡、纤维素栓子、肿瘤。	高致病性禽流感、新城疫、鸭瘟、小鹅瘟、马立克氏病、鸡球虫病、禽结核病。	
	肝胆	肿大脂变、坏死斑点、肝破裂、肿瘤。	禽白血病、马立克氏病、禽结核病。	
	脾脏	出血和坏死灶、灰白色或灰黄色结节。	禽白血病、马立克氏病、禽结核病。	
	心脏	充血、出血、积液、绒毛心。	新城疫、鸭瘟、马立克氏病。	
	法氏囊	法氏囊肿大、出血、内有胶冻样、肾肿大、尿酸盐沉积。	禽白血病、鸭瘟、马立克氏病。	
	体腔	腹膜黏连、灰黑色、有碎裂蛋黄、酸臭。	高致病性禽流感、新城疫、禽结核病。	

3.复检 官方兽医对上述检疫情况进行复查，综合判定检疫结果。

4.结果处理

(1)合格的，由官方兽医出具《动物检疫合格证明》，加施检疫标志。

(2)不合格的，发现患有规定疫病或以外其他疫病的，由官方兽医出具《动物检疫处理通知单》，患病家禽屠体及副产品按《病害动物和病害动物产品生物安全处理规程》(GB16548)等有关规定处理，污染的场所、器具等按规定实施消毒，并做好《生物安全处理记录》。

(3)监督场(厂、点)方做好检疫病害动物及废弃物无害化处理。

5.官方兽医在同步检疫过程中应做好卫生安全防护。

(七)检疫记录

1.官方兽医应监督指导屠宰场方做好相关记录。

2.官方兽医做好入场监督查验、检疫申报、宰前检查、同步检疫等环节记录。

3.检疫记录应保存 12 个月以上。

4.3　牛羊屠宰检疫

(一)检疫项目

1.入场(厂、点)检查：查证验物、询问及临床检查。

2.屠宰检疫：检疫申报、宰前检疫、同步检疫。

3.检疫处理及记录。

(二)检疫合格标准

1.入场(厂、点)时，具备有效的《动物检疫合格证明》，畜禽标识符合国家规定。

2.无规定的传染病和寄生虫病。

3.需要进行实验室疫病检测的，检测结果合格。

4.履行规定的检疫程序，检疫结果符合规定。

(三)入场(厂、点)监督查验

1.查证验物查验入场(厂、点)牛羊的《动物检疫合格证明》和佩戴的畜禽标识。

2.询问　了解牛、羊运输途中有关情况。

3.临床检查　检查牛、羊的精神状况、外貌、呼吸状态及排泄物状态等情况。

4.结果处理

(1)合格。《动物检疫合格证明》有效、证物相符、畜禽标识符合要求、临床检查健康，方可入场，并回收《动物检疫合格证明》。场(厂、点)方须按产地分类将牛、羊送入待宰圈，不同货主、不同批次的牛、羊不得混群。

(2)不合格。不符合条件的，按国家有关规定处理。

5.消毒监督货主在卸载后对运输工具及相关物品等进行消毒。

(四)检疫申报

场(厂、点)方应在屠宰前6h申报检疫，填写检疫申报单。官方兽医接到检疫申报后，根据相关情况决定是否予以受理。受理的，应当及时实施宰前检查；不予受理的，应说明理由。

受理方式为现场申报。

(五)宰前检查

1.临床检查 屠宰前2h内，官方兽医除应按照《反刍动物产地检疫规程》实施临床检查外，还需要检查牛羊屠宰检疫规程规定的其他检疫对象(见表4-6)。

表4-6 按《反刍动物产地检疫规程》的临床检查

项目 动物种类	临诊表现	怀疑感染的疫病
反刍动物	高热、呼吸增速、心跳加快；食欲废绝，偶见瘤胃膨胀；可视黏膜发绀，突然倒毙；天然孔出血，血凝不良呈煤焦油样；尸僵不全；体表、直肠、口腔黏膜等处发生炭疽痈。	炭疽
反刍动物	孕畜出现流产、死胎或产弱胎；生殖道炎症；胎衣滞留；持续排出污灰色或棕红色恶露以及乳房炎症状；公畜发生睾丸炎或关节炎、滑膜囊炎，偶见阴茎红肿，睾丸和附睾肿大。	布鲁氏菌病
反刍动物	出现渐进性消瘦，咳嗽，个别可见顽固性腹泻，粪中混有黏液状脓汁；奶牛偶见乳房淋巴结肿大。	结核病
牛	高热稽留、呼吸困难、鼻翼扩张、咳嗽；可视黏膜发绀，胸前和肉垂水肿；腹泻和便秘交替发生，厌食、消瘦、流涎或口流白沫。	牛传染性胸膜肺炎
羊	突然发热、呼吸困难或咳嗽，分泌黏脓性卡他性鼻液，口腔内膜充血、糜烂、齿龈出血，严重腹泻或下痢，母羊流产。	小反刍兽疫
羊	体温升高、呼吸加快；皮肤、黏膜上出现痘疹，由红斑到丘疹，突出皮肤表面，遇化脓菌感染则形成脓疱继而破溃结痂。	绵羊痘或山羊痘

2.结果处理

(1)合格的，出具《准宰通知书》，准予屠宰。

(2)不合格的，按以下规定处理。

①发现牛有口蹄疫、牛传染性胸膜肺炎、牛海绵状脑病及炭疽等疫病症状的；羊有口蹄疫、痒病、小反刍兽疫、绵羊痘和山羊痘、炭疽的，限制移动，并按照《动物防疫法》、《重大动物疫情应急条例》、《动物疫情报告管理办法》和《病

害动物和病害动物产品生物安全处理规程》(GB16548)等有关规定处理(表4-7)。

②发现有牛羊布鲁氏菌病、牛结核病、牛传染性鼻气管炎等疫病症状的,病牛羊按相应疫病的防治技术规范处理,同群牛羊隔离观察,确认无异常的,准予屠宰。

③怀疑牛羊患有规定疫病及临床检查发现其他异常情况的,按相应疫病防治技术规范进行实验室检测,并出具检测报告。实验室检测须由省级动物卫生监督机构指定的具有资质的实验室承担。

④发现牛羊患有规定以外疫病的,出具《动物隔离观察通知书》,隔离观察,确认无异常的,准予屠宰;隔离期间出现异常的,按《病害动物和病害动物产品生物安全处理规程》(GB16548)等有关规定处理。

⑤确认为无碍于肉食安全且濒临死亡的牛羊,出具《急宰通知书》,进行急宰。

(3)监督场(厂、点)方对处理病牛、羊的待宰圈、急宰间以及隔离圈等进行消毒。

(六)同步检疫

1.头蹄部检查

(1)头部。检查鼻唇镜、齿龈及舌面有无水疱、溃疡、烂斑等;剖检一侧咽后内侧淋巴结和两侧下颌淋巴结,同时检查咽喉黏膜和扁桃体,检查形状、色泽及有无肿胀、淤血、出血、坏死灶等。

(2)蹄部。检查蹄冠、蹄叉皮肤有无水疱、溃疡、烂斑、结痂等。

表 4 - 7 按牛羊屠宰检疫规程的临床检查

种类\项目	临诊表现	怀疑感染的疫病
牛	①精神异常,烦躁不安,恐惧,狂躁具攻击性。少数病牛可见头部和肩部肌肉颤抖和抽搐。 ②运动障碍:耳对称性活动困难,共济失调,步态不稳,乱踢乱蹬以致倒地。 ③感觉障碍:对触摸、声音和光过分敏感。用手触摸、在黑暗中打开灯光、发出敲击金属器柱的声音,病牛会出现惊恐和颤抖反应。	牛海绵状脑病
牛	①呼吸道型:高热,流泪流涎及黏脓性鼻液。鼻黏膜高度充血,呈火红色。呼吸高度困难,咳嗽少。眼结膜水肿,灰黄色颗粒状坏死膜,角膜混浊呈云雾状。 ②生殖道型:母畜阴门、阴道黏膜充血,散在性灰黄色、粟粒状脓疱,可融合成伪膜。公畜龟头、包皮、阴茎充血、溃疡,阴茎弯曲,精囊腺变性、坏死。	牛传染性鼻气管炎
牛	食欲减退,精神迟钝,发热,行动缓慢,呆立不动,后期腹泻,下痢,粪便夹杂有血液和黏稠团块,有腥臭味,排便时里急后重,严重贫血,消瘦,起卧困难。	日本血吸虫病
羊	①瘙痒:常常在臀部、腹部、尾根部、头顶部和颈背侧,发生侧有对称性的瘙痒。病羊频频摩擦、啃咬,蹭踢自身的发痒部位,大面积掉毛和皮肤损伤。 ②运动失调,转弯僵硬,步态不稳或跌倒,最后衰竭,卧地不起。其他表现微颤、癫痫和瞎眼。	痒病
羊	严重感染时,精神沉郁,食欲减退或消失,体温升高,贫血,结膜与口黏膜苍白、消瘦,在颈下、胸部及腹下水肿,腹痛,腹泻,肝肿大有压痛。	肝片吸虫病
羊	当肝、肺寄生囊蚴数量多且大时,实质受压迫面高度萎缩,能引起死亡。囊蚴数量少且h,则呈现消化障碍,呼吸困难,腹水等症状,患畜逐渐消瘦,终因恶病质或窒息死亡。	棘球蚴病

2.内脏检查

取出牛羊内脏前,观察胸腔、腹腔有无积液、黏连、纤维素性渗出物。检查心脏、肺脏、肝脏、胃肠、脾脏、肾脏,剖检支气管淋巴结、肝门淋巴结、肠系膜淋巴结等,检查有无病变和其他异常。

(1)心脏。检查心脏的形状、大小、色泽及有无淤血、出血等。必要时剖开心包,检查心包膜、心包液和心肌有无异常。

(2)肺脏。检查两侧肺叶实质、色泽、形状、大小及有无淤血、出血、水肿、化脓、实变、黏连、包囊砂、寄生虫等。剖开一侧支气管淋巴结,检查切面有无淤血、出血、水肿等。必要时剖开气管、结节部位。

(3)肝脏。检查肝脏大小、色泽、弹性、硬度及有无大小不一的突起。剖开肝门淋巴结，切开胆管，检查有无寄生虫(肝片吸虫病)等。必要时剖开肝实质，检查有无肿大、出血、淤血、坏死灶、硬化、萎缩、日本血吸虫等。

(4)肾脏。剥离两侧肾被膜(两刀)，检查弹性、硬度及有无贫血、出血、淤血等。必要时剖检肾脏，检查皮质、髓质和肾盂有无出血、肿大等。

(5)脾脏。检查弹性、颜色、大小等。必要时剖检脾实质。

(6)胃和肠。检查浆膜面及肠系膜有无淤血、出血、黏连等。剖开肠系膜淋巴结，检查有无肿胀、淤血、出血、坏死等。必要时剖开胃肠，检查有无淤血、出血、胶样浸润、糜烂、溃疡、化脓、结节、寄生虫等，检查瘤胃肉柱表面有无水疱、糜烂或溃疡等。

(7)子宫和睾丸。检查母牛子宫浆膜有无出血、黏膜有无黄白色或干酪样结节。检查公牛睾丸有无肿大，睾丸、附睾有无化脓、坏死灶等。

3.胴体检查

(1)整体检查。检查皮下组织、脂肪、肌肉、淋巴结以及胸腔、腹腔浆膜有无淤血、出血以及疹块、脓肿和其他异常等。

(2)淋巴结检查

①颈浅淋巴结(肩前淋巴结)。在肩关节前稍上方剖开臂头肌、肩胛横突肌下的一侧颈浅淋巴结，检查切面形状、色泽及有无肿胀、淤血、出血、坏死灶等。

②髂下淋巴结(股前淋巴结、膝上淋巴结)剖开一侧淋巴结，检查切面形状、色泽、大小及有无肿胀、淤血、出血、坏死灶等(表4-8)。

表 4-8 牛羊同步检疫及处理

项目		同步检疫病变特征	怀疑疫病	检疫处理
头蹄检查	头部	水疱、溃疡、烂斑。下颌淋巴结、咽喉黏膜和扁桃体肿胀、淤血、出血、坏死灶。	口蹄疫、牛传染性鼻气管炎、小反刍兽疫	上报疫情采样送检隔离消毒实验确诊按GB16548监督无害化处理风险追溯控制扑灭。
	蹄部	水疱、溃疡、烂斑、结痂。	口蹄疫	
内脏检查	胸腔腹腔	积液、黏连、纤维素性渗出物。	牛传染性胸膜肺炎、牛结核病、炭疽	
	心脏	淤血、出血、变性、虎斑心。	口蹄疫、炭疽、绵羊痘和山羊痘	
	肺脏	淤血、出血、水肿、化脓、实变、黏连、包囊砂、寄生虫、结节。	牛传染性胸膜肺炎、牛结核病、棘球蚴病、绵羊痘和山羊痘	
	肝脏	肿大、出血、淤血、坏死灶、硬化、萎缩等。	肝片吸虫病、日本血吸虫病、棘球蚴病	
	肾脏	贫血、出血、淤血、肿大。	棘球蚴病、绵羊痘和山羊痘	
	脾脏	肿大、出血、坏死、结节。	棘球蚴病、炭疽、日本血吸虫病	
	胃肠	浆膜面、肠系膜及淋巴结淤血、出血、黏连、坏死等。胃肠淤血、出血、胶样浸润、糜烂、溃疡、化脓、结节、寄生虫等,瘤胃肉柱水疱、糜烂或溃疡等。	炭疽、小反刍兽疫、绵羊痘和山羊痘、牛结核病、日本血吸虫病、肝片吸虫病、口蹄疫、绵羊痘和山羊痘	
	子宫睾丸	母牛子宫浆膜出血、黏膜有无黄白色或干酪样结节。公牛睾丸肿大、睾丸、附睾化脓、坏死灶。	布鲁氏菌病、牛传染性鼻气管炎、牛结核病	
胴体检查	整体检查	皮下组织、脂肪、肌肉、淋巴结以及胸腔、腹腔浆膜水肿、淤血、出血以及疹块、脓肿等异常。	牛结核病、肝片吸虫病、痒病	
	淋巴结检查	颈浅淋巴结、髂下淋巴结、腹股沟深淋巴结肿胀、淤血、出血、坏死灶。	炭疽、小反刍兽疫	

(3)必要时检查腹股沟深淋巴结。

4.复检官方兽医对上述检疫情况进行复查,综合判定检疫结果。

5.结果处理

(1)合格的,由官方兽医出具《动物检疫合格证明》,加盖检疫验讫印章,对分割包装肉品及内脏加施检疫标志。

(2)不合格的,发现患有规定疫病或以外疫病的,由官方兽医出具《检疫处理通知单》,监督场(厂、点)方对病牛羊胴体及副产品按《病害动物和病害动物产品生物安全处理规程》(GB16548)等法规处理,对污染的场所、器具等按规定实施消毒,并做好《生物安全处理记录》。

(3)监督场(厂、点)方做好检疫病害动物及废弃物无害化处理。

6.官方兽医在同步检疫过程中应做好卫生安全防护。

(七)检疫记录

1.官方兽医应监督指导屠宰场(厂、点)方做好待宰、急宰、生物安全处理等环节各项记录。

2.官方兽医应做好入场监督查验、检疫申报、宰前检查、同步检疫等环节记录。

3.检疫记录应保存12个月以上。

附表:

检疫申报单
(货主填写)

编号

货主＿＿＿＿＿＿＿＿＿＿＿联系电话＿＿＿＿＿＿＿＿＿＿＿

动物/动物产品种类＿＿＿＿＿＿＿＿＿＿＿

数量及单位

来源＿＿＿＿＿＿＿＿＿＿＿＿＿＿用途

启运地点

启运时间

到达地点

依照《动物检疫管理办法》规定,现申报检疫。

货主签字(盖章)

申报时间＿＿＿年＿＿＿月＿＿＿日

申报处理结果

（动物卫生监督机构填写）

□ 受理。拟派员于＿＿年＿＿月＿＿日到＿＿＿＿＿＿实施检疫。

□ 不受理。

理由＿＿＿＿＿＿＿＿＿＿＿＿＿＿

经办人　　　　　年　　月　　日

（动物卫生监督机构留存）

检 疫 申 报 受 理 单

（动物卫生监督机构填写）

No.

处理意见

□ 受理 本所拟于＿＿年＿＿月＿＿日

派员到＿＿＿＿＿＿＿＿实施检疫。

□ 不受理。理由＿＿＿＿＿＿＿＿＿＿＿

＿＿＿＿＿＿＿＿＿＿＿＿＿＿＿＿＿＿＿

经办人　　　　　联系电话：

动物检疫专用章

年　　月　　日

（交货主）

准宰通知书（存根联）

№ 0000001

依据《中华人民共和国动物防疫法》和国家有关检疫标准的规定，对你厂（场、点）的
_____头_____实施宰前检疫。经宰前检疫合格，准予屠宰。

动物卫生监督机构（盖章）

检疫员签名　　　　年　　月　　日

准宰通知书（屠宰场联）

№ 0000001

依据《中华人民共和国动物防疫法》和国家有关检疫标准的规定，对你厂（场、点）的
_____头_____实施宰前检疫。经宰前检疫合格，准予屠宰。

动物卫生监督机构（盖章）

检疫员签名　　　　年　　月　　日

小结

1.检疫项目对于屠宰检疫的动物，不仅要熟悉屠宰动物检疫项目，也要了解
产地检疫项目。只有明确了各种动物检疫对象的临床特征和剖检特征，才能在工

作中有针对性地开展检疫。

2.检疫标准各类动物的检疫标准大致相同，禽类标识工作尚未开展。注意检疫执法的程序原则。牢记检疫标准是开展检疫工作的基本要求。

3.入厂监督查验通过查证验物，询问了解疫情，对动物进行临床检查，初步判定合格后，分类送入待宰圈，监督货主消毒运输工具。不合格者依法上报处理。

4.检疫申报现场申报并填写检疫申报单。受理的，实施宰前检查。不予受理的，应说明理由。

5.宰前检疫按照临床检查方法，对屠宰检疫规程规定的必检对象实施检查，合格的，出具准宰通知书，不合格的，出具《检疫处理通知单》并依法处理。

6.同步检疫与屠宰操作相对应，按动物的头蹄体表、内脏、胴体、寄生虫检查、复检、结果处理等环节进行检疫并处理，能模拟出具《动物检疫合格证明(产品 A 或 B)》。

7.检疫记录观察、模拟填写待宰、急宰、生物安全处理、入场监督查验、检疫申报、宰前检查、同步检疫等环节记录表。